智能制造应用型人才培养系列教程

|工|业|机|器|人|技|术|

工业机器人

现场编程（FANUC）

李艳晴 林燕文 | 主编

卢亚平 陈南江 彭赛金 | 副主编

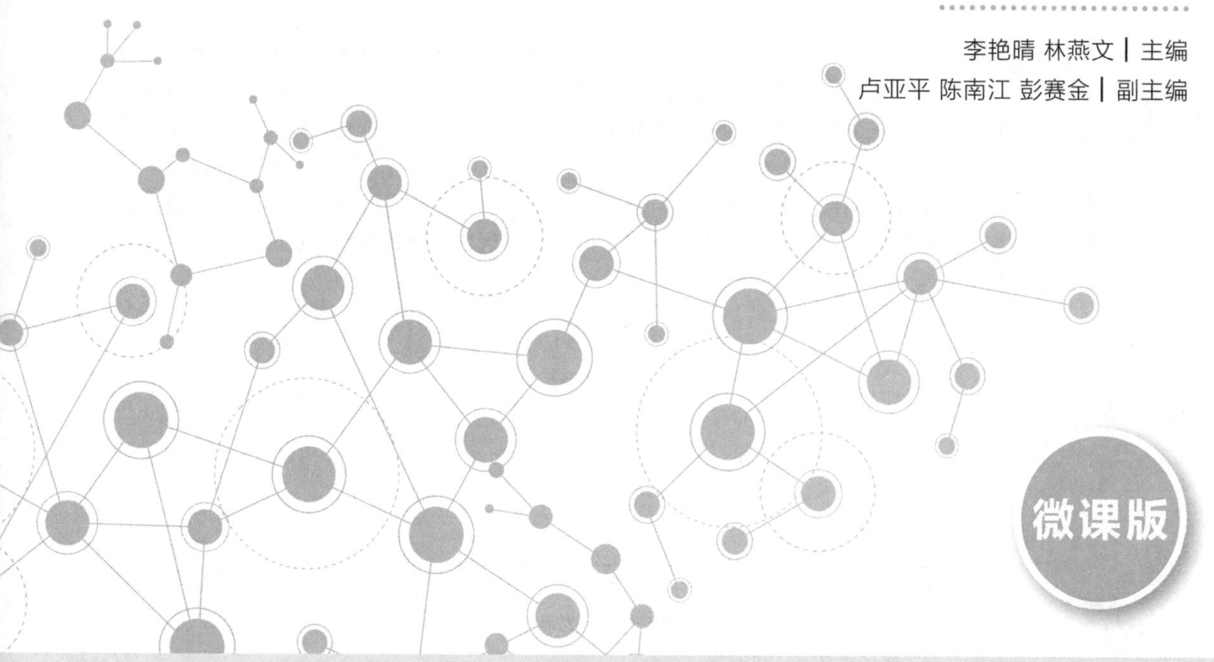

人 民 邮 电 出 版 社

北 京

图书在版编目（CIP）数据

工业机器人现场编程 : FANUC / 李艳晴，林燕文主编. -- 北京 : 人民邮电出版社，2018.9（2023.7重印）
智能制造应用型人才培养系列教程. 工业机器人技术
ISBN 978-7-115-48672-1

Ⅰ. ①工… Ⅱ. ①李… ②林… Ⅲ. ①工业机器人－程序设计－教材 Ⅳ. ①TP242.2

中国版本图书馆CIP数据核字(2018)第125613号

内 容 提 要

本书以 FANUC 工业机器人为对象，系统地介绍了工业机器人程序设计的相关知识。全书共 3 篇 8 个项目，主要包括工业机器人概述、FANUC 机器人基本操作、典型工作站的编程实例等内容。本书将知识点和技能点融入典型工作站的项目实施中，以满足工学结合、项目引导、教学一体化的教学需求。

本书既可作为应用型本科院校机器人工程、自动化、机械设计制造及其自动化、智能制造工程等专业，高职高专院校工业机器人技术、机电一体化技术、电气自动化技术等专业的教材，也可作为相关从业人员的参考书。

◆ 主　　编　李艳晴　林燕文
　副 主 编　卢亚平　陈南江　彭赛金
　责任编辑　刘盛平
　责任印制　马振武

◆ 人民邮电出版社出版发行　　北京市丰台区成寿寺路 11 号
　邮编　100164　　电子邮件　315@ptpress.com.cn
　网址　http://www.ptpress.com.cn
　北京鑫丰华彩印有限公司印刷

◆ 开本：787×1092　1/16
　印张：14.25　　　　2018 年 9 月第 1 版
　字数：364 千字　　　2023 年 7 月北京第 11 次印刷

定价：49.80 元

读者服务热线：(010)81055256　印装质量热线：(010)81055316
反盗版热线：(010)81055315
广告经营许可证：京东市监广登字 20170147 号

智能制造应用型人才培养系列教程

编委会

顾　问：上海发那科机器人有限公司　封佳诚
上海 ABB 工程有限公司　叶　晖
通用电气智能设备（上海）有限公司　代申义
秘书长：北京华晟智造科技有限公司　林燕文
人民邮电出版社　刘盛平

序

制造业是一个国家经济发展的基石，也是增强国家竞争力的基础。新一代信息技术、人工智能、新能源、新材料、生物技术等重要领域和前沿方向的革命性突破和交叉融合，正在引发新一轮产业变革——第四次工业革命，而智能制造便是引领第四次工业革命浪潮的核心动力。智能制造是基于新一代信息通信技术与先进制造技术的深度融合，贯穿于设计、生产、管理、服务等制造活动的各个环节，具有自感知、自学习、自决策、自执行、自适应等功能的新型生产方式。

我国于 2015 年 5 月发布了《中国制造 2025》，部署全面推进制造强国战略，我国智能制造产业自此进入了一个飞速发展时期，社会对智能制造相关专业人才的需求也不断加大。目前，国内各本科院校、高职高专院校都在争相设立或准备设立与智能制造相关的专业，以适应地方产业发展对战略性新兴产业的人才需求。

在本科教育领域，与智能制造专业群相关的机器人工程专业在 2016 年才在东南大学开设，智能制造工程专业更是到 2018 年才在同济大学、汕头大学等几所高校中开设。在高等职业教育领域，2014 年以前只有少数几个学校开设工业机器人技术专业，但到目前为止已有超过 500 所高职高专院校开设这一专业。人才的培养离不开教材，但目前针对工业机器人技术、机器人工程等专业的成体系教材还不多，已有教材也存在企业案例缺失等亟须解决的问题。由北京华晟智造科技有限公司和人民邮电出版社策划，校企联合编写的这套图书，犹如大旱中的甘露，可以有效解决工业机器人技术、机器人工程等与智能制造相关专业教材紧缺的问题。

理实一体化教学是在一定的理论指导下，引导学习者通过实践活动巩固理论知识、形成技能、提高综合素质的教学过程。目前，高校教学体系过多地偏向理论教学，课程设置与企业实际应用契合度不高，学生无法把理论知识转化为实践应用技能。本套图书的第一大特点就是注重学生的实践能力培养，以企业真实需求为导向，学生学习技能紧紧围绕企业实际应用需求，将学生需掌握的理论知识，通过企业案例的形式进行衔接，达到知行合一、以用促学的目的。

智能制造专业群应以工业机器人为核心，按照智能制造工程领域闭环的流程进行教学，才能够使学生从宏观上理解工业机器人技术在行业中的具体应用场景及应用方法。高校现有的智能制造课程集中在如何进行结构设计、工艺分析，使得装备的设计更为合理。但是，完整的机器人应用工程却是一个容易被忽视的部分。本套图书的第二大特点就是聚焦了感知、控制、决策、执行等核心关键环节，依托重点领域智能工厂、数字化车间的建设以及传统制造业智能转型，突破高档数控机床与工业机器人、增材制造装备、智能传感与控制装备、智能检测与装配装备、智能物流与仓储装备五类关键技术装备，覆盖完整工程流程，涵盖企业智能制造领域工程中的各个环节，符合企业智能工厂真实场景。

我很高兴看到这套书的出版，也希望这套书能给更多的高校师生带来教学上的便利，帮助读者尽快掌握智能制造大背景下的工业机器人相关技术，成为智能制造领域中紧缺的应用型、复合型和创新型人才！

上海发那科机器人有限公司　　总经理

SHANGHAI-FANUC Robotics CO.,LTD.　　General Manager

前　言

工业机器人是 20 世纪 60 年代在自动操作机的基础上发展起来的，能模仿人的某些动作和控制功能，并可按照预定程序、轨迹及其他要求操作工具，实现多种操作的自动化机械系统。工业机器人能代替工人出色地完成极其繁重、复杂、精密或者充满危险的工作。它综合了精密机械、传感器和自动控制技术等领域的最新成果，广泛应用于工业、农业、航空航天、军事技术等各个领域。

2013 年 4 月，德国政府提出“工业 4.0”战略，在全球范围内引发了新一轮的工业转型竞赛，以“智能工厂、智慧制造”为主导的第四次工业革命已经悄然来临。在全球制造业面临重大调整、我国经济发展进入新常态的背景下，国务院于 2015 年 5 月发布了《中国制造 2025》，这是我国实施制造强国战略的第一个十年行动纲领。工业机器人作为《中国制造 2025》的第二个重点领域，在未来将扮演重要角色。

当前，随着工业机器人产业的迅猛发展，企业对工业机器人编程与操作的技能型人才的需求越来越紧迫。按照我国工业和信息化部关于工业机器人产业的发展规划，到 2020 年，我国工业机器人装机量将达到 100 万台，需要至少 20 万与工业机器人应用相关的从业人员，并且这个数量将以每年 20% ～ 30% 的速度持续递增。与此同时，工业机器人的编程与操作却严重依赖机器人生产企业的培训和产品手册，缺乏相应的系统学习图书。

本书贯彻党的二十大报告中“深入实施人才强国战略。培养造就大批德才兼备的高素质人才，是国家和民族长远发展大计。功以才成，业由才广。”努力培养造就更多大师和卓越工程师、大国工匠、高技能人才。

本书以典型工业机器人的结构和应用为突破口，系统地介绍了工业机器人程序设计的相关知识。为了提高读者的学习兴趣和学习效果，本书针对重要的知识点和操作开发了大量的微课，并以二维码的形式嵌入书中相应位置。读者可通过手机等移动终端扫码观看学习。另外，课程研发团队还着眼于理论加实践的教学方式，结合经典的项目应用，精心打造了真实的机器人工作站作为项目实训和开展实验的综合一体化平台，用于提高读者编程的实战能力。综合一体化平台的相关信息可以联系北京华晟制造科技有限公司（E-mail：214910437@qq.com）。

本书由北京科技大学李艳晴和北京华晟智造科技有限公司林燕文任主编，苏州大学应用技术学院卢亚平、北京华晟智造科技有限公司陈南江和北京航空航天大学彭赛金任副主编。参加编写的还有北京华晟智造科技有限公司边天放、宋美娴等。

在本书的编写过程中，上海发那科机器人有限公司、北京航空航天大学、苏州大学应用技术学院等企业和院校提供了许多宝贵的意见和建议，在此郑重致谢。

由于编者水平有限，书中难免存在不足之处，敬请广大读者批评指正。

编者

2023 年 5 月

目 录

基础篇 初识机器人

高级篇　连接外部设备

基础篇

初识机器人

项目一
初识 FANUC 机器人

【项目引入】

王工：现在我给大家做一个简单的 FANUC 机器人认知的培训。既然是与该品牌机器人的第一次见面，我们必须对机器人有一个简单的认识。下面，我们来看看 FANUC 机器人长什么模样吧。

小李：师傅，这看起来一点也不像人啊，怎么是机器人？

王工：这不能单凭外形来决定，而是要看它具有的功能符不符合机器人的标准。

小明：可是师傅，对于我们这些初学者来说，具体应该首先知道哪些知识呢？

王工：当然是先从工业机器人的概念入手，去了解整个工业机器人领域的发展和分类。在重点学习 FANUC 机器人时，不仅要熟悉它的常用型号、典型应用、硬件结构，还要了解其编程技术和方法。

【知识图谱】

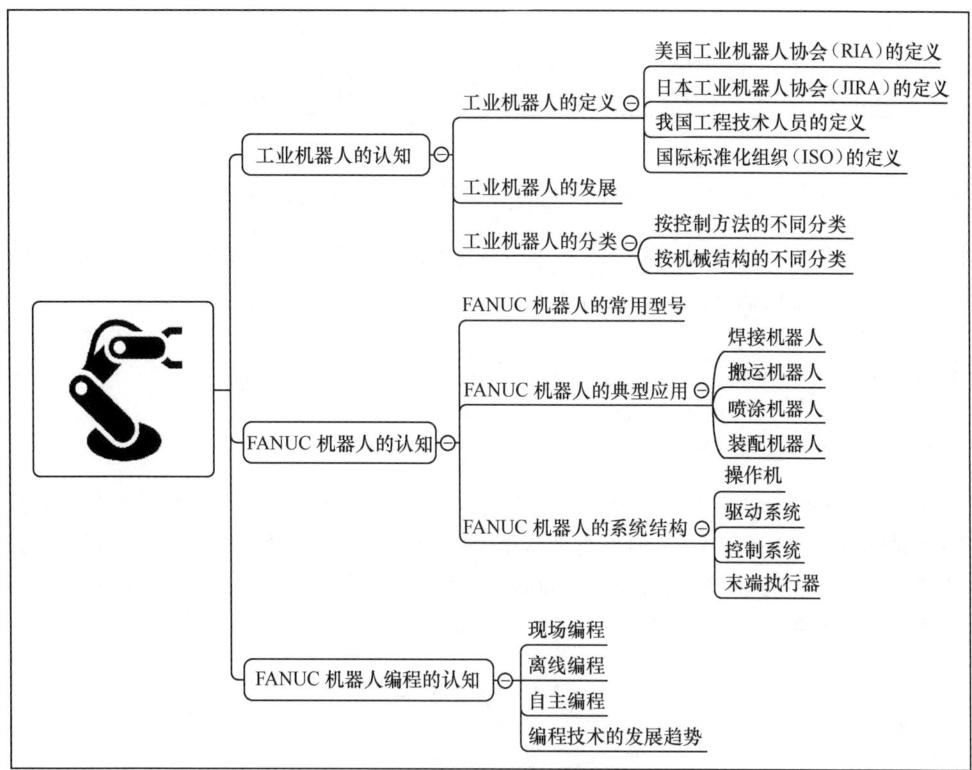

随着科学技术的进步，人类的体力劳动已逐渐被各种机械所取代。在《中国制造 2025》战略的指导下，工厂“机器换人”的现象将更加频繁，我国工业机器人市场将进一步拓展。如图 1-1 所示，工业机器人作为《中国制造 2025》的第 2 个重点领域，在未来将扮演重要角色。

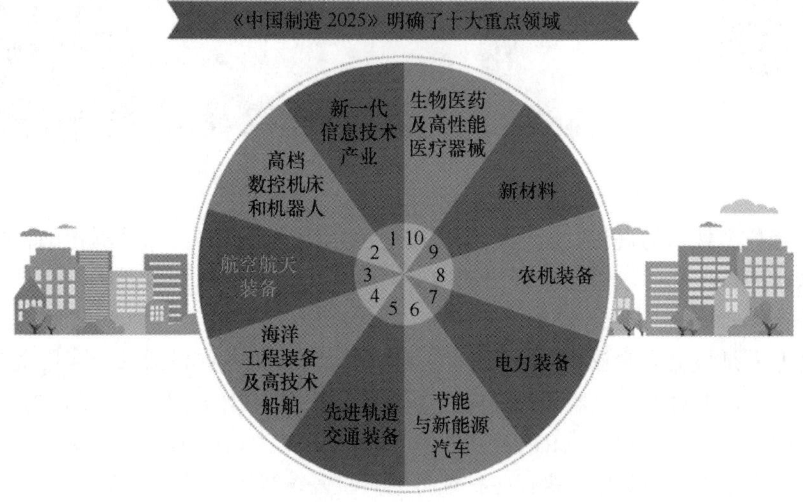

图 1-1　工业机器人在未来扮演的重要角色

工业机器人技术是一门涉及机械、电子、力学、控制、传感器检测、计算机技术等的综合学科。工业机器人不是机械、电子技术的简单组合，而是融合多领域应用技术的一体化装置。目前，工业机器人的应用非常广泛，上至航空航天，下至海洋探索都能见到它们的身影。进入21世纪以来，工业机器人的应用程度已经成为衡量一个国家工业自动化水平的重要标志。

任务一　工业机器人的认知

【任务描述】

在学习FANUC机器人之前，读者需要去网上搜集资料，了解国际上关于工业机器人的定义、工业机器人的产生和发展历史，熟悉工业机器人的几大主要类型。

【任务学习】

一、工业机器人的定义

机器人（Robot）一词来源于原捷克斯洛伐克作家卡雷尔·恰佩克于1920年创作的剧本《罗萨姆的万能机器人》。在剧本中，恰佩克把从事生产劳动的那些家伙取名为“Robot”，意为“不知疲倦的劳动者”。恰佩克把机器人定义为服务于人类的机器，机器人的名字也由此而生。随后，机器人一词频繁出现在科幻小说和电影中，如图1-2所示。

微课

工业机器人的定义

图1-2　科学幻想剧中的机器人

随着现代科学技术的进步，机器人这一概念逐步演变为现实。虽然真正的机器人诞生已有几十年的时间，但仍然没有一个统一的定义。其中一个重要原因就是机器人技术在不断发展，具有新功能的机器人不断涌现。

工业机器人是机器人家族中的重要一员，也是目前技术发展最成熟、应用最多的一类机器人。由于世界各国对工业机器人的理解存在差异，所以给出的定义也不尽相同。

（1）美国工业机器人协会（RIA）将工业机器人定义为一种用于搬运物料、零件、工具的专门装置，或通过程序动作来执行各种任务的可重复编程的多功能操作机。

（2）日本工业机器人协会（JIRA）将工业机器人定义为一种带有存储器和末端执行器的，

能够通过自动化的动作代替人类劳动的通用机械。

（3）我国工程技术人员将工业机器人定义为一种自动化的机器，这种机器具备一些与人或生物相似的能力，如感知能力、规划能力、动作能力和协同能力，是一种具有高度灵活性的自动化机器。

（4）国际标准化组织（ISO）将工业机器人定义为一种具有自动控制能力、可重复编程、多功能、多自由度的操作机械。

综合上述定义不难发现，工业机器人是由机械结构、动力装置和控制系统组成的，用于从事工业生产，能够自动执行工作指令的机械装置。它可以接受人类指挥，也可以按照预先编排的程序运行。现代工业机器人还可以根据人工智能技术制定的原则和纲领行动。

二、工业机器人的发展

微课

工业机器人的发展

世界上第一台工业机器人诞生于 1959 年，如图 1-3 所示。当时其作业能力仅限于上料和下料这类简单的工作，此后工业机器人进入了一个缓慢的发展期。

直到 20 世纪 80 年代，工业机器人产业才得到了巨大的发展。这个时期由于汽车行业的蓬勃发展，人们开发出点焊机器人、弧焊机器人、喷涂机器人以及搬运机器人，其系列产品已经成熟并形成产业化规模，有力地推动了制造业的发展。

20 世纪 80 年代以后，装配机器人和柔性装配技术得到了广泛的应用，并进入一个快速发展时期。目前工业机器人已发展成为一个庞大的家族，应用于制造业的各个领域之中。图 1-4 所示为 FANUC 小型装配机器人。

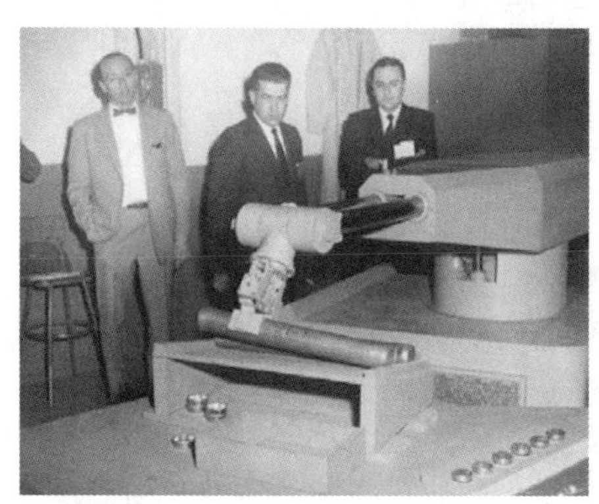

图 1-3　世界上第一台工业机器人

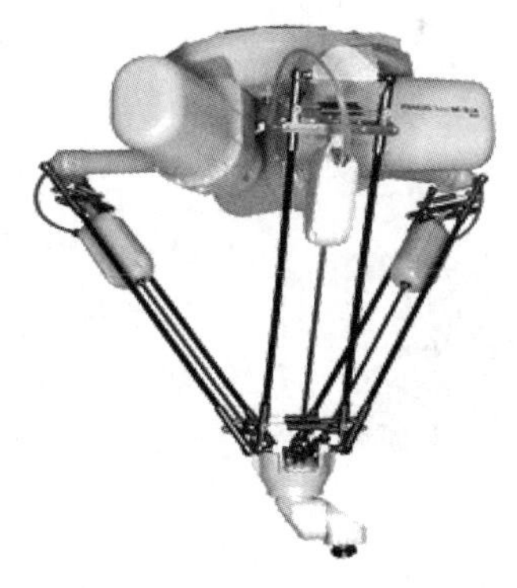

图 1-4　FANUC 小型装配机器人

目前，世界上的工业机器人公司主要分为日系和欧系。日系中主要有安川、FANUC、OTC 和松下。欧系中主要有德国的 KUKA、CLOOS，瑞士的 ABB，意大利的 COMAU，英国的 Autotech Robotics 等。

我国工业机器人起步于 20 世纪 70 年代初期。40 多年的发展历程大致可分为 3 个阶段：1972—1985 年的萌芽期；1985—2000 年的技术研发期；2000 年至今的产业化期。20 世纪 70 年代，清华大学、哈尔滨工业大学、中国科学院沈阳自动化研究所等一批科研单位及高校最早开始了工业机器人的理论研究；20 世纪 80—90 年代，中国科学院沈阳自动化研究所和中国第一汽车制造厂进行了机器人的试制和初步应用工作。进入 21 世纪以来，在国家政策的大力支持下，广州数控设备有限公司、沈阳新松机器人自动化股份有限公司、安徽埃夫特智能装备有限公司、南京埃斯顿自动化股份有限公司等一批优秀的本土机器人公司开始涌现，工业机器人在我国初步形成了产业化。现在，国家更加重视工业机器人的发展，也有越来越多的企业和科研人员投入到工业机器人的开发研究之中。

目前，我国的科研人员已经基本掌握了工业机器人的结构设计和制造技术、控制系统硬件和软件技术、运动学和轨迹规划技术，也具有了机器人部分关键元器件的规模化生产能力。一些公司开发出的喷漆、弧焊、点焊、装配、搬运等机器人已经在多家企业的自动化生产线上获得了大规模应用。

在产业转型升级、人口结构调整等多重因素的驱动下，我国已经成为世界上最大的工业机器人市场之一，而按照发展趋势，这还仅仅是个开始。图 1-5 所示为 2012—2017 年工业机器人的销量统计。根据统计，全球每万人中工业机器人的使用数量为 69，中国仅为 49。对比日本、德国、韩国、美国等工业发达国家，我国每万人中工业机器人的使用数量差距较为明显，因此业内普遍认为我国工业机器人还有广阔的发展空间。

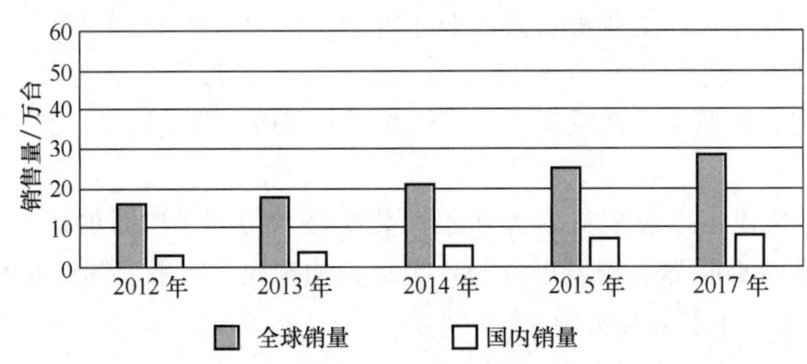

图 1-5　2012—2017 年工业机器人的销量统计

微课

工业机器人的分类

三、工业机器人的分类

关于工业机器人如何分类的问题，国际上没有制定统一的标准。它一般根据负载重量、控制方法、自由度、机械结构、应用领域等进行分类。本书根据控制方法和机械结构的不同，对机器人进行分类。

1. 按控制方法的不同分类

（1）非伺服控制的机器人

这类机器人的控制处于开环状态，每个轴只可以设定 2 个位置，机械一旦开始移动，将持续下去直到碰到适当的定位挡块为止，中间过程的任何运动都没有监测。从控制的角度来看，这是最简单的控制形式。此类机器人也可称为端点机器人、选取 - 装入机器人或开关式机器人。因其成本低、操作简单，故在较小型的机器人中常使用非伺服控制。非伺服控制的机器人具有以下特点。

- 臂的尺寸小且轴的驱动器施加的是满动力，机器人的速度相对较大。
- 机器人价格低廉，易于操作和维修，同时也是极为可靠的设备。
- 工作重复性约为 ±0.254mm，即返回同一点的误差在 ±0.254mm 范围内。
- 在定位和编程方面的灵活度有限，虽然可使一个以上的轴同时移动，但却不能使机

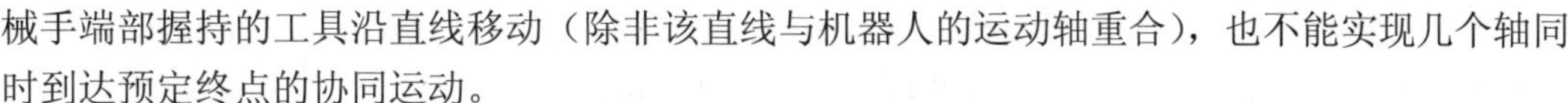

械手端部握持的工具沿直线移动（除非该直线与机器人的运动轴重合），也不能实现几个轴同时到达预定终点的协同运动。

（2）伺服控制的机器人

这类机器人的各轴都是闭环的，传感器对有关位置和速度等信息进行连续监测，并反馈到与机器人各关节有关的控制系统中。伺服控制的机器人具有以下特点。

- 与非伺服控制的机器人比较，它具有较大的记忆存储容量。
- 机械手端部可按点到点、直线、连续轨迹 3 种不同类型的运动方式移动。
- 在机械允许的极限范围内，位置精度可通过调整伺服回路中相应放大器的增益加以变动。
- 编程工作一般以示教模式完成。
- 机器人几个轴之间的“协同运动”，可以使机械手的端部描绘出一条极为复杂的轨迹，一般在小型或微型计算机控制下自动进行。
- 与非伺服控制的机器人相比，其价格昂贵，可靠性稍差。

一般来讲，伺服控制的机器人又细分为点位（点到点）伺服控制类和连续轨迹伺服控制类 2 种。图 1-6 所示为机器人点位伺服控制和连续轨迹伺服控制的轨迹示意图。

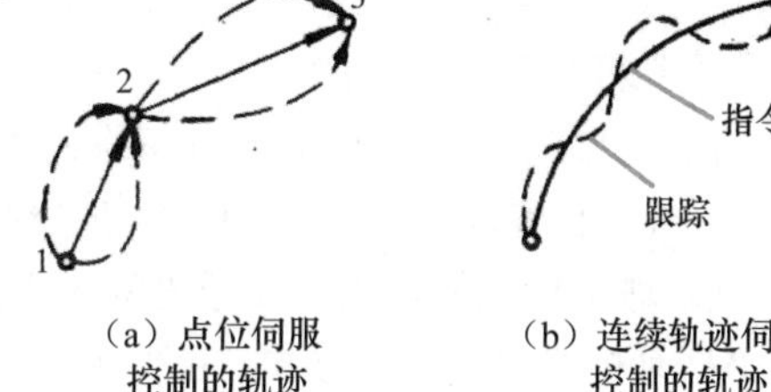

图 1-6　点位伺服控制与连续轨迹伺服控制的轨迹

① 点位伺服控制的机器人。点位伺服控制的机器人广泛用于执行将部件从某一位置移动到另一位置的操作。它仅控制机器人离散点上手爪或工具的位姿，尽快而无超调地实现相邻点的运动，对运动轨迹不做控制，可以进行码垛或装卸托盘等作业。

② 连续轨迹伺服控制的机器人。许多应用场合要求机械手的作用半径足够大或能运送较重的负载物，特别是有的应用场合，需要机器人沿空间一条复杂的轨迹运动，有时还可能要求手臂末端做高速运动。涉及的应用场合包括喷漆、抛光、磨削、电弧焊等。连续轨迹伺服控制机器人需要控制手爪的位姿轨迹，达到速度可控、轨迹光滑、运动平稳的要求。因为其轨迹是连续的，故称为连续轨迹（CP）伺服控制的机器人。

2. 按机械结构的不同分类

（1）串联机器人

串联机器人是一个开放的运动链（Open Loop Kinematic Chain），其所有的运动杆件没有形成一个封闭的结构链。串联机器人具有以下特点。

- 工作空间大。
- 运动分析较容易。
- 可避免驱动轴之间的耦合效应。
- 机构各轴必须独立控制，并且需搭配编码器与传感器，用来提高机构运动时的精准度。

按照运动副的不同，串联机器人分为直角坐标系机器人、柱坐标系机器人、球坐标系机器人和关节坐标系机器人等。

① 直角坐标系机器人（笛卡儿坐标系机器人）。直角坐标系机器人是一种最简单的结构，如图 1-7 所示，其机械手的连杆按线性方式移动。机器人的机械手构件受到约束，在平行于坐标轴 X、Y、Z 的方向上移动，臂连到主干，而主干又与基座相连接。这种形式的机器人从支撑架伸出的长度有限、刚性差，但是重复性和精度高。其坐标系更接近自然状态，故编程容易。可是有些运动形式，如方向与任何轴都不平行的直线轨迹，此结构可能较难完成。

② 柱坐标系机器人。水平臂或杆架安装在一个垂直柱上，垂直柱安装在一个旋转基座上，这种机械结构的机器人称为柱坐标系机器人，如图 1-8 所示。

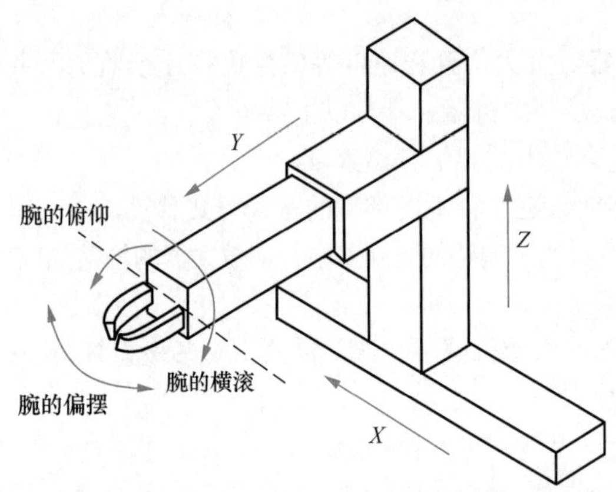

图 1-7 直角坐标系机器人

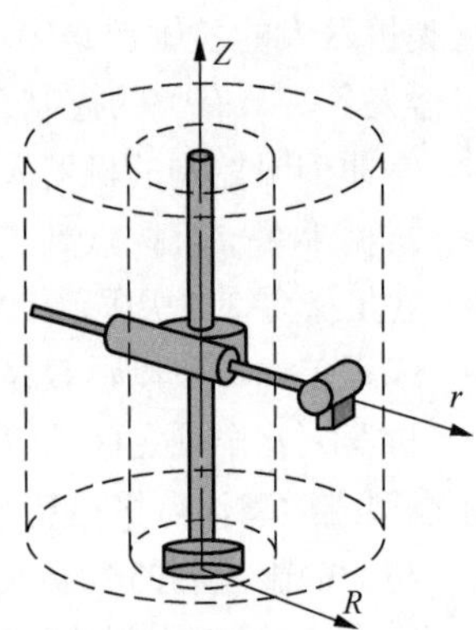

图 1-8 柱坐标系机器人

这种机器人具有 3 个自由度：手臂可伸缩（沿 r 方向）；滑动架（托板）可沿柱上下移动（Z 轴方向）；水平臂和滑动架组合件可作为基座上的一个整体而旋转（绕 Z 轴）。由于机械结构的限制，其伸出长度有最小值和最大值，所以此机器人总的体积或工作包络范围是圆柱体的一部分。

③ 球坐标系机器人。在球坐标系下运动的机器人称为球坐标系机器人，如图 1-9 所示。球坐标系机器人的运动方式是手臂可伸出和缩回（R），类似于可伸缩的望远镜套筒；在垂直面内绕轴回转（φ）；在基座水平面内转动（θ）。

但是由于机械结构和驱动器的限制，机器人的工作包络范围只是球体的一部分。

④ 关节坐标系机器人。关节坐标系机器人一般由多个转动关节串联若干连杆组成，如图 1-10 所示。其运动由前、后臂的俯仰及立柱的回转构成，工作方式较为复杂。

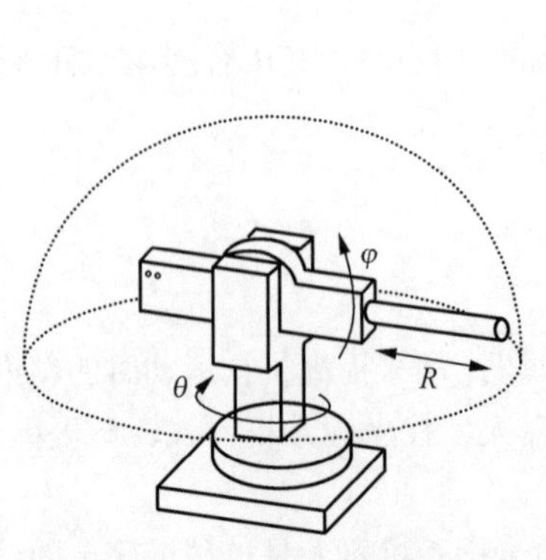

图 1-9 球坐标系机器人

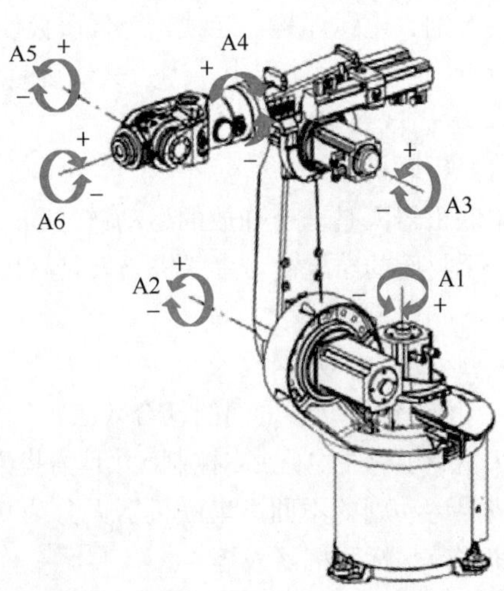

图 1-10 关节坐标系机器人

这种机器人具有显著的优点：结构紧凑，工作范围广且占用空间小；动作灵活，有很高的可达性，可以轻易避开障碍，伸入狭窄弯曲的管道内进行作业；对多种作业都有良好的适应性。但与此同时，其也有运动模型复杂、高精度控制难度大的缺点。

目前，关节坐标系机器人已经广泛应用于装配、货物搬运、电弧焊接、喷漆等作业场合，成为使用最为广泛的工业机器人之一。

（2）并联机器人

并联机器人和串联机器人在工业应用上构成互补关系，并联机器人是一个封闭的运动链（Close Loop Kinematic Chain），如图 1-11 所示。与串联机器人相比，并联机器人具有以下特点。

- 不易有动态误差，无累积误差，精度较高。
- 运动惯性小。
- 结构紧凑稳定，输出轴承受大部分的轴向应力，机器刚性高，承载能力大。
- 采用热对称性结构设计，热变形量较小。
- 在位置求解上，串联机器人正解容易，反解困难；而并联机器人正解困难，反解容易。
- 工作空间较小。
- 驱动装置可固定在平台上或接近平台的位置，运动部分重量轻，速度快，动态响应好。
- 部分并联机器人采用完全对称结构，具有较好的各向同性。

根据这些特点，并联机器人在需要高刚度、高精度、大荷重、工作空间精简的领域内得到了广泛应用。

（3）混联机器人

图 1-12 所示的机器人采用混联结构，它既有并联机器人结构刚度好的优点，又有串联机器人结构工作空间大的优点。

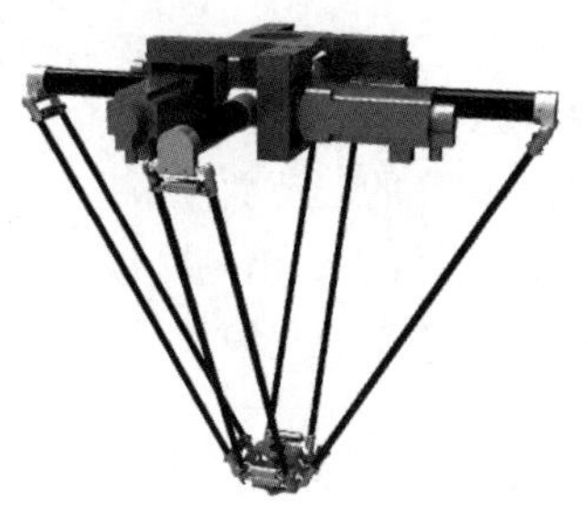

图 1-11　并联机器人

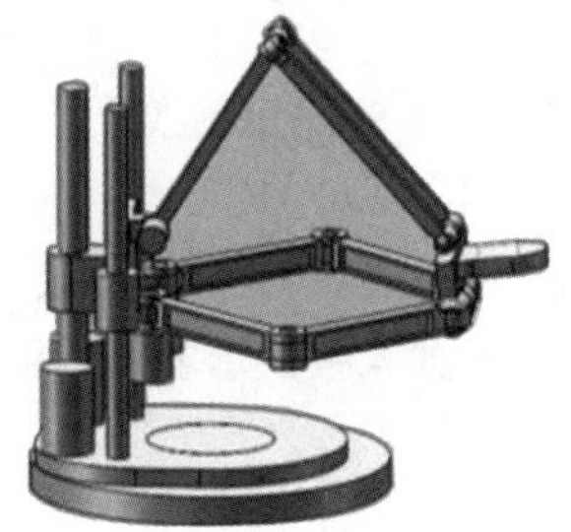

图 1-12　混联冲压机器人

目前已构造出的新型少自由度的混联结构，可以实现运动解耦。这种结构的混联机器人具有刚度高、工作空间大、结构尺寸小等优点，应用前景十分广阔。

【思考与练习】

1. 我国工业机器人的发展潜力如何？为什么？
2. 简述串联机器人的特点，串联机器人有哪些应用实例？

任务二　FANUC 机器人的认知

【任务描述】

“小明，你来看这台机器人适合什么工种，试着分析分析。”师傅这个突然袭击搞得我不知所措。

“师傅，呃……”我摸了摸头，“这是什么型号啊？”

师傅摇了摇头说：“看来你的功课还没到家，我们想要更好地应用FANUC机器人，不仅要了解典型的常用工业机器人型号及各自的特点，还应该熟悉其应用的领域和硬件结构，才能为后续工作站集成设计工作中进行机器人选型提供重要的依据。”

【任务学习】

一、FANUC 机器人的常用型号

工业机器人产业发展至今，以欧系、日系企业为主导的市场格局逐渐凸显。2014 年，ABB、FANUC、KUKA 和安川这四大企业的工业机器人业务收入总和约为 55 亿美元，占据世界工业机器人市场约 50% 的份额，占据我国市场的份额更是高达近 70%。

FANUC 公司自 1956 年成立至今，一步步发展壮大。

➢ 1956 年，FANUC 品牌创立。

➢ 1971 年，FANUC 数控系统占据全球 70% 的市场份额，一举成为世界上最大的专业数控系统生产厂家。

➢ 1974 年，FANUC 研发制造的基于伺服、数控基础的工业机器人问世，并于 1976 年投放市场。

➢ 1999 年，智能机器人投入生产，并很快成为 FANUC 最重要的产品。

➢ 2010 年，FANUC 机器人入驻上海世博会，受到了业界的广泛关注。

➢ 2015 年，FANUC 机器人全球销量超 40 万台，占据了较大的市场份额。

FAUNC 机器人种类繁多，规格齐全，表 1-1 中列出了其常见的几种型号。

表 1-1　　FANUC 机器人常见型号及参数

型号	轴数	手部负重/kg
M-1*i*A	4/6	0.5
LR Mate 200*i*C	6	5
M-10*i*A	6	10（6）
M-20*i*A	6	20（10）
R-2000*i*B	6	210（165，200，100，125，17，5）
R-1000*i*A	6	80（100）
M-2000*i*A/M-410*i*B	6/4	1200（900）/450（300，160）

1. FANUC M-1*i*A

如图 1-13 所示，FANUC M-1*i*A 是一款超轻量、结构紧凑，并设计有平行连杆结构的智能机器人。它配有适应复杂装配作业的三轴手腕，灵活性好，可用于小型物品搬运、高速抓取和装配。其特点如下。

（1）轻量级（六轴总重 17kg）紧凑型设计，可以从容应对狭窄空间的作业环境。

（2）六轴并联设计，增加了作业区两旁工件输送的可用空间。

（3）多种安装方式，可以满足多种工作环境的要求。

（4）独特的平行连杆机构，最大幅度地提高了动作速度。

（5）分离式台架，能够更简便地安置在机械内。

（6）配有内置式隐藏 iRVision 视觉摄像头。

（7）配备新型 R-30*i*A Mate 控制柜，提供智能的机器人功能。

（8）具备碰撞检测（Collision Detection）功能，可以瞬时检测到来自外部物体的碰撞并紧急停机，将碰撞对工件和机器人的损坏降低到最小。

（9）具有 Robot Link 功能，可以通过网络通信交换机器人的位置信息，最多可以作为主站控制 10 台机器人协调作业。

2. FANUC LR Mate 200*i*C

如图 1-14 所示，FANUC LR Mate 200*i*C 系列机器人是多功能六轴小型机器人，它的轻量化设计使其可以适应多种工作场合，如拾取、铸造、去毛刺、机床上下料、搬运、涂胶、装配等。其特点如下。

（1）根据不同的应用需求，可提供多种规格的选择：标准型号、高速型号（5H）、洁净等级为 100 的型号（5C，5LC）、应用于清洗作业的防水型号（5WP）和加长臂型号（5L）。

（2）机械臂横截面优化缩小到老款机的 42%，更适合在狭窄空间内作业。

（3）机械结构的轻量化设计使得机械安装和吊顶安装更容易。

（4）采用高刚性的手臂和最先进的伺服技术，保证高速作业时运动平稳无振动。

（5）与之前类似型号相比，手腕负载能力大幅增强，可以抓取更多的工件，提升作业效率。

（6）配备封闭式的 R-30*i*A Mate 控制柜，能够可靠地运行在恶劣的工厂环境下，不惧粉尘、油污的干扰。

（7）有多种智能化功能可供选择，如控制多台机器人同步运动的 Robot Link 功能，跟踪抓取工件的在线跟踪功能，将周边设备干涉碰撞导致的损伤降低到最小限度的防碰撞功能等。

（8）提供集成视觉（iRVision）和压力感应等先进智能功能选项。

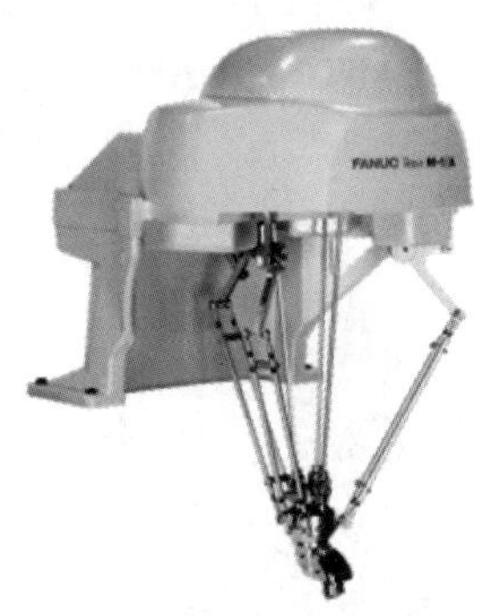

图 1-13　FANUC M-1*i*A

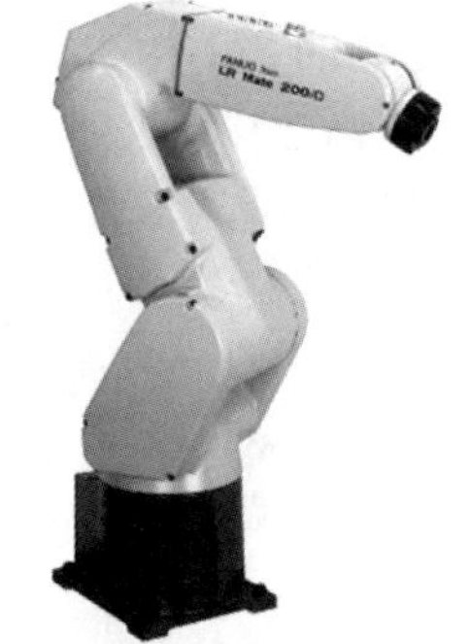

图 1-14　FANUC LR Mate 200*i*C

3. FANUC M-10*i*A

如图 1-15 所示，FANUC M-10*i*A 为电缆内置式的工业机器人，这款机器人在同系列中具有最高的动作能力，其特点如下。

（1）根据应用范围，有 2 款机型可供选择：最大动作范围 1.42m、最大负载力 10kg 的 M-10*i*A；最大动作范围 1.63m、最大负载力 6kg 的 M-10*i*A/6L。

（2）采用高强度的手臂与最先进的伺服技术，可以有效提升各轴的动作速度以及加速性能。与之前类似型号相比，运动的作业时间缩短 15% 以上，实现了行业内最高的生产能力。

（3）腕部轴内采用独立的驱动机构设计，有巧妙、紧凑的内置电缆的机械手臂。这使得机器人在狭窄的空间以及高密度环境下的作业得以有效实现。

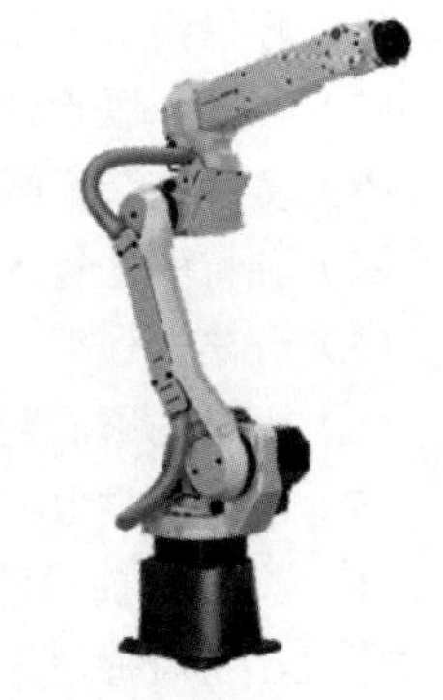

图 1-15　FANUC M-10*i*A

（4）前悬臂实现了卓越的电缆集成能力，手部电缆路径平滑，维护简单。

（5）腕部负重能力得到了强化，可支持传感器单元、双手爪以及多功能复合手爪等各种加工器件的安装使用。

（6）多种智能功能可供选择。例如，集成视觉（iRVision）可以使机器人即使在工件出现装配错位的情况下，也能校正后完成精准作业；碰撞检测（Collision Detection）可以将由机器人手爪干涉而引起的扭曲变形降至最小；协同动作（Coordinated Motion）的使用，可以将相对速度和相对姿态保持在最优化的状态。

4. FANUC R-2000*i*B

如图 1-16 所示，FANUC R-2000*i*B 多关节智能机器人可广泛用于机械加工、冲压加工、锻造加工、铸造加工过程中的工件搬运、取件、装卸，以及修缘、抛光、打磨、去毛刺等。它的特点如下。

（1）结构简单，机身紧凑。FANUC R-2000*i*B 在保持最大的工作范围和可搬运重量的同时，大幅减轻了自身重量。

（2）智能化和网络化。新开发的机器人控制器 R-J3*i*C 不仅可大幅度提高 CPU 的处理能力，而且还具有最新的软件功能，由此实现了机器人的智能化和网络化。

5. FANUC M-2000*i*A

如图 1-17 所示，FANUC M-2000*i*A 系列是用于搬运超重物体的机器人。它有 2 种型号：一个是可举起 900kg 重物的 FANUC M-2000*i*A/900L（动作半径 4 680mm），另一个是能举起 1 200kg 重物的 FANUC M-2000*i*A/1200（动作半径 3 730mm）。FANUC M-2000*i*A 能够更快、更稳、更精确地移动大型部件，主要用于物流搬运、机床上下料、装配、码垛、材料加工、拾取及包装、举重表演等。

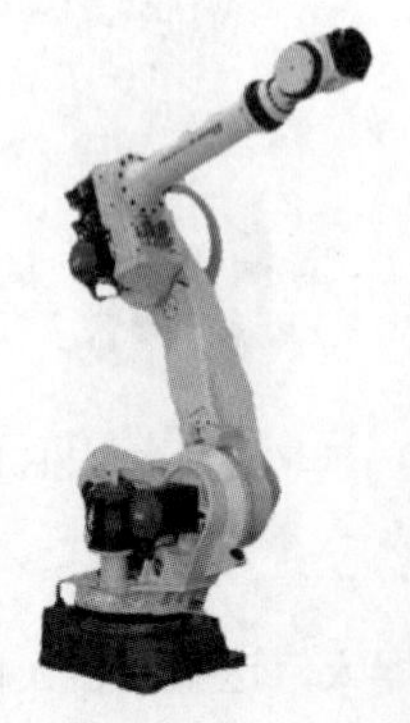

图 1-16　FANUC R-2000*i*B

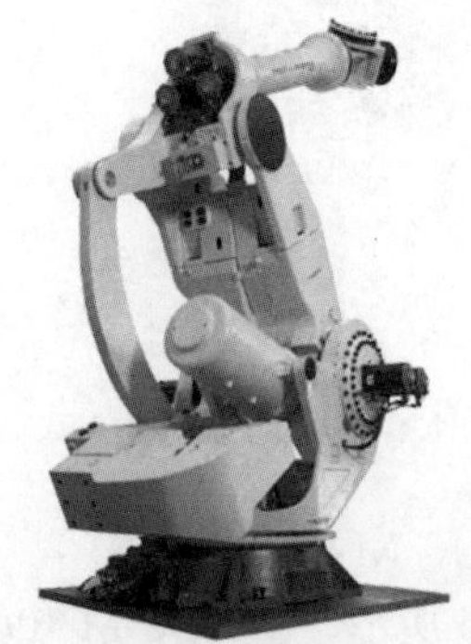

图 1-17　FANUC M-2000*i*A

二、FANUC 机器人的典型应用

微课

工业机器人的应用领域

工业机器人一般用于机械制造中，替代人工完成一些具有大批量、高质量要求的工作，如工业自动化生产线中的电焊、弧焊、喷漆、切割、电子装配，以及物流系统的搬运、包装、码垛等作业。

世界上的第一台工业机器人主要用于完成通用汽车的材料处理工作。随着机器人技术的不断更新与发展，机器人的应用领域得到了进一步的拓宽，主要集中体现在以下 5 个领域。

（1）机械加工应用。机械加工机器人主要从事零件铸造、激光切割以及水射流切割等工作。

（2）机器人喷涂应用。喷涂机器人主要从事涂装、点胶、喷漆等工作。

（3）机器人装配应用。装配机器人主要从事零部件的安装、拆卸以及修复等工作。

（4）机器人焊接应用。焊接机器人主要从事汽车行业中的电焊和弧焊工作，用来实现自动化焊接作业。

（5）机器人搬运应用。搬运机器人主要从事上下料、搬运以及码垛等工作，随着协作机器人的兴起，搬运机器人的市场份额逐年提升。

图 1-18 所示为工业机器人的主要应用领域及所占份额，机械加工只占 2% 的份额，焊接和搬运领域应用最广，分别占了 29% 和 38% 的份额。目前 FANUC 机器人的典型应用也主要集中在焊接、搬运、喷涂、装配等领域。

1. 焊接机器人

焊接机器人（见图 1-19）是从事焊接作业的工业机器人，常用于汽车制造领域，又可以分为点焊机器人和弧焊机器人。从 20 世纪 60 年代开始，焊接机器人焊接技术日益成熟，在长期使用过程中，主要体现出以下优点。

（1）稳定提高焊件的焊接质量。

（2）提高企业的劳动生产率。

（3）降低工人的劳动强度，可替代人类在恶劣的环境下工作。

（4）降低对工人操作技术的要求。

（5）缩短产品改型换代的准备周期，减少相应的设备投资。

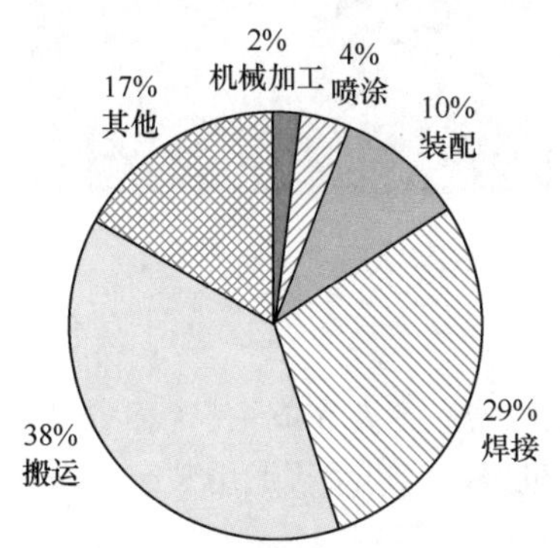

图 1-18　工业机器人的应用领域

图 1-19　焊接机器人

2. 搬运机器人

搬运机器人（见图 1-20）是可以进行自动搬运作业的工业机器人，最早的搬运机器人是 1960 年美国设计的 Versatran 和 Unimate。

搬运时，机器人末端夹具设备握持工件，将工件从一个加工位置移动到另一个加工位置。目前世界上使用的搬运机器人超过 10 万台。搬运机器人广泛应用于机床上下料、压力机自动化生产线、自动装配流水线、码垛搬运、集装箱搬运等场合。

搬运机器人又分为移动搬运小车（AGV）、码垛机器人、分解机器人、机床上下料机器人等。其主要作用就是实现产品、物料或工具的搬运，具有以下优点。

（1）提高生产率，一天可以 24h 无间断地工作。

（2）降低工人劳动强度，减少人工成本。

（3）缩短产品改型换代的准备周期，减少相应的设备投资。

（4）可实现工厂自动化、无人化生产。

3. 喷涂机器人

喷涂机器人（见图 1-21）是可进行自动喷漆或喷涂其他涂料的工业机器人，1969 年由挪威 Trallfa 公司发明。

喷涂机器人主要由机器人本体、计算机和相应的控制系统组成。液压驱动的喷涂机器人还包括液压动力装置，如油泵、油箱和电机等。喷涂机器人多采用五自由度或六自由度关节式结构，其手臂有较大的工作空间，并可做复杂的轨迹运动，其腕部一般有 2 ～ 3 个自由度，可灵活运动。较先进的喷涂机器人采用柔性手腕，既可向各个方向弯曲，又可转动，其动作类似人的手腕，能方便地通过较小的孔伸入工件内部，喷涂其内表面。喷涂机器人主要有以下优点。

（1）柔性大，工作空间大。

（2）可提高喷涂质量和材料利用率。

（3）易于操作和维护，可离线编程，大大缩短了现场调试时间。

（4）设备利用率高，可达 90% ～ 95%。

图 1-20　搬运机器人

图 1-21　喷涂机器人

4. 装配机器人

装配机器人是专门为装配而设计的机器人，常用的装配机器人主要完成生产线上一些零件的装配或拆卸工作。根据结构的不同，它主要分为 PUMA 机器人（可编程通用装配操作手）和 SCARA 机器人（水平多关节机器人）2 种类型。

PUMA 机器人是美国 Unimation 公司于 1977 年研制的由计算机控制的多关节装配机器人。它一般有 5 ～ 6 个自由度，可以实现腰、肩、肘的回转以及手腕的弯曲、旋转、扭转等功能。

SCARA 机器人是一种特殊的柱坐标系工业机器人，它有 3 个旋转关节，其轴线相互平行，可在平面内进行定位和定向。另外，它还有 1 个移动关节，用于完成末端件在垂直方向上的运动。这类机器人的结构轻便、响应快。例如，Adept1 型 SCARA 机器人运动速度可达 10 m/s，比一般关节机器人快数倍。它最适用于平面定位、垂直方向进行装配的作业。

与一般工业机器人相比，装配机器人具有精度高、柔性好、工作空间小、能与其他系统配套使用等特点。在工业生产中，使用装配机器人可以保证产品质量，降低成本，提高自动化生产水平。目前，装配机器人（见图 1-22）主要用于各种电器（包括家用电器，如电视机、录音机、洗衣机、电冰箱、吸尘器等）的制造，小型电机、汽车及其零部件、计算机、玩具、机电产品及其组件的装配等场合。

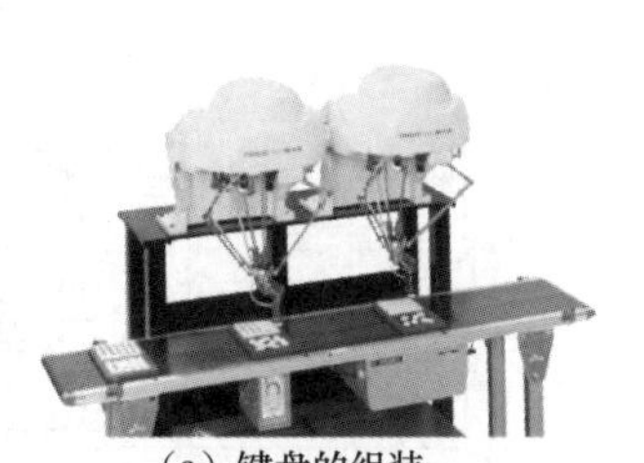

（a）键盘的组装　　（b）拧螺钉作业

图 1-22　装配机器人

三、FANUC 机器人的系统结构

微课

工业机器人的系统结构

同其他工业机器人一样，一台完整的 FANUC 机器人也主要由操作机、驱动系统、控制系统以及可更换的末端执行器等部分组成，如图 1-23 所示。

1. 操作机

操作机是工业机器人的机械主体，是用来完成各种作业的执行机械。它因作业任务不同而在结构形式和尺寸上存在差异。工业机器人的“柔性”除了体现在其控制系统可重复编程方面外，还和操作机的结构形式有很大关系。操作机普遍采用关节型结构，即类似人体腰、肩和腕等的仿生结构，如图 1-24 所示。

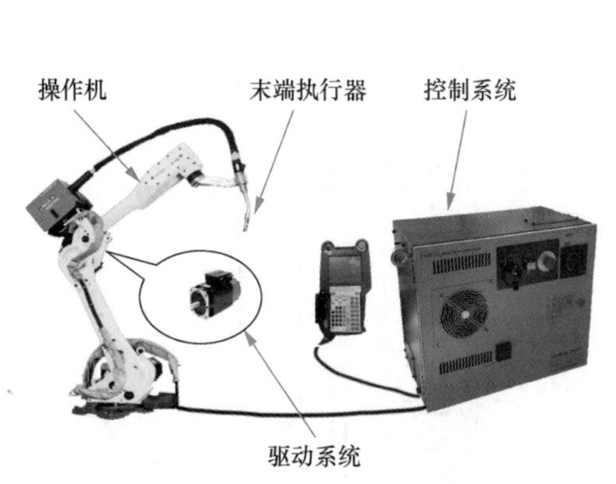

图 1-23　FANUC 机器人的组成

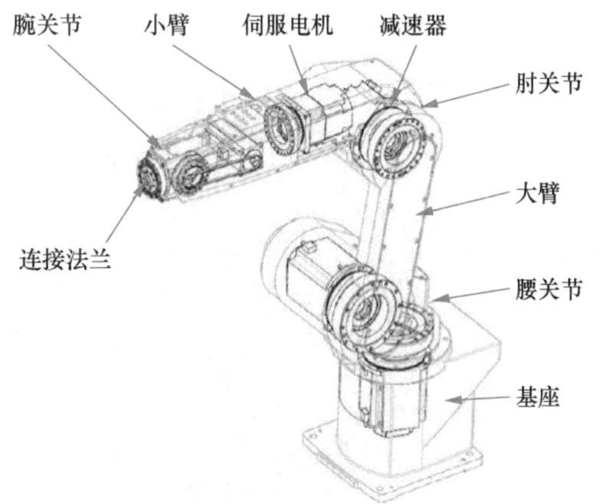

图 1-24　操作机结构图

2. 驱动系统

驱动系统是指驱动操作机动作的装置，也就是机器人的动力装置。机器人使用的动力源有压缩空气、压力油和电能。因此相应的动力驱动装置有汽缸、油缸和电机。这些驱动装置大多安装在操作机的运动部件上，所以要求它的结构小巧紧凑、重量轻、惯性小。

FANUC 机器人操作机的每一个关节都由伺服电机（见图 1-25）驱动，其结构如图 1-26 所示。使用在重力轴场合的电机还包括制动器部分，另外较大型的电机还带有冷却风扇。电机后端的绝对值脉冲编码器，用来检测电机的转速和电机轴的位置信息。

图 1-25　交流伺服电机

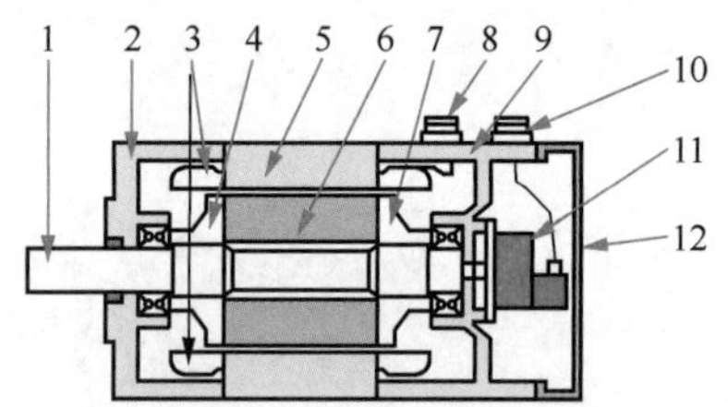

图 1-26　伺服电机的结构

1—电机轴；2—前端盖；3—三相绕组线圈；4—压板；5—定子；6—磁铁；7—后压板；8—动力线插头；9—后端盖；10—反馈插头；11—绝对值脉冲编码器；12—电机后盖

减速器在机械传动领域是连接动力源和执行机构的中间装置，它把电机等动力源上高速运转的动力通过输入轴上的小齿轮啮合传动至输出轴上的大齿轮，以达到减速的目的，并传递更大的转矩。

目前应用于机器人领域的减速器主要有 2 种：一种是 RV 减速器（见图 1-27），另一种是谐波减速器（见图 1-28）。在关节坐标系机器人中，由于 RV 减速器具有更高的刚度和回转精度，故一般将 RV 减速器放置在机座、大臂、肩部等重负载的位置，而将谐波减速器放置在小臂、腕部或手部等位置。

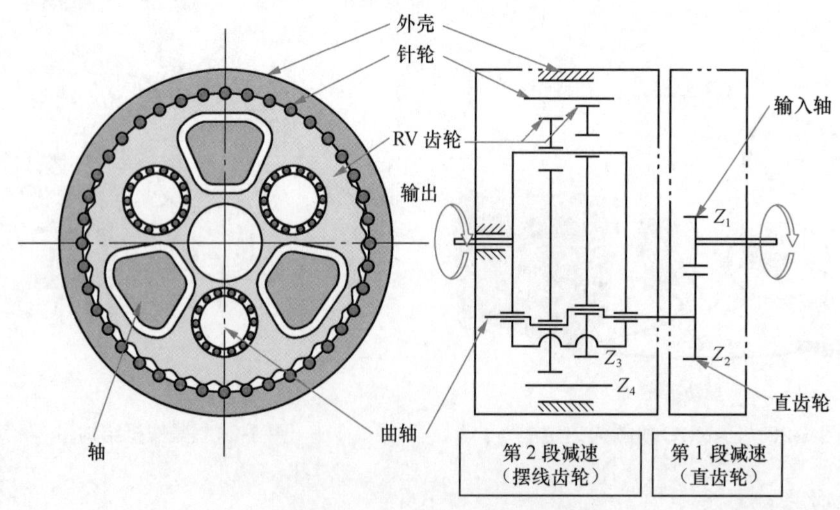

图 1-27　RV 减速器结构及原理

RV 传动是一种全新的传动方式，它是在传统针摆行星传动的基础上发展出来的，不仅克服了一般针摆传动的缺点，而且具有体积小、重量轻、传动比范围大、寿命长、精度稳定、效率高、传动平稳等一系列优点。

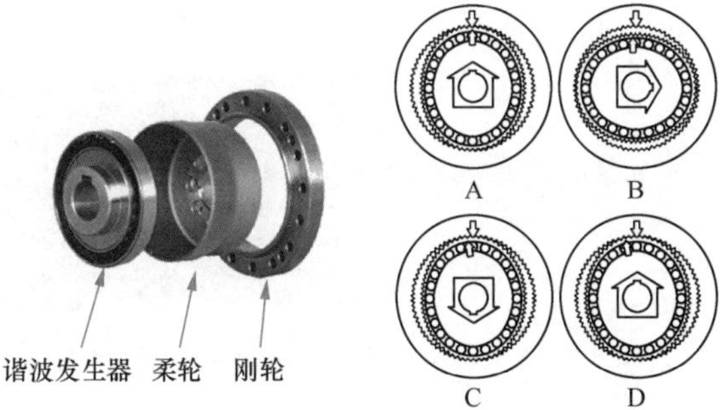

图 1-28　谐波减速器结构及原理

谐波减速器由谐波发生器、柔轮和刚轮 3 部分组成。按照谐波发生器的不同，谐波减速器有凸轮式、滚轮式和偏心盘式 3 种。其工作原理是谐波发生器使柔轮产生可控的弹性变形，靠柔轮与刚轮啮合传递动力，并达到减速的目的。其减速比可以按照下式来计算。

$$i = -\frac{Z_1}{Z_2 - Z_1}$$

式中，Z_1——柔轮齿数；

Z_2——刚轮齿数。

如图 1-28 所示，当谐波发生器转动一周时，柔轮向相反的方向转动了大约 2 个齿的角度。谐波减速器传动比大，外形轮廓小，零件数目少且传动效率高。

3. 控制系统

工业机器人的控制系统（见图 1-29）是机器人的“大脑”，它通过各种控制电路和控制软件的结合来操纵机器人，并协调机器人与生产系统中其他设备的关系。图 1-30 所示为 FANUC R-30*i*B Mate 控制系统的电气单元。

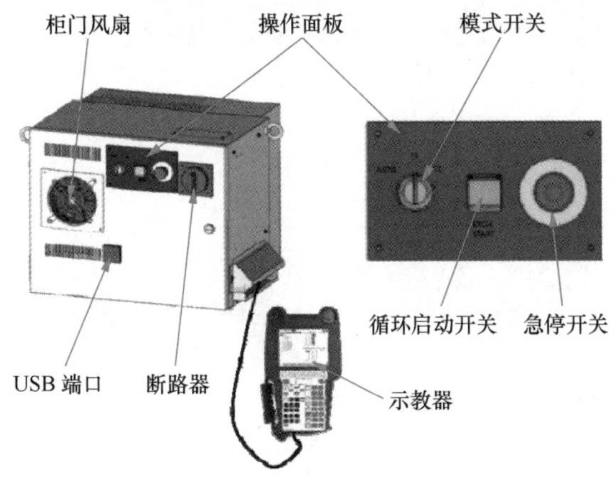

图 1-29　工业机器人的控制系统

微课

控制柜组成认知

普通机器设备的控制装置多注重自身动作的控制，而机器人的控制系统还要注意建立自身与作业对象之间的控制联系。一个完整的机器人控制系统除了作业控制器和运动控制器外，还包括控制驱动系统的伺服控制器以及检测机器人自身状态的传感器反馈部分。现代机器人电子控制装置由可编程控制器、数控控制器或计算机构成。控制系统是决定机器人功能和水平的关键部分，也是机器人系统中更新和发展最快的部分。

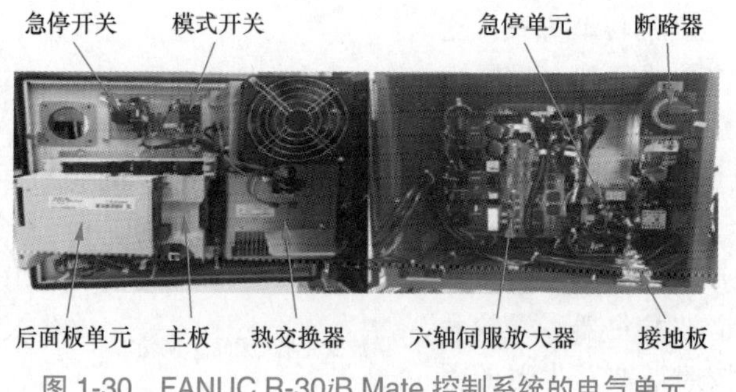

图 1-30　FANUC R-30*i*B Mate 控制系统的电气单元

4. 末端执行器

工业机器人的末端执行器是指连接在操作腕部的直接用于作业的机构，如图 1-31 所示。它可能是用于搬运的手部（爪），也可能是用于喷漆的喷枪，以及检查用的测量工具等。工业机器人操作臂的手腕上有用于连接各种末端执行器的机械连接口，按作业内容的不同可安装不同手爪或工具，这进一步扩大了机器人作业的柔性。

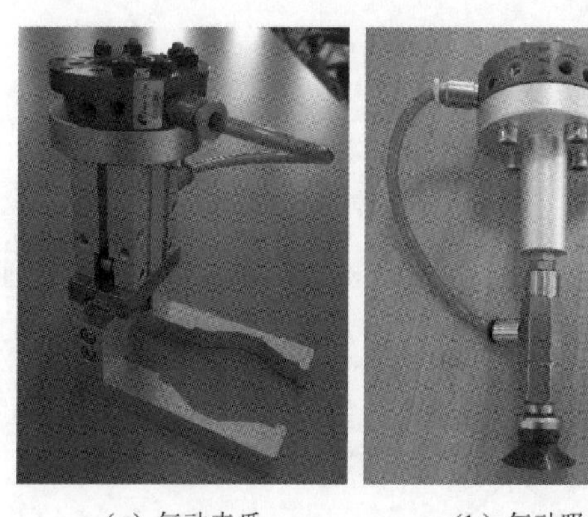

（a）气动夹爪　　（b）气动吸盘

图 1-31　末端执行器

【思考与练习】

1. 如果要建立一个装配大型工程车辆的生产线，应该选择哪种型号的机器人负责大型钣金件的托举？

2. 一台完整的工业机器人由哪些部分组成？

任务三　FANUC 机器人编程的认知

【任务描述】

通过查阅相关资料可知，目前工业机器人主要有现场编程、离线编程以及自主编程 3 类编程方法。

在当前工业机器人的应用中，现场编程（也叫在线示教编程）仍然是最主要的机器人编程方法，离线编程则适合于机构化的工作环境。但对于复杂的三维轨迹，现场编程不但费时而且也难以满足精度要求，因此在视觉导引下，由计算机控制机器人的自主编程取代现场编程已成为发展趋势。本任务通过了解和比较各种编程技术的特点，为不同场景下编程方法的选择提供重要参考。

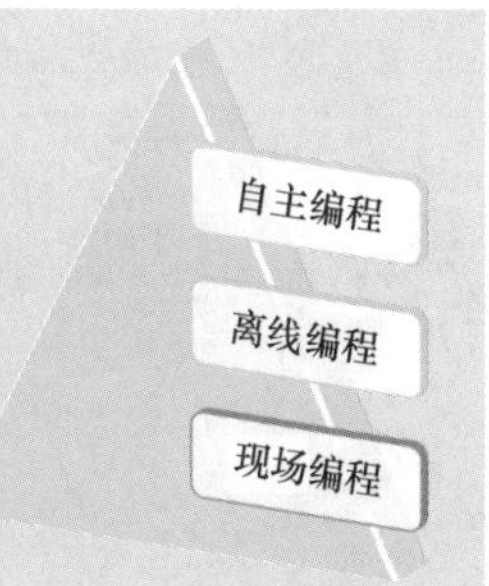

【任务学习】

一、现场编程

微课

工业机器人的编程方式

现场编程通常由操作人员通过示教器控制机械手工具末端到达指定的位置和姿态（简称“位姿”），记录机器人位姿数据并编写机器人运动指令，完成机器人在正常加工中的轨迹规划、位姿等关节数据信息的采集、记录。示教器（见图 1-32）具有实时在线的优势，操作简便直观。

例如，采用机器人对汽车车身进行点焊，首先由操作人员控制机器人到达各个焊点，对各焊点轨迹进行人工示教，在焊接过程中通过示教再现的方式，再现焊接轨迹，从而实现车身各个位置焊点的焊接。

但是传统的在线示教编程存在很大局限性，例如，在焊接过程中车身的位置很难保证每次都完全一样，故在实际现场编程时为了使示教点更精确，通常需要增加激光传感器、力觉传感器和其他辅助示教设备对示教点的路径进行纠偏和校正。借助激光传感器等装置进行辅助示教，提高了机器人使用的柔性和灵活性，降低了操作的难度，提高了机器人加工的精度和效率，这在很多场合是非常实用的。

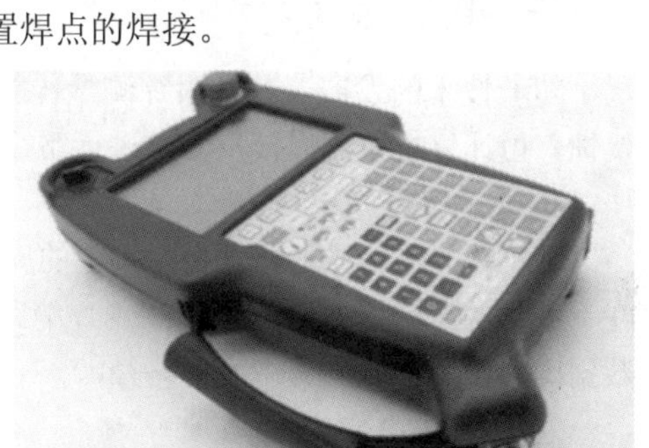

图 1-32　现场编程工具——示教器

二、离线编程

离线编程是在不使用真实机器人的情况下，在软件建立的三维虚拟环境中利用仿真的机器人进行编程。与现场编程相比，离线编程具有以下优点：①减少停机的时间，当对下一个任务进行编程时，机器人可仍在生产线上工作；②使编程者远离危险的工作环境，改善了编程环境；③使用范围广，可以对各种机器人进行编程，并能方便地实现优化编程；④便于和 CAD/CAM 系统结合，做到 CAD/CAM/ROBOTICS 一体化；⑤可使用高级计算机编程语言对复杂任务进行编程；⑥便于修改机器人程序。

机器人离线编程是利用计算机图形学的成果，通过对工作单元进行三维建模，在仿真环境中建立与现实工作环境对应的场景，采用规划算法对图形进行控制和操作，在不使用实际机器人的情况下进行轨迹规划，进而生成机器人程序。离线编程的基本流程如图 1-33 所示。

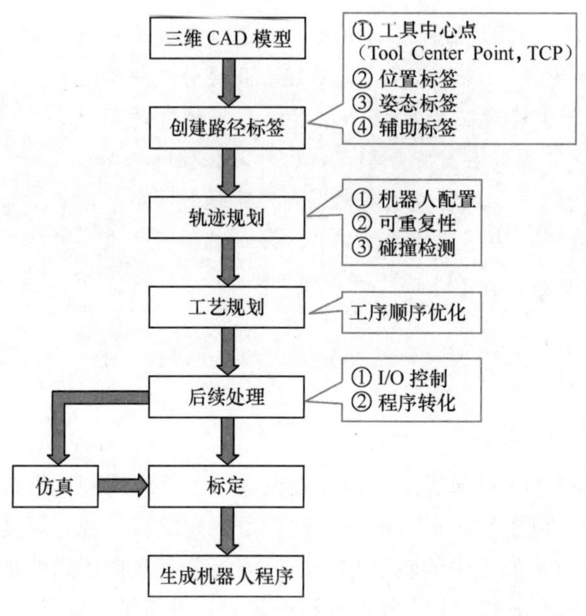

图 1-33　离线编程的基本流程

三、自主编程

随着技术的发展，各种跟踪测量传感技术日益成熟，人们开始研究根据焊缝的测量信息反馈，由计算机控制焊接机器人进行路径规划的自主编程技术。

1. 基于激光结构光的自主编程

基于激光结构光的路径自主规划的原理是将结构光传感器安装在机器人的末端，形成“眼在手上”的工作方式。例如，利用焊缝跟踪技术逐点测量焊缝的中心坐标，建立起焊缝轨迹数据库，在焊接时作为焊枪的路径。

2. 基于双目视觉的自主编程

基于视觉反馈的自主示教是实现机器人路径自主规划的关键技术，其主要原理是在一定条件下，由主控计算机通过视觉传感器沿焊缝自动跟踪、采集并识别焊缝图像，计算出焊缝的空间轨迹和方位（即位姿），并按优化焊接要求自动生成机器人焊枪的位姿参数。

3. 多传感器信息融合自主编程

采用力传感器、视觉传感器以及位移传感器构成一个高精度自动路径生成系统。该系统集成了位移、力、视觉控制，引入视觉伺服，可以根据传感器反馈信息执行动作。该系统中机器人能够根据记号笔绘制的线自动生成机器人路径，位移传感器用来保持机器人 TCP 的位姿，视觉传感器用来保证机器人自动跟随曲线，力传感器用来保持 TCP 与工件表面距离的恒定。

四、编程技术的发展趋势

随着视觉技术、传感技术、智能控制技术、网络和信息技术以及大数据等的发展，未来的机器人编程技术将会发生根本的变革，主要表现在以下几个方面。

（1）编程将会变得简单、快速、可视、模拟和仿真。

（2）基于传感技术和大数据技术，感知、辨识、重构环境和工件等的 CAD 模型，自动获取加工路径的几何信息。

（3）基于互联网技术实现编程的网络化、远程化、可视化。

（4）基于增强现实技术实现离线编程和真实场景的互动。

（5）根据离线编程技术和现场获取的几何信息自主规划加工路径、焊接参数并进行仿真确认。

总之，在不远的将来，传统的现场编程将只在很少的场合中应用，而离线编程将会得到进一步发展，并与 CAD/CAM、视觉技术、传感技术、互联网、大数据、增强现实等深度融合，自动感知、辨识、重构工件和加工路径等，实现路径的自主规划，自动纠偏和自适应环境。

【思考与练习】

1. 离线编程能否替代现场编程？为什么？
2. 未来还有可能出现什么样的编程方式？

【项目总结】

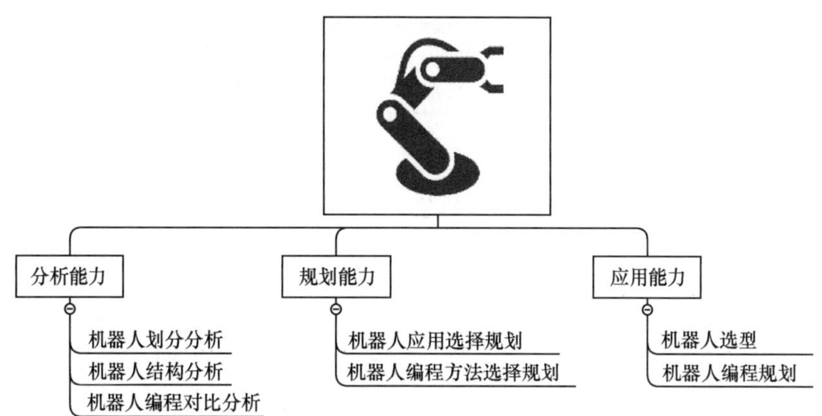

【拓展训练】

【工业机器人的调研与分析】目前工业机器人市场形成了以 FANUC、ABB、KUKA、安川等为主导的全球格局。国内的工业机器人制造商近几年虽然快速崛起，但是与日本、德国等国家相比在技术上还有很大的差距。

任务要求：调研国内外机器人品牌的发展现状，从技术和市场的角度分析国内品牌还存在哪些不足以及未来的发展方向。

考核方式：采用分组的方式（每组 4 人），进行讨论交流，并提交报告。

将拓展训练情况填入表 1-2 中。

表 1-2 拓展训练评估表

项目名称： 工业机器人的调研与分析	项目承接人姓名：	日期：
项目要求	**评分标准**	**得分情况**
国外品牌现状（20分）		
国内品牌现状（20分）		
市场占有情况（20分）		
技术对比（20分）		
调研分析报告（20分）		
评价人	**评价说明**	**备注**
个人		
老师		

项目二
FANUC 机器人基本操作

【项目引入】

小明：师傅，听说我厂的机器人已经安装调试完毕，昨天我去参观了一下，发现什么也看不懂。我们什么时候可以去操作呢？

王工：不急，凡事都有一个先了解、再操作的过程。你们在对这种机器人一无所知的情况下，贸然去操作可是大忌。我给你们制订了一个详细的学习计划，你们要按部就班地学习。

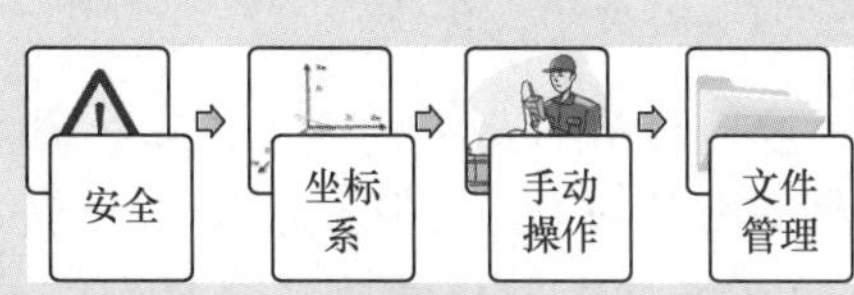

小李：知己知彼，才能百战不殆。

王工：你们要认真学，过后可是要考核的哦……

【知识图谱】

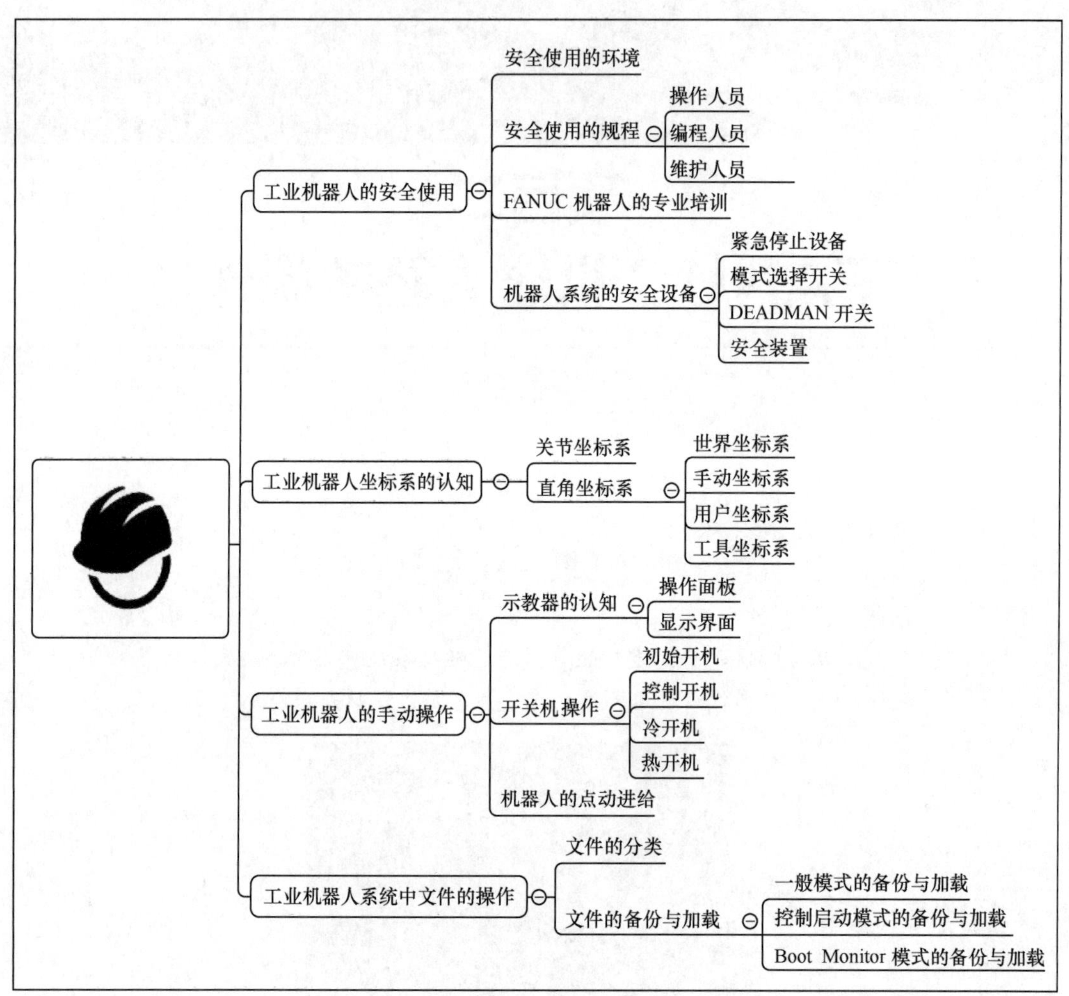

任务一　工业机器人的安全使用

【任务描述】

安全是人们从事生产活动的第一要务。操作工业机器人之前需要严格掌握其安全操作规程，在保证自身安全的同时，也保证了他人的利益。安全使用工业机器人前必须了解机器人所处的环境要求、操作的安全规程，并且能够快速地使用安全设备。

【任务学习】

一、安全使用的环境

FANUC 机器人可以应用于弧焊、点焊、搬运、去毛刺、装配、激光焊接、喷涂等领域，这些应用功能必须借助相应的软件工具来实现。不管应用于何种领域，机器人在使用中都应当避免出现以下情况。

（1）处于有燃烧可能的环境。

（2）处于有爆炸可能的环境。

（3）处于无线电干扰的环境。

（4）处于水中或其他液体中。

（5）以运送人或动物为目的。

（6）工作人员攀爬在机器人上面或悬垂于机器人之下。

（7）其他与 FANUC 推荐的安装和使用环境不一致的情况。

微课

工业机器人安全操作事项

若将机器人应用于不当的环境中，可能会导致机器人的损坏，甚至还可能会对操作人员和现场其他人员的生命等造成严重威胁。

二、安全使用的规程

在设计机器人应用系统时，必须确保机器人本体、机器人控制柜及示教器的安全。FANUC 机器人带有与互锁装置相连的接口，机器人应用系统的设计者必须根据各种安全标准设计系统。用户必须按照系统配置的要求准备安全装置、安全门和互锁装置。

对机器人进行操作、编程、维护等工作的人员，称为作业人员。作业人员要穿上适合作业的工作服、安全鞋，戴好安全帽，扣紧工作服的衣扣、领口、袖口，衣服和裤子要整洁，下肢不能裸露，鞋子要防滑、绝缘，如图 2-1 所示。

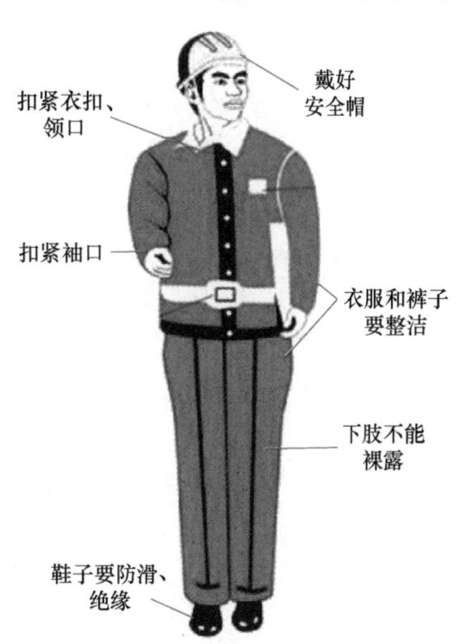

图 2-1　工作服的穿戴要求

（1）操作人员：能对机器人控制柜电源进行开 / 关操作；能从控制柜操作面板启动机器人程序。

（2）编程人员：能进行机器人的操作；在安全栅栏内进行机器人的示教；调试外围设备等。

（3）维护人员：可以进行机器人的操作；在安全栅栏内进行机器人的示教；调试外围设备；进行机器人的维护（修理、调整、更换）作业。

操作人员不能在安全栅栏内作业，编程人员和维护人员可以在安全栅栏内进行移机、设置、示教、调整、维护等工作。表 2-1 列出了在安全栅栏外的各种作业，符号“ √ ”表示该作业可以由相应人员完成。

表 2-1　　安全栅栏外的作业列表

操作内容	操作人员	编程人员	维护人员
打开/关闭控制柜电源	√	√	√
选择操作模式（AUTO、T1、T2）		√	√
选择Remote/Local模式		√	√
用示教器选择机器人程序		√	√
用外围设备选择机器人程序		√	√
在操作面板上启动机器人程序	√	√	√
用示教器启动机器人程序		√	√
用操作面板复位报警		√	√
用示教器复位报警		√	√
在示教器上设置数据	√	√	
用示教器示教	√	√	
用操作面板紧急停止		√	√
用示教器紧急停止		√	√
打开安全门紧急停止		√	√
操作面板的维护		√	
示教器的维护			√

三、FANUC 机器人的专业培训

操作人员、编程人员和维护人员只有在接受过关于 FANUC 机器人的专业培训并考核合格后才能进行相关作业。培训要求的内容如下。

- 安全规程。
- 点动机器人实践。
- 手动操作和示教机器人实践。
- 编程实践。
- 自动运行实践。
- 机器人的构造与功能的介绍。
- 坐标系设置的介绍及实践。
- 编程概要和程序实例的介绍。
- 自动运行方式的介绍。
- 机器人与外部设备的接口介绍。
- 定期检查和更换消耗品的介绍。
- 基本操作的介绍与实践。
- 报警复位的介绍和实践。
- 备份的介绍和实践。
- 初始化设置的介绍与实践。

- 控制器的介绍与实践。
- 故障检查事项的介绍与实践。
- 根据报警代码发现并修理故障的介绍和实践。
- 零点标定的介绍与实践。
- 装配与拆卸的介绍与实践。

四、机器人系统的安全设备

机器人系统的主要安全设备有紧急停止设备、模式选择开关、DEADMAN 开关及安全装置。

1. 紧急停止设备

机器人有急停按钮和外部急停开关（输入信号）2 种紧急停止设备。

（1）急停按钮

当机器人的急停按钮被按下时，机器人立即停止运行。FANUC 机器人的急停按钮位于控制柜操作面板上或位于示教器右上角，如图 2-2 和图 2-3 所示。

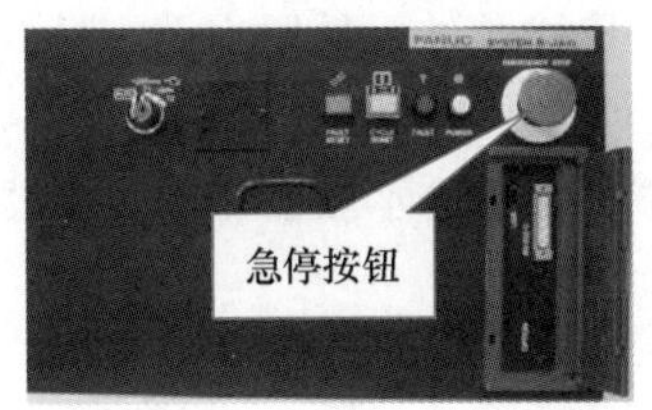

图 2-2　控制柜操作面板急停按钮

图 2-3　示教器急停按钮

（2）外部急停开关

机器人系统还配有外部急停开关（输入信号），它分为双链规格和单链规格 2 种情形，如图 2-4 所示。外部急停的信号来自外围设备（如安全栅栏、安全门），信号接线端在机器人控制柜内。

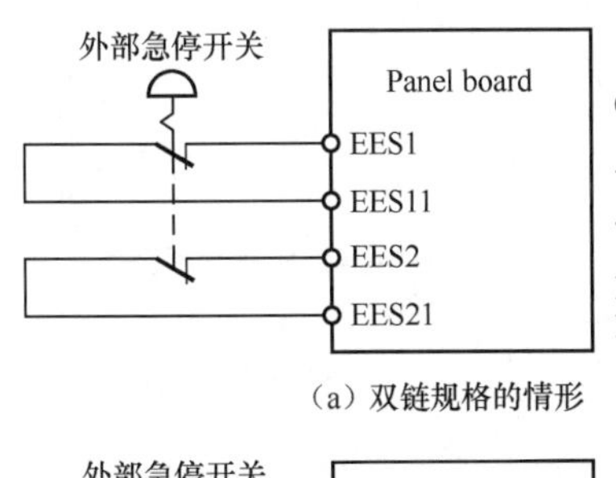

（a）双链规格的情形

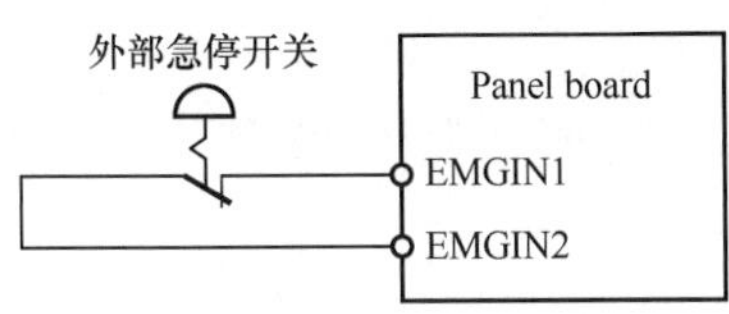

（b）单链规格的情形

图 2-4　外部急停开关（输入信号）

2. 模式选择开关

模式选择开关安装在机器人控制柜上面，通过这个开关可以选择一种操作模式，通过拔走钥匙来锁定被选中的模式。图 2-5 所示为 3 模式选择开关及钥匙。机器人系统在停止运行状态下，才能转换操作模式，并且相应的信息会显示在示教器的液晶显示器（Liquid Crystal Display，LCD）上。

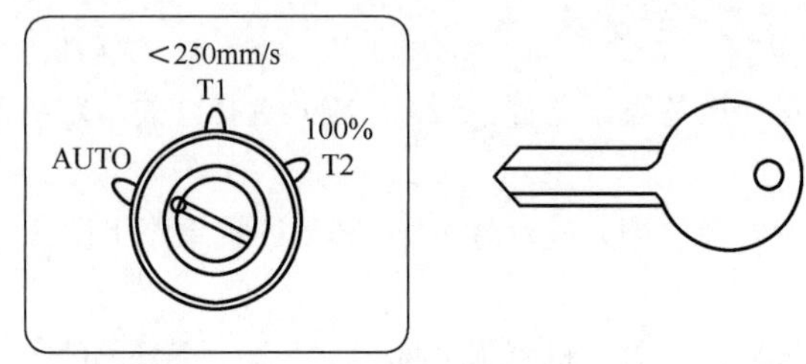

图 2-5　3 模式选择开关及钥匙

FANUC 机器人有 2 模式选择开关和 3 模式选择开关 2 种类型，如图 2-6 所示。

（1）AUTO 模式（自动模式）。在这种模式下，操作面板有效，安全栅栏信号有效，机器人能以指定的最大速度运行，可通过操作面板的启动按钮或外围设备的 I/O 信号来启动机器人程序。

（2）T1 模式（调试模式 1）。在这种模式下，程序只能通过示教器启动，机器人的运行速度不能高于 250mm/s，安全栅栏信号无效。

（3）T2 模式（调试模式 2）。在这种模式下，程序只能通过示教器启动，机器人能以指定的最大速度运行，安全栅栏信号无效。

3. DEADMAN 开关

DEADMAN 开关在示教器的背部，左右各有一个，每个开关有 2 个挡位，如图 2-7 所示。DEADMAN 开关相当于一个“使能装置”，在 T1、T2 模式下，在示教器有效时，只有将其中至少一个 DEADMAN 开关按到适中位置，机器人才可以运动。如果松开或按紧（第 2 个挡位）任意一个 DEADMAN 开关，机器人将立即停止运动。

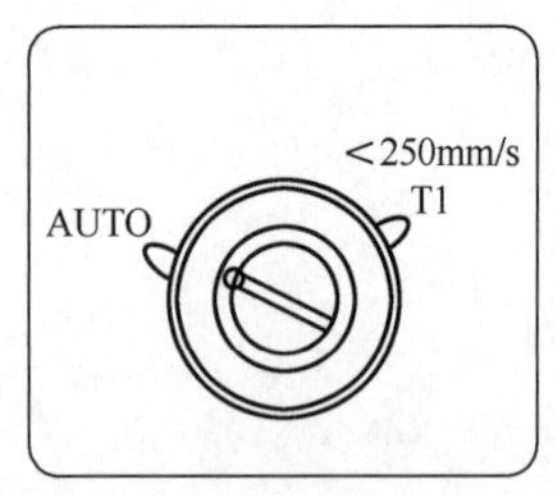

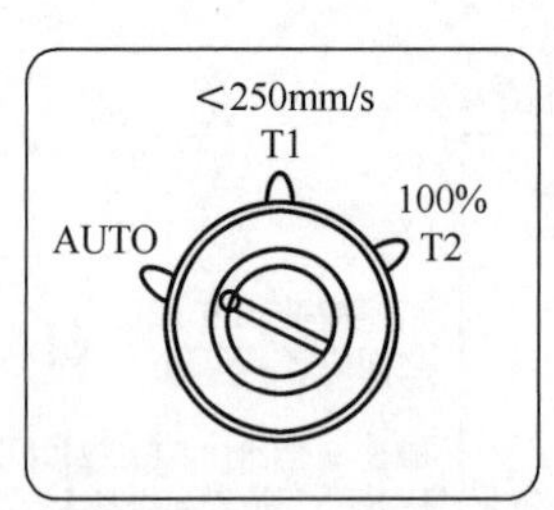

图 2-6　模式选择开关

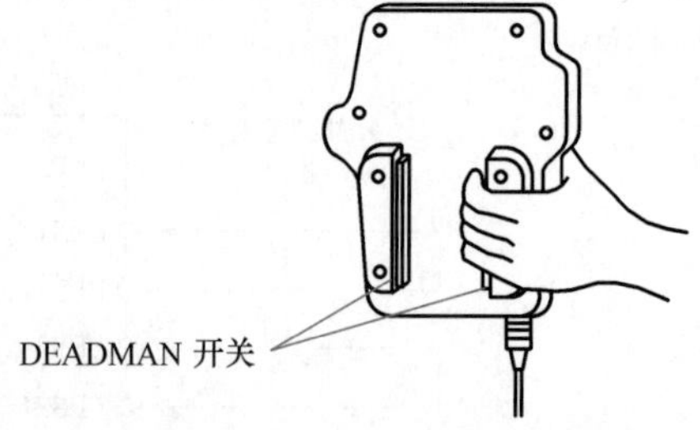

图 2-7　DEADMAN 开关位置

4. 安全装置

安全装置包括安全栅栏（固定的防护装置）、安全门（带互锁装置）、安全插销和插槽及其他保护设备，如图 2-8 所示。

（1）FANUC 公司对安全栅栏的要求

① 栅栏必须能抵挡可预见的操作及周围的冲击。

② 栅栏不能有尖锐的边缘和凸出物，不能成为危险源。

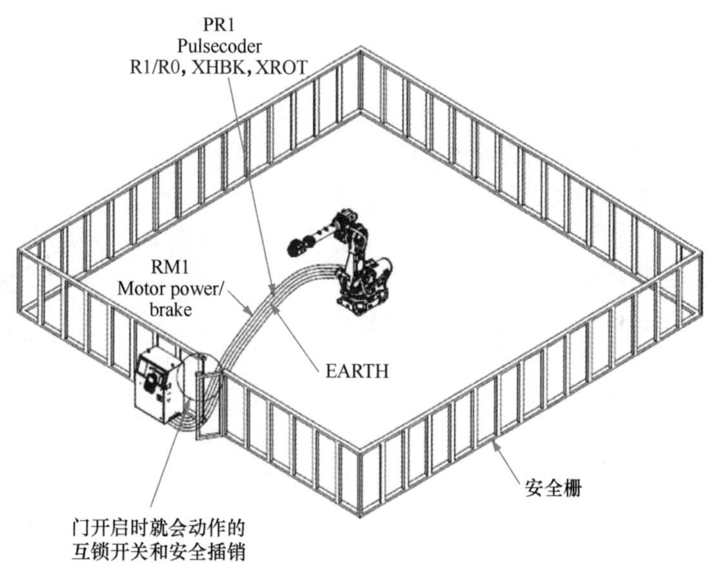

图 2-8 安全栅栏示意图

③ 除了打开互锁设备，栅栏应当能够防止人们通过其他方式进入机器人的保护区域。

④ 栅栏应当永久性地固定在一个地方，且只有借助工具才能移动。

⑤ 栅栏不能妨碍生产过程及对该过程的查看。

⑥ 栅栏的范围应大于机器人的运动区域。

⑦ 栅栏必须接地以防止发生意外的触电事故。

（2）FANUC 公司对安全门和安全插销的要求

① 只有安全门关闭时，机器人才能够自动运行。

② 安全门关闭后，不能重新启动自动运行。

③ 安全门应当利用安全插销和插槽实现互锁。

④ 生产运行时，安全门必须一直保持关闭状态，若机器人运行时有人打开了安全门，就发送信号使机器人动作停止。

（3）其他保护设备应当实现的功能

① 当操作人员进入了机器人的可触及范围内时，机器人不能启动。

② 保护设备只能通过一些有意识操作，如使用工具、钥匙等来进行调整，应当避免无意识的误操作发生。

③ 保护设备中的部件出现缺陷或错误时，系统会阻止机器人启动，或停止正在运行的机器人。

（4）用于安全目的的传感设备的设计要求

① 在开启设备之前，人员不可以进入危险区域。

② 在危险状况未解除前，人员不可以进入限制区域。

③ 系统启动后任何外部状况都不能影响到这些安全设备的运行。

④ 当传感设备启动时，在确定不会出现危险的情况下，才可以重启系统。

⑤ 要在找到传感区域引起中断的原因并排除故障后，才能恢复机器人运动。

5. 进入安全栅栏的安全步骤

一次只能有一位编程人员或一位维护人员进入安全栅栏内作业，一般人员不得进入安全栅栏内。当机器人处于自动运行状态（AUTO 模式）时，进入安全栅栏的步骤如下。

（1）停止机器人。

（2）可以将机器人模式选择开关从 AUTO 打到 T1 或 T2。

（3）拿走模式选择开关的钥匙以锁定模式。

（4）从插槽 2 中拔出插销 2，打开安全栅栏的安全门，将插销 2 插入插槽 4。

（5）从插槽 1 拔出插销 1。

（6）进入到安全栅栏内，将插销 1 插入插槽 3（见图 2-9）。

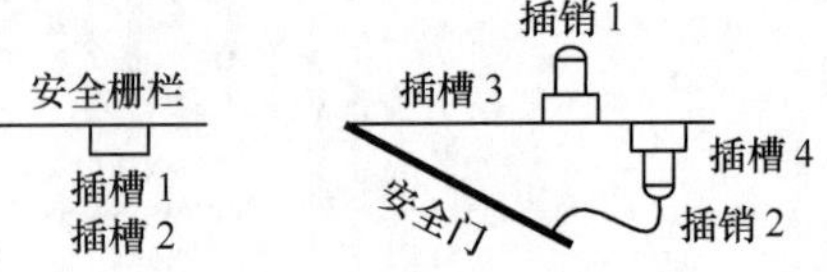

图 2-9　安全门打开时的插销情况

注意

示教器、模式选择开关钥匙和安全插销 1 必须带入安全栅栏内，安全插销 1 必须插入栅栏内的插槽。

【思考与练习】

1. 请在下图中标示出工作服的穿戴要求。

2. 机器人的急停按钮有哪些？位于什么地方？

任务二　工业机器人坐标系的认知

【任务描述】

机器人有坐标系是很正常的，可是它竟然有这么多，让我一脸茫然……

师傅看我眉头紧锁，鼓励道：“其实没什么，我刚刚接触时跟你一样，当你真正了解之后才发觉如此简单。”

【任务学习】

在参照系中，为确定空间一点的位置，按照规定方法选取的有次序的一组数据，称为坐标。在某一问题中规定坐标的方法，就是该问题所用的坐标系。在对工业机器人进行操作、编程和调试时，机器人坐标系具有重要的意义。机器人的所有运动，需要通过沿坐标系轴的测量来确定。

在 FANUC 机器人控制系统中，坐标系有关节坐标系和直角坐标系之分。

一、关节坐标系

关节坐标系是设定在机器人关节中的坐标系，它表示的是机器人各轴的角度。关节坐标系中机器人的位姿以各关节底座侧的关节坐标系为基准而确定，如图 2-10 所示。

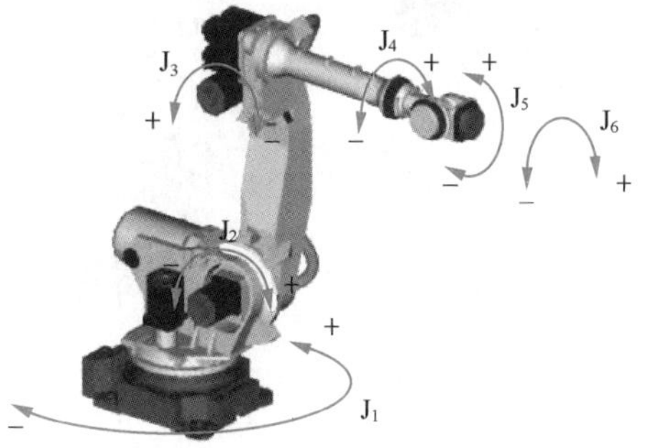

图 2-10　关节坐标系

二、直角坐标系

直角坐标系中机器人的位姿，通过工具侧直角坐标系原点（工具中心点）在空间直角坐标系上的坐标值 X、Y、Z 和相对于 X 轴、Y 轴、Z 轴的回转角 W、P、R 来定义。图 2-11 标示出（W，P，R）的含义。

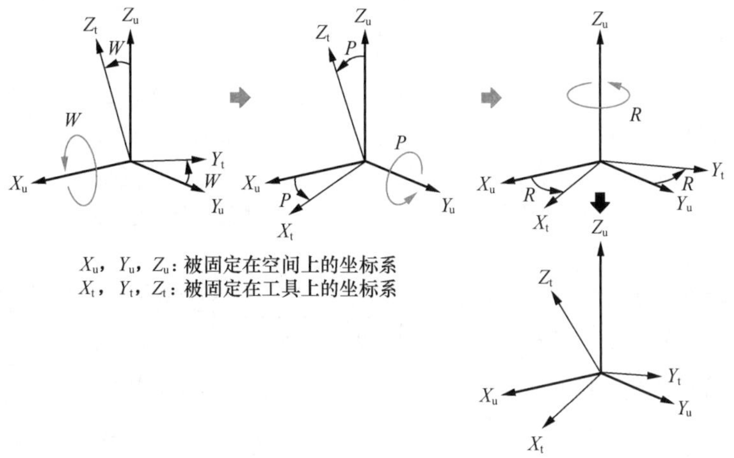

图 2-11　（W，P，R）的含义

要在用户所设定的环境下操作机器人，必须使用与其对应的直角坐标系。直角坐标系包括世界坐标系、手动坐标系、用户坐标系和工具坐标系。

1. 世界坐标系（WCS）

世界坐标系是空间上的标准直角坐标系，它被固定在机器人事先确定的位置，可定义机器人单元。所有其他的直角坐标系均与世界坐标系有直接或间接的关系。世界坐标系可以用于手动操纵、一般移动、处理具有若干机器人或外部轴移动机器人的工作场合，是机器人默认的坐标系。

世界坐标系的原点定义为机器人减速器 J_1 轴线与减速器 J_2 轴线的交点，Z 轴垂直于地面向上，X 轴指向机器人正前方，利用右手法则确定 Y 轴，如图 2-12 所示。在正常配置的机器人系统中，当操作人员正向面对机器人并在世界坐标系下进行手动操作时，点按“+X”或者“-X”使机器人向前或向后移动，点按“+Y”或者“-Y”使机器人向右或向左移动，点按“+Z”或者“-Z”使机器人向上或向下移动。

直角坐标右手法则：大拇指与食指呈“八”字状，大拇指指向 X 轴，食指指向 Y 轴，中指指向 Z 轴，如图 2-13 所示。

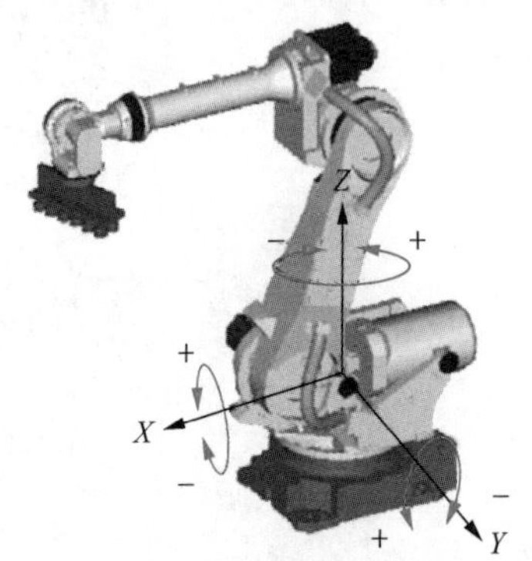

图 2-12　世界坐标系

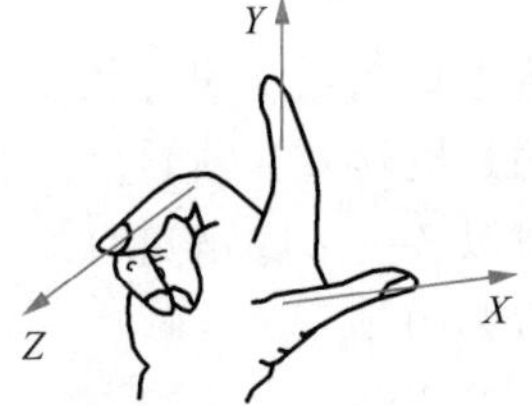

图 2-13　右手法则示意

2. 手动坐标系（JGFAM）

手动坐标系是在作业区域中为有效地进行直角点动而定义的直角坐标系。只有在做手动进给时，才使用该坐标系，因此手动坐标系的原点没有特殊的含义。未定义时，将由世界坐标系来替代该坐标系。

3. 用户坐标系（UCS）

用户坐标系是用户对每个作业空间进行定义的直角坐标系。它用于位置寄存器的示教和执行、位置补偿指令的执行等。未定义时，将由世界坐标系来替代该坐标系。

从不同的应用领域看，机器人的工作大多是握持着工具（如焊枪、手爪），去工作台上固定的点位加工工件。人们习惯性地取静止的物体为参考对象，运动的物体为研究对象。因此，取工具为研究对象，工作台为参考对象，机器人实际上建立了工具和工作台的关系，这个关系也称为位置点位。为了表达工具和工作台的位姿，我们在机器人应用中引入工具坐标系和用户坐标系，如图 2-14 所示。

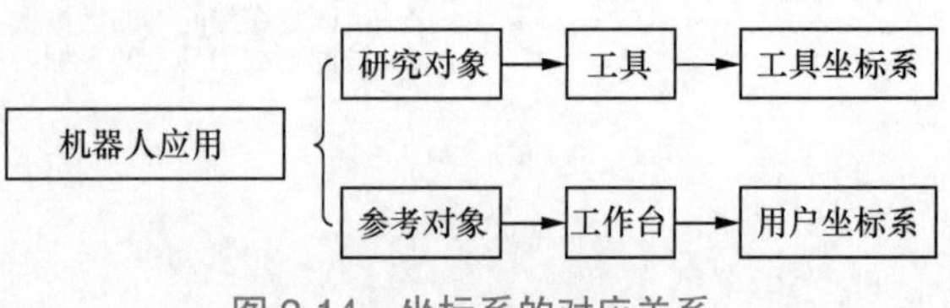

图 2-14　坐标系的对应关系

机器人的当前位置表达了工具坐标系相对于用户坐标系的对应关系。在编程中，被记录点的位置，也就是当前使用的工具坐标系下的工具中心点（TCP）在当前使用的用户坐标系下的坐标值。

如图 2-15 所示，Ⓐ为世界坐标系，Ⓑ和Ⓒ均为用户坐标系。图中有多个用户坐标系，表示机器人可以拥有若干用户坐标系，或者表示不同工件，或者表示同一工件在不同位置的若干副本。

4. 工具坐标系（TCPF）

为了操作方便，一般将工具的作用点设为工具坐标系原点，由此定义工具的位置和方向。FANUC 机器人在六轴法兰盘处都有一个预定义的工具坐标系，即 TOOL0，如图 2-16 所示。将法兰盘中心定义为工具坐标系的原点，法兰盘中心指向法兰盘定位孔方向定义为 +*X* 方向，垂直法兰盘向外为 +*Z* 方向，最后根据右手法则即可判定 *Y* 方向。

FANUC 机器人最多可以定义 10 个不同工具坐标系（含默认坐标系），新的工具坐标系都是相对默认工具坐标系位置偏移或角度旋转后得到的。

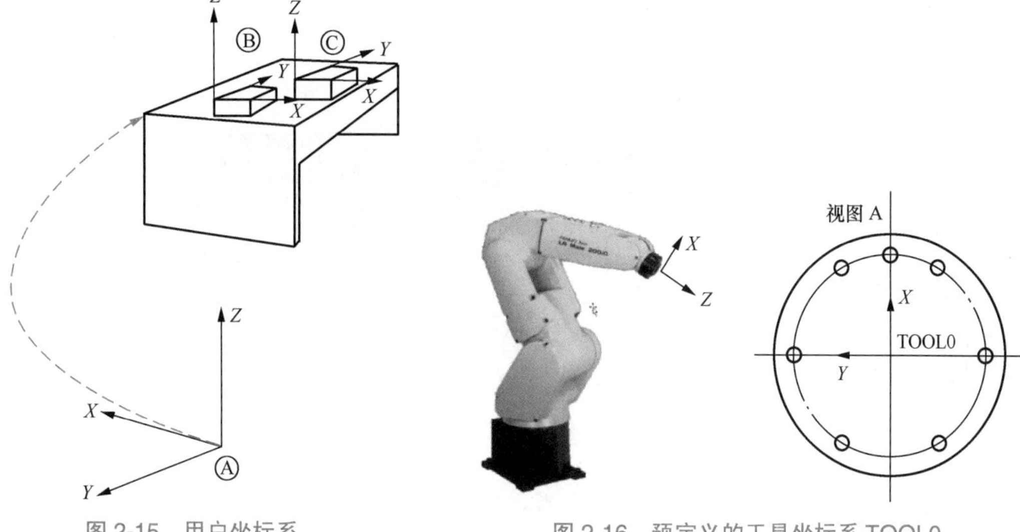

图 2-15　用户坐标系

图 2-16　预定义的工具坐标系 TOOL0

【思考与练习】

1. 用户坐标系和世界坐标系有什么不同？二者存在什么关系？
2. 工具坐标系有什么意义？

任务三　工业机器人的手动操作

【任务描述】

前面已经学习了基础知识，现在是时候牛刀小试一下了。机器人的操作就是实践这些理论知识的有效手段，其中包括了系统的启动与关闭、本体在各坐标系下的点动。掌握机器人手动操作就是为现场编程打基础。

【任务学习】

FANUC 示教器介绍

一、示教器的认知

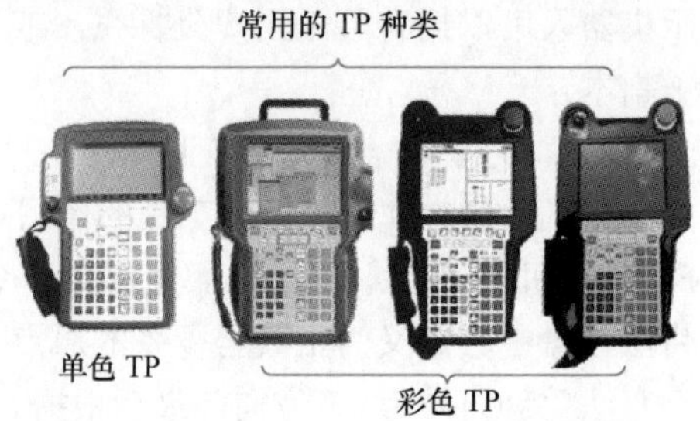

图 2-17　TP 种类

示教器（Teach Pendant，TP）是应用工具软件与用户之间实现交互的操作装置，它通过电缆与控制装置连接。FANUC TP 经历了从单色 TP 到彩色 TP 的发展过程，如图 2-17 所示。

TP 的作用包括移动机器人、编写机器人程序、试运行程序、生产运行、查看机器人状态（I/O 设置、机器人位置信息等）、手动运行等。TP 上有 3 个重要的开关，具体位置如图 2-18 所示。表 2-2 详细介绍了 3 个开关的作用。

示教器界面认知

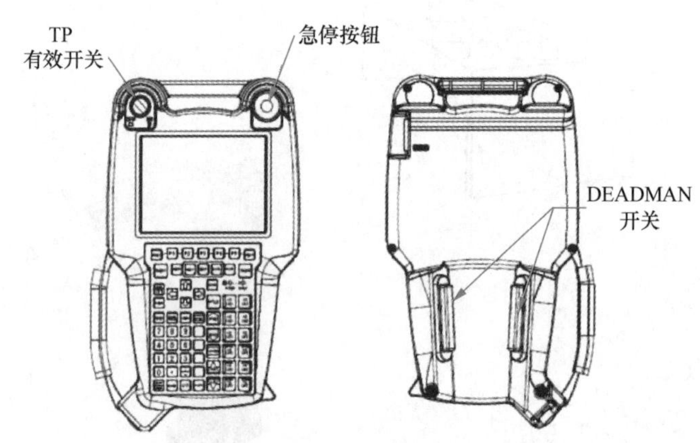

图 2-18　TP 上 3 个开关的位置

表 2-2　　TP 3 个开关的作用

开关	作用
TP有效开关	TP有效开关将TP置于有效状态。TP无效时，点动进给、程序创建、测试执行等操作无法进行
DEADMAN开关	它是位置安全开关，只有按到中间点才成为有效状态。有效时，从安全开关松开手或者用力将其握住，机器人都会停止
急停按钮	不管TP有效开关的状态如何，急停按扭被按下时，机器人都会急停

FANUC TP 上有 68 个键控开关按钮，是点动机器人、进行系统设置、编写程序以及查看机器人状态等功能的操作按键，如图 2-19 所示。各按键的功能如表 2-3 所示。

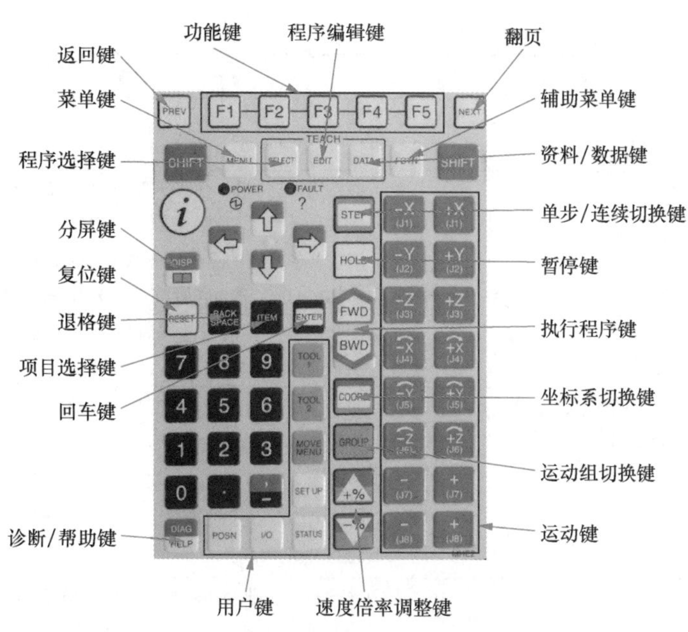

图 2-19 TP 键控开关面板

表 2-3 键控开关面板按键功能说明

按键	功能
F1 F2 F3 F4 F5	功能（F）键，用来选择界面最下方的功能键菜单
NEXT	“NEXT”（翻页）键，用来将功能键菜单切换到下一页
MENU FCTN	“MENU”（菜单）键，用来显示界面菜单； “FCTN”（辅助菜单）键，用来显示辅助菜单
SELECT EDIT DATA	“SELECT”（程序选择）键，用来显示程序一览界面； “EDIT”（程序编辑）键，用来显示程序编辑界面； “DATA”（资料/数据）键，用来显示数据界面
TOOL 1 TOOL 2	“TOOL 1”和“TOOL 2”键，用来显示工具1和工具2界面
MOVE MENU	“MOVE MENU”键，用来显示预定位置返回界面
SET UP	“SET UP”（设定）键，用来显示设定界面
STATUS	“STATUS”（状态显示）键，用来显示状态界面
I/O	“I/O”（输入/输出）键，用来显示I/O界面
POSN	“POSN”（位置显示）键，用来显示当前位置界面
DISP	在单独按下该键的情况下，移动操作对象界面；在与“SHIFT”键同时按下的情况下，分割屏幕（单屏、双屏、三屏、状态 / 单屏）

续表

按键	功能
DIAG HELP	在单独按下该键的情况下，移动到提示界面；在与“SHIFT”键同时按下的情况下，移动到报警界面
GROUP	单击该按键时，按照G1→G1S→G2→G2S→G3→…→G1→…的顺序，依次切换组、副组；按住“GROUP”（运动组切换）键的同时，按住希望变更的组号码的数字键，即可变更为该组；此外，在按住“GROUP”键的同时按下“0”，就可以进行副组的切换
SHIFT	“SHIFT”键与其他按键同时按下时，可以进行点动进给、位置数据的示教、程序的启动
+X (J1) +Y (J2) +Z (J3) +X (J4) +Y (J5) +Z (J6) −X (J1) −Y (J2) −Z (J3) −X (J4) −Y (J5) −Z (J6) + (J7) − (J8) − (J7) + (J8)	点动键，与“SHIFT”键同时按下可用于点动进给；“J7”“J8”键用于同一群组内的附加轴的点动进给。但是，在五轴机器人和四轴机器人等不到六轴的机器人的情况下，从空闲中的按键起依次使用。例如，在五轴机器人上，将“J6”“J7”“J8”键用于附加轴的点动进给
COORD	“COORD”（坐标系切换）键，用来切换手动进给坐标系（点动的种类）。可依次进行如下切换：“关节”→“手动”→“世界”→“工具”→“用户”→“关节”。当同时按下此键与“SHIFT”键时，出现用来进行坐标系号切换的菜单
微课 速度倍率设置 −% +%	倍率键，用来变更速度倍率，可依次进行如下切换：“微速”→“低速”→“1%→5%→50%→100%”（5%以下时以1%为刻度切换，5%以上时以5%为刻度切换）
FWD BWD	“FWD”（前进）键、“BWD”（后退）键与“SHIFT”键同时按下时，用于程序的启动；程序执行中松开“SHIFT”键时，程序执行暂停
HOLD	“HOLD”（暂停）键，用来中断程序的执行
STEP	“STEP”（单步/连续）键，用来测试运转时的断续运转和连续运转之间的切换
PREV	“PREV”（返回）键，用来使显示返回到之前进行的状态。根据操作，有的情况下不会返回到之前的状态显示
ENTER	“ENTER”（回车）键，用来输入数值和选择菜单
BACK SPACE	“BACK SPACE”（退格）键，用来删除光标位置之前的一个字符或数字
⇦ ⇨ ⇧ ⇩	光标键，用来移动光标。光标是指可在TP界面上移动的、反相显示的部分。该部分成为通过TP键进行操作（数值 / 内容的输入或者变更）的对象
ITEM	“ITEM”（项目选择）键，用来输入行号码后移动光标

续表

按键	功能
i	“*i*”键，与以下键同时使用，将让图形界面操作成为基于按键的操作。 •“MENU”（菜单）键 •“FCTN”（辅助菜单）键 •“EDIT”（编辑）键 •“DATA”（资料/数据）键 •“POSN”（位置显示）键 •“JOG”（点动）键 •“DISP”（分屏）键

“TOOL1”“TOOL2”“MOVE MENU”“SET UP”按键是 HANDLING TOOL（搬运工具）的应用专用键。应用专用键根据应用不同而有所不同，若是与焊接机器人配套的 TP，那么这几个键将被“Wire+”（送丝）、“Wire−”（收丝）等焊接专用键代替。只有在订购了多动作和附加轴控制的软件，追加并启动附加轴和独立附加轴的情况下，“GROUP”键才有效。

另外，在 TP 操作面板上有图 2-20 所示的 2 个物理 LED 指示灯。

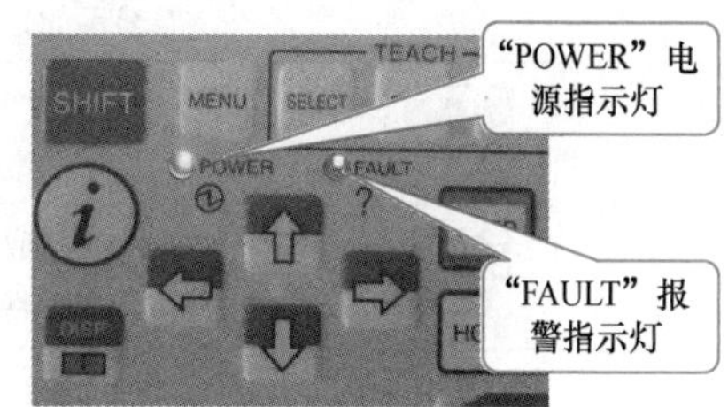

图 2-20　物理 LED 指示灯

TP 的显示界面的上部窗口，叫做状态窗口，如图 2-21 所示。显示的内容从左到右依次是 8 个软件 LED 显示、报警显示（第 1 行）和程序运行状态（第 2 行）、手动坐标系（关节、世界等）、机器人运动速度倍率值。

每个软件的 LED 显示都有 2 种显示状态，带有图标的显示状态表示“ON”，不带图标的显示状态表示“OFF”，其含义如表 2-4 所示。

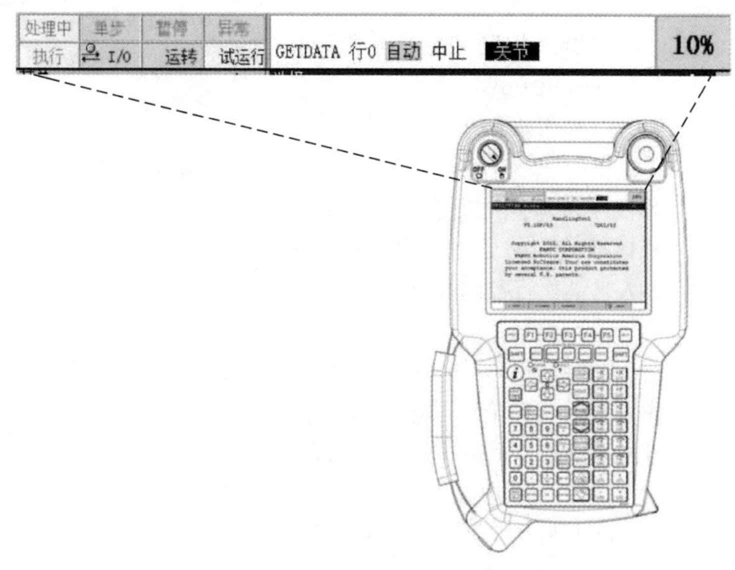

图 2-21　TP 状态窗口

表 2-4　　LED 显示状态信息

LED显示（上表示“ON”状态，下表示“OFF”状态）	含义
处理 处理	表示机器人正在进行某项作业
单段 单段	表示机器人处在单段运转模式下
暂停 暂停	表示按下了“HOLD”（暂停）按钮，或者输入了“HOLD”信号
异常 异常	表示机器人发生了异常
实行 实行	表示机器人正在执行程序
I/O I/O	这是应用程序固有的LED，焊接机器人与搬运机器人会显示不同内容。这里显示的是搬运机器人的例子
运转 运转	这是应用程序固有的LED，焊接机器人与搬运机器人会显示不同内容。这里显示的是搬运机器人的例子
测试中 测试中	这是应用程序固有的LED，焊接机器人与搬运机器人会显示不同内容。这里显示的是搬运机器人的例子

二、开关机操作

工业机器人的开机与关机是通过控制柜面板上的断路器实现的，断路器的位置如图 2-22 所示。

图 2-22　控制柜面板上的断路器

微课

工业机器人的开机操作

1. 开机方式

机器人控制装置有 4 种启动方法（开机方式）。

（1）初始开机

机器人执行初始开机时，所有程序被删除，所有已设定值返回标准值。初始开机完成时，机器人自动执行控制开机。

微课

工业机器人的手动操作

（2）控制开机

控制开机是一种简易系统启动方式。虽然不能通过控制开机菜单操作机器人，但是可以进行系统变量的设置、系统文件的读出、机器人的设定等操作。最后从控制开机菜单的辅助菜单执行冷开机。

（3）冷开机

冷开机通常是在停电处理无效，执行通电操作时使用的一种开机方式。冷开机时，程序的执行状态成为“结束”状态，输出信号全都断开。冷开机完成时，可以操作机器人。即使在停电处理有效的时候，也可以通过通电时的操作来执行冷开机。

（4）热开机

热开机通常是在停电处理有效，执行通电操作时所使用的一种开机方式。热开机时，程序的执行状态以及输出信号能够保持电源切断时的状态。热开机完成时，可以操作机器人。

在日常作业中，选择使用冷开机还是热开机，要根据停电处理的有效/无效而定。在维修或者特殊情况下使用初始开机和控制开机，日常运转中则不使用这些开机方式。

各开机方式的相关性如图 2-23 所示。

2. 开机步骤

（1）初始开机

① 在按住 TP 的“F1”键和“F5”键的状态下，控制装置的电源断路器被接通。显示器出现引导监视器界面，如图 2-24 所示。

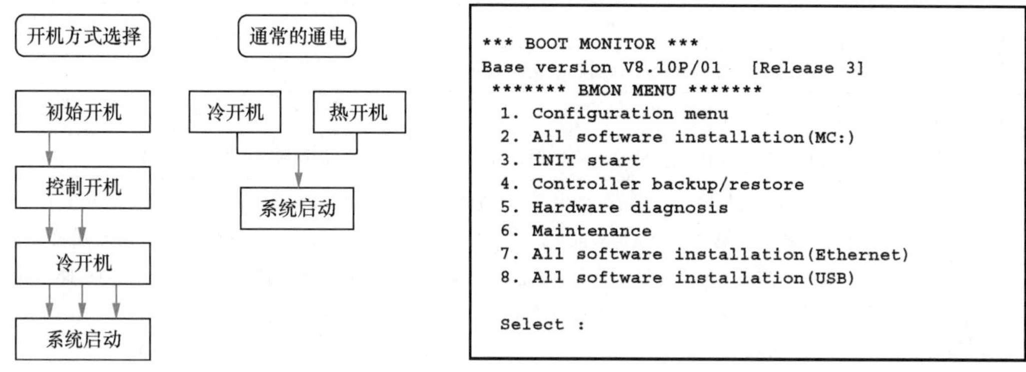


```
*** BOOT MONITOR ***
Base version V8.10P/01   [Release 3]
******* BMON MENU *******
 1. Configuration menu
 2. All software installation(MC:)
 3. INIT start
 4. Controller backup/restore
 5. Hardware diagnosis
 6. Maintenance
 7. All software installation(Ethernet)
 8. All software installation(USB)

 Select :
```

图 2-23　各开机方式的相关性　　　图 2-24　引导监视器界面

② 选择“3. INIT start”（3. 初始开机）。

③ 要确认初始开机的启动情况时，输入“ 1 ”（YES），如图 2-25 所示。

④ 初始开机完成时，机器人自动执行控制开机，显示器显示控制开机菜单界面。

（2）控制开机

① 在按住 TP“PREV”（返回）键和“NEXT”（翻页）键的状态下，控制装置的电源断路器被接通，显示器显示配置菜单界面，如图 2-26 所示。

```
CAUTION:  INIT start is selected

  Are you SURE ? [Y=1/N=else]  :
```

图 2-25　确认初始开机界面

```
 System version;  V7.10P/01

..........CONFIGURATION MENU.........

   1.  Hot start
   2.  Cold start
   3.  Controlled start
   4.  Maintenance

Select>
```

图 2-26　配置菜单界面

② 选择“3. Controlled start”（3. 控制开机），出现控制开机菜单的初始设定界面，如图 2-27 所示。

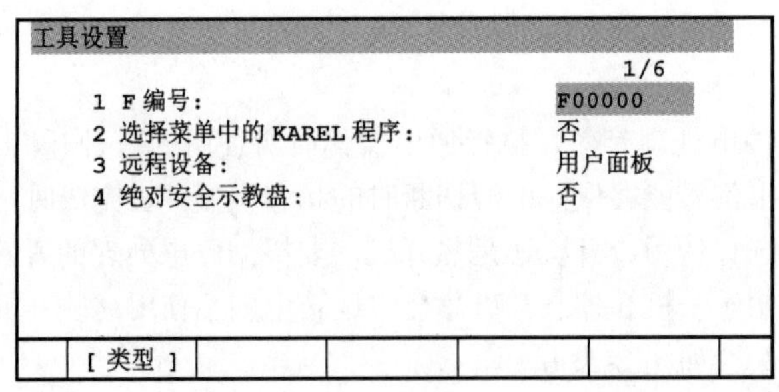
工具设置
1/6
1 F编号: F00000
2 选择菜单中的KAREL程序: 否
3 远程设备: 用户面板
4 绝对安全示教盘: 否
[类型]

图 2-27　控制开机菜单的初始设定界面

③ 在控制开机菜单上，按下“MENU”（菜单）键，显示器显示功能设置菜单，如表 2-5 所示。

表 2-5　控制开机的功能设置菜单

界面名称	功能
初始设定界面	可进行针对各应用工具的必要初始设定
软件版本界面	显示软件版本
系统变量界面	可以进行系统变量的设定。同时，还可以更改通常无法更改的系统变量（R0）
文件界面	可以进行程序或系统文件的保存以及加载。系统文件的加载只能通过控制开机菜单进行； 在控制开机菜单的文件界面上，“F4”显示为“恢复”，按下“F4”键时，自动加载所有文件。与通常的文件界面一样，希望将“F4”切换到“备份”的情况下，从按下“FCTN”键所显示的菜单中选择“还原/备份”
异常履历界面	显示异常履历
通信端口设定界面	进行串行通信端口的设定
寄存器界面	显示寄存器的状态
机器人设置界面	可以进行机器人设置的更改、附加轴的设定
最大数设定界面	可以更改寄存器、宏指令、使用者定义异常等数
密码设定界面	在进行各设定时存在基于密码的访问限制时，输入密码解除限制
主机通信界面	进行各种通信的设定。控制开机时，在通信加载文件等中使用

④ 要操作机器人，需要执行冷开机操作。从按下“FCTN”键所显示的菜单中选择“1. Cold start”（1. 冷开机），执行冷开机操作。

（3）冷开机

在停电处理无效的情况下：控制装置的电源断路器被接通，机器人执行冷开机操作。

在停电处理有效的情况下：在按住 TP 的“PREV”（返回）键和“NEXT”（翻页）键的状态下，控制装置的电源断路器被接通，机器人执行控制启动，然后选择“2. Cold start”（2. 冷开机），机器人执行冷开机操作。

（4）热开机

在停电处理有效的情况下，控制装置的电源断路器被接通，机器人执行热开机操作。

3. 关机

首先通过 TP 或操作面板上的暂停或急停按钮停止机器人的运行，然后将操作面板上的断路器拨到“OFF”位置。

注意

如果有外部设备诸如打印机、软盘驱动器、视觉系统等和机器人相连，在关电前，要先将这些外部设备关闭，以免损坏。

三、机器人的点动进给

在初步了解 TP 后，可以尝试用 TP 点动工业机器人，图 2-28 列出了点动机器人需要满足的条件。

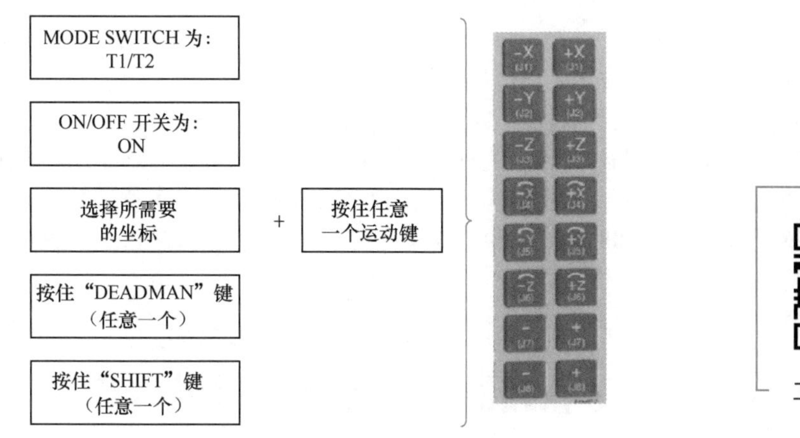

图 2-28　点动机器人的条件

注意

（1）显示屏“异常”显示为红色，并且报警显示“SRVO-003 安全开关已释放”，表示“DEADMAN”键处于松开状态，此时机器人的驱动电机不通电。按住“DEADMAN”键和“RESET”键，报警被消除，电机通电。

（2）在不了解机器人运动方向及速度的情况下，初次点动机器人，人与机器人应保持一定的安全距离，避免受伤。

在机器人点动进给之前，需要确定手动坐标系，以确定机器人的运动方式。通常，机器人的手动点动有以下 3 种运动方式。

（1）关节点动：关节点动使各自的轴沿着关节坐标独立运动。

（2）直角点动：直角点动使机器人的工具中心点（TCP）沿着用户坐标系或手动坐标系的 X、Y、Z 轴运动。此外，还可以使机器人的工具绕着世界坐标系的 X、Y、Z 轴旋转，或者绕着用户坐标系、手动坐标系的 X、Y、Z 轴旋转。

（3）工具点动：工具点动使工具中心点（TCP）沿着机器人的手腕部分所定义的工具坐标系的 X、Y、Z 轴运动。此外，工具点动还可以使机器人的工具绕着工具坐标系的 X、Y、Z 轴回转。

当前所使用的坐标系会显示在TP的状态栏上，如图2-29所示。按下TP的“COORD”键，可以循环切换坐标系。

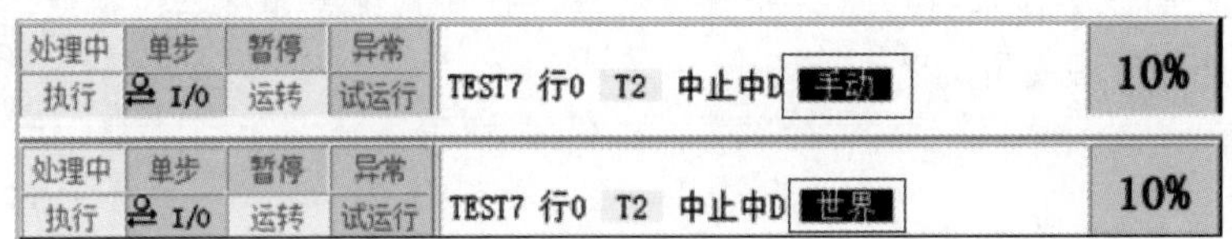

图2-29 状态栏显示坐标系

【思考与练习】

1. TP背部的“DEADMAN”键只有在适度按下时，机器人才能手动运动，当松开或者按紧时便自动断电，这样设计的理由是什么？

2. TP显示屏的状态栏出现“示教器禁用”的警告，这种情况是什么原因导致的？

3. 机器人第6轴处于位置0°并且竖直向下（第4轴处于位置0°，第5轴处于位置-90°）时，使机器人在世界坐标系下和工具坐标系下沿+*X*轴做直线运动；调整3个轴的角度至任意倾斜状态，使机器人在世界坐标系下和工具坐标系下沿+*X*轴做直线运动，观察调整前后的运动差异。

任务四 工业机器人系统中文件的操作

【任务描述】

文件是机器人控制装置在存储电路中存储数据的单位。机器人的文件等同于个人计算机中的系统文件和程序文件，存储着机器人各种数据和配置信息，控制机器人运行等。工业机器人系统中的文件主要有程序文件（*.TP）、标准指令文件（*.DF）、系统文件/应用程序文件（*.SV）、I/O分配数据文件（*.IO）、数据文件（*.VR）等几种。

了解文件的分类与用途，掌握文件备份与加载的方法，将给我们日常的工作带来极大的便利。

【任务学习】

一、文件的分类

1. 程序文件

程序文件（*.TP）是记述程序指令，并向机器人发出一连串指令的文件。程序指令可控制机器人的动作、外围设备和各应用程序。程序文件被自动存储在控制装置的存储器中，在程序一览界面中显示。

2. 标准指令文件

标准指令文件（*.DF）是存储程序编辑界面上分配给各功能键（“F1”～“F4”键）的

标准指令语句的设定的文件。标准指令文件有以下几类。

- DF_MOTN0.DF　　“F1”键，存储标准动作指令语句的设定
- DF_LOGI1.DF　　“F2”键
- DF_LOGI2.DF　　“F3”键，存储各功能键的标准指令语句的设定
- DF_LOGI3.DF　　“F4”键

3. 系统文件 / 应用程序文件

系统文件 / 应用程序文件（*.SV）是存储运行应用工具软件系统的控制程序或系统使用的数据的文件。系统文件有以下几类。

- SYSVARS.SV　　存储参考位置、关节可动范围、制动器控制等系统变量的设定
- SYSFRAME.SV　　存储坐标系的设定
- SYSSERVO.SV　　存储伺服参数的设定
- SYSMAST.SV　　存储零点标定数据
- SYSMACRO.SV　　存储宏指令的设定
- FRAMEVAR.VR　　存储为进行坐标系设定而使用的参照点、注解等数据（坐标系的数据本身，被存储在 SYSFRAME.SV 中）

4. 数据文件

数据文件（*.VR、*.IO、*.DT）是用来存储系统使用数据的文件。数据文件有以下几类。

- 数据文件（*.VR）

——NUMREG.VR　　存储数值寄存器的数据

——POSREG.VR　　存储位置寄存器的数据

——STRREG.VR　　存储字符串寄存器的数据

——PALREG.VR　　存储码垛寄存器的数据（仅限使用码垛寄存器选项时）

- I/O 分配数据文件（*.IO）

——DIOCFGSV.IO　　存储 I/O 分配的设定

- 机器人设定数据文件（*.DT）　　存储机器人设定界面上的设定内容，文件名因不同机型而有所差异

5. ASCII 文件

ASCII 文件（*.LS）是采用 ASCII 格式的文件。要载入 ASCII 文件，需要有 ASCII 程序载入的功能选项。可以通过计算机等设备显示和打印 ASCII 文件的内容。

二、文件的备份与加载

文件的备份与加载主要有 3 种方法，如表 2-6 所示。

镜像文件可以在 3 种模式下备份，但是只能在 Boot Monitor 模式下加载。

微课

文件的备份与加载——一般模式

1. 一般模式的备份与加载

（1）文件备份

① 在机器人控制柜或者 TP 上插入外部存储设备。

② 按下“MENU”（菜单）键，显示菜单界面。选择“7 文件”，出现文件界面，如图 2-30 所示。

表 2-6　备份 / 加载方法的异同点

方法	备份	加载/还原
一般模式的备份/加载	1. 一种或者全部文件备份（Backup）； 2. Image备份（适用于R-J3IC/R-30*i*A/R-30*i*B控制柜）	单个文件加载（Load） 注意： ➢ 写保护的文件不能被加载； ➢ 处于编辑状态的文件不能被加载； ➢ 部分系统文件不能被加载
控制启动模式的备份/加载	1. 一种或者全部文件备份（Backup）； 2. Image备份（适用于R-J3IC/R-30*i*A/R-30*i*B控制柜）	1. 单个文件加载（Load）； 2. 一种或全部文件还原（Restore） 注意： ➢ 写保护的文件不能被加载； ➢ 处于编辑状态的文件不能被加载
Boot Monitor模式的备份/加载	文件及应用系统的备份（Image Backup）	文件及应用系统的还原（Image Restore）

③ 按下“F5”键，选择界面下方的“工具”菜单，出现工具界面，如图 2-31 所示。

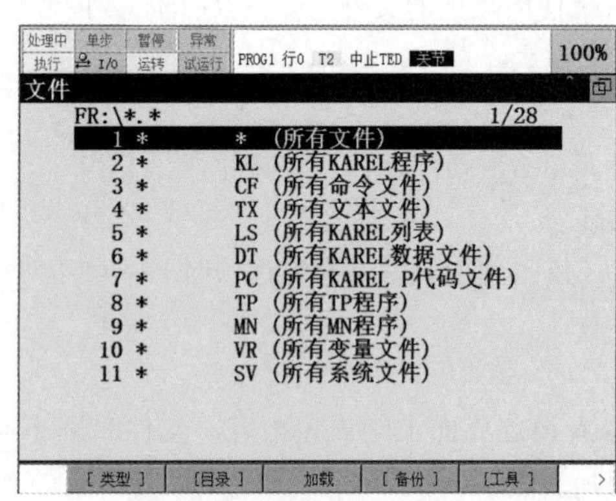

图 2-30　文件界面

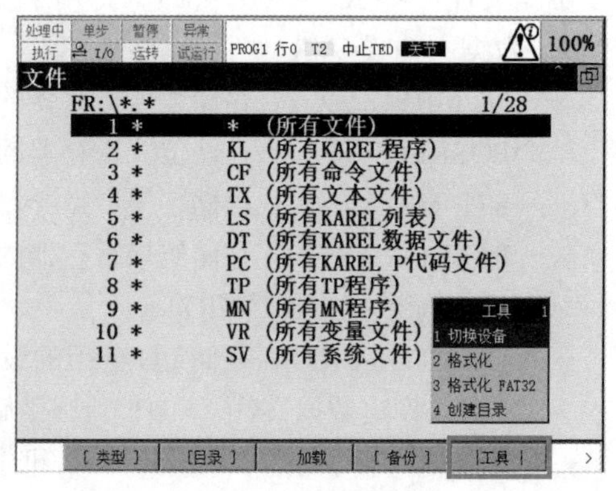

图 2-31　工具界面

（a）切换设备：选择文件输出的存储器。

（b）格式化：格式化当前选择的存储器。

（c）格式化 FAT32：格式化当前选择的存储器，并将其格式更改为 FAT32。

（d）创建目录：在当前选择的存储器中创建文件夹。

选择“切换设备”选项。

④ 在弹出的设备选项中，选择“USB 盘”或者“TP 上的 USB”选项，如图 2-32 所示。

（a）USB 盘（UD1:）：控制柜上的 USB 存储器。

（b）TP 上的 USB（UT1:）：TP 上的 USB 存储器。

⑤ 在“UT1:”目录下，按下“F4”键，选择界面下方的“备份”菜单，则弹出要备份的文件类型或者全部文件，如图 2-33 所示。

⑥ 如果选择“TP 程序”，在界面的下方会逐条显示所有的 TP 程序，如图 2-34 所示。如果保存当前程序文件，则按下“F4”键，选择界面下方的“是”菜单；如果放弃保存该文件，

则按下“F5”键，选择下方的“否”菜单跳过。

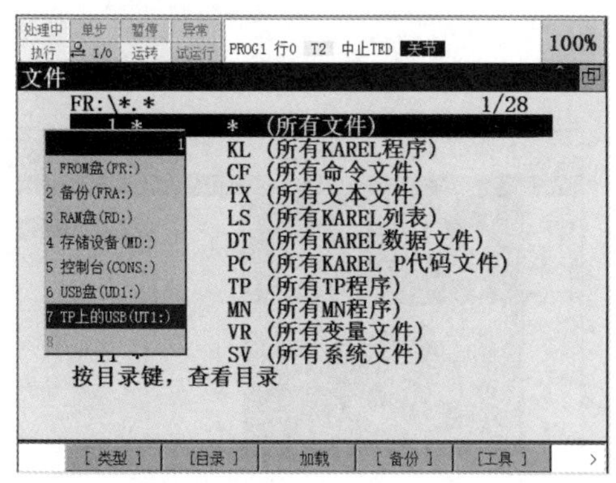

图 2-32　设备选择菜单界面

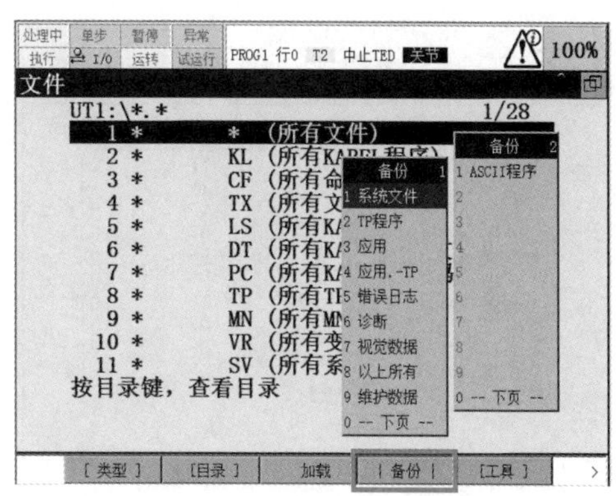

图 2-33　备份文件选择界面

（2）文件加载

① 在存储目录下选择查看所有文件或者某一类型的文件，按“ENTER”键进入，如图 2-35 所示。

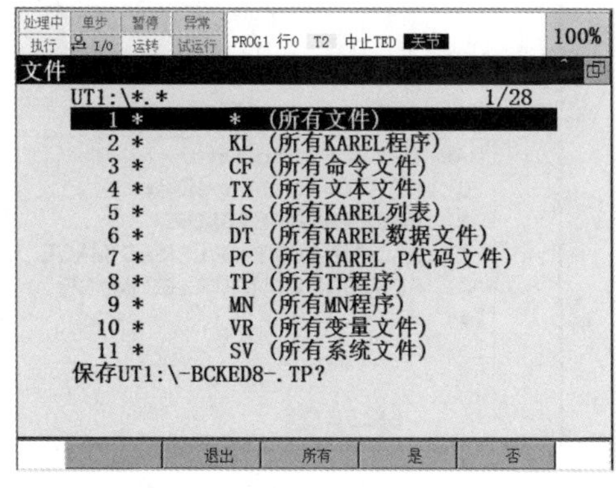

图 2-34　所有的 TP 程序

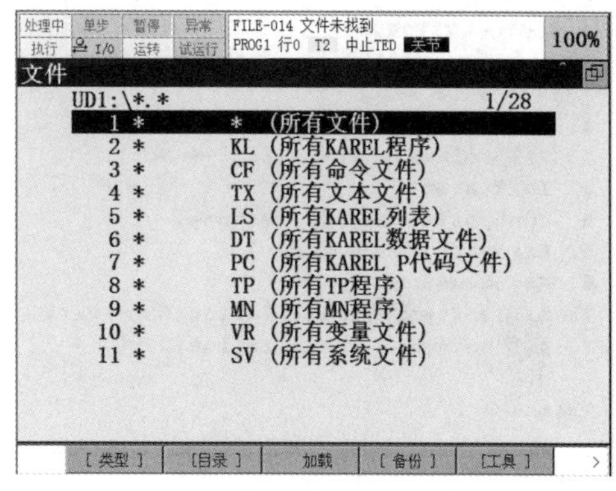

图 2-35　存储目录界面

② 按下“F3”键，选择界面下方的“加载”菜单，在界面的下方会逐条显示所有的文件，如图 2-36 所示。如果加载当前文件，则按下“F4”键，选择界面下方的“是”菜单；如果放弃该文件，则按下“F5”键，选择界面下方的“否”菜单跳过。

2. 控制启动模式的备份与加载

（1）执行控制启动，在控制启动后的界面（见图 2-37）中按“MENU”键，选择“5 File”（5 文件），进入到文件界面。

（2）按下 TP 的“FCTN”键，切换至“恢复 / 备份”功能。其备份与加载的操作方法和一般模式的方法相同。

（3）如果要一次性加载所有的备份文件并覆盖现有文件，按下“FCTN”键，切换至“恢复”功能即可。

微课

文件的备份与加载——控制启动模式

3. Boot Monitor 模式的备份与加载

（1）镜像备份

① 同时按住 TP 的“F1”键和“F5”键，打开控制柜电源，直到出现“BMON MENU”菜单，

如图 2-38 所示。

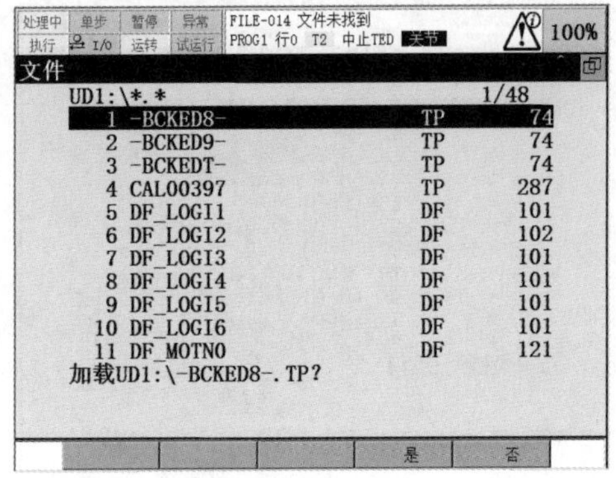

图 2-36 所有文件

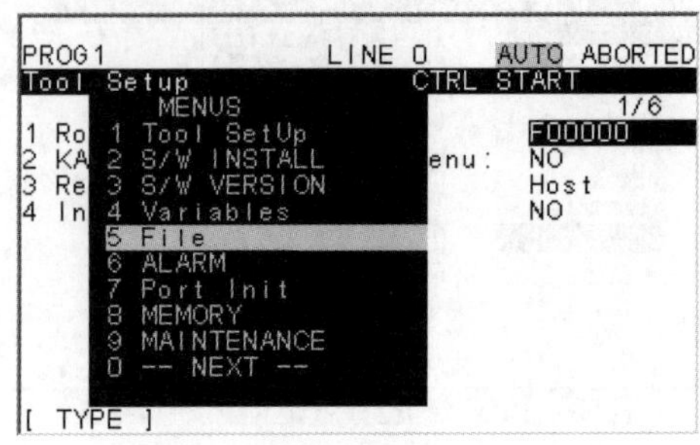

图 2-37 控制启动后的界面

② 用数字键输入“4”，选择“Controller backup/restore”，按“ENTER”（回车）键确认，进入备份 / 恢复菜单，如图 2-39 所示。

```
*** BOOT MONITOR ***
Base version V8.10P/01    [Release 3]
 ******* BMON MENU *******
  1. Configuration menu
  2. All software installation(MC:)
  3. INIT start
  4. Controller backup/restore
  5. Hardware diagnosis
  6. Maintenance
  7. All software installation(Ethernet)
  8. All software installation(USB)

  Select :
```

图 2-38 “BMON MENU”菜单

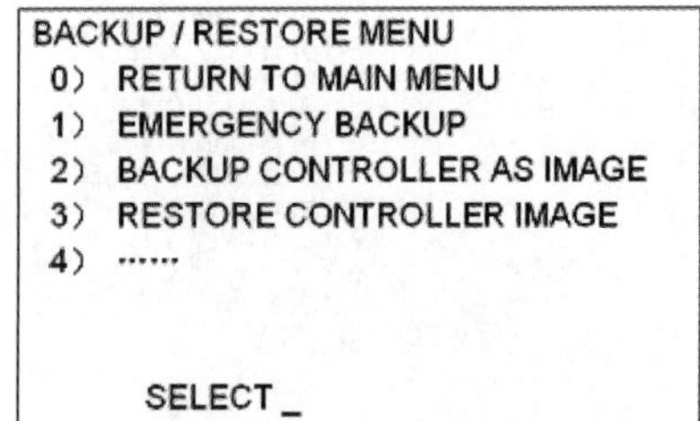

图 2-39 备份 / 恢复菜单

③ 用数字键输入“2”，选择“BACKUP CONTROLLER AS IMAGE”，按“ENTER”（回车）键确认，进入“DEVICE SELECTION”界面，该界面会显示当前连接的外部存储器，如图 2-40 所示。

④ 选择要输出的存储设备，输入设备前方的数字，按“ENTER”（回车）键确认，系统显示“ARE YOU READY ？【Y=1/N=ELSE】”，输入“1”，备份继续；输入其他值，系统将返回“BMON MENU”菜单界面。

⑤ 用数字键输入“1”，按“ENTER”（回车）键确认，系统开始备份，如图 2-41 所示。

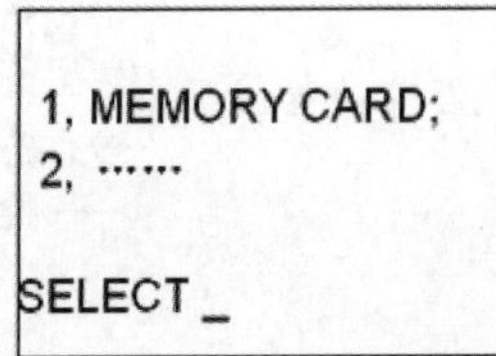

图 2-40 “DEVICE SELECTION”界面

```
Writing FROM00.IMG
Writing FROM01.IMG
Writing FROM02.IMG
Writing FROM03.IMG
...
```

图 2-41 系统备份界面

⑥ 备份完毕，显示“PRESS ENTER TO RETURN”；按“ENTER”（回车）键，进入“BMON MENU”菜单界面；关机重启，进入一般模式界面。

（2）镜像加载

镜像加载的步骤与上述步骤基本一致，在图 2-41 所示的界面中输入数字“3”，选择“RESTORE CONTROLLER IMAGE”，后续的步骤也基本一致。

注意

1. Image 模式的备份文件被分割成多个 1MB 的压缩文件。
2. 在 Image 加载过程中，不允许断电。

【思考与练习】

1. 机器人坐标系的参考数据和本身数据分别存储在哪个文件中？
2. 一般模式的加载与控制启动模式的加载有何不同？
3. 镜像文件备份与加载的方式分别有哪些？

【项目总结】

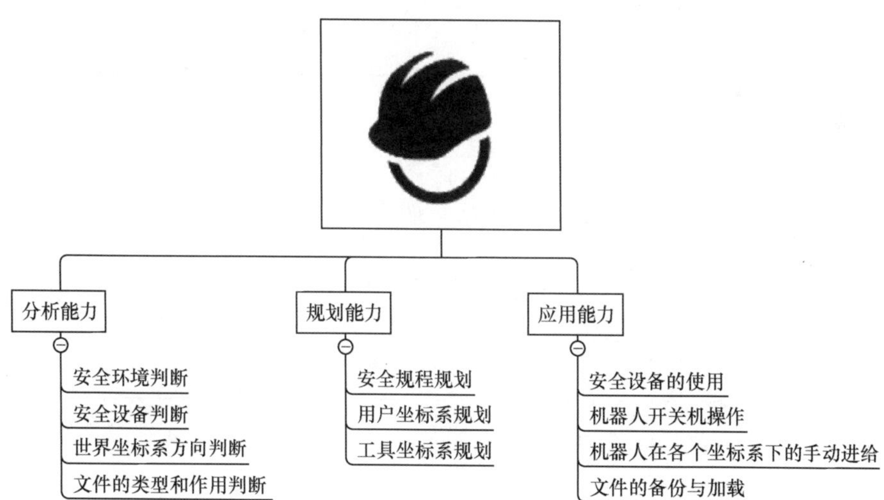

【拓展训练】

【倾斜平面直线点动】在平行于世界坐标系的 XY 平面内，可以很容易地完成直线点动。但在实际情况下，有很多平面与机器人世界坐标系所在的平面存在一定夹角，如图 2-42 所示，轨迹所在的表面相对水平面倾斜 45°。

图 2-42 倾斜轨迹板

操作要求：将倾斜轨迹板横向或者纵向放置在机器人的正前方，选择合适的坐标系，点动机器人完成图 2-42 中轨迹。

考核方式：采用分组的方式（每组 3~5 人），提交操作步骤，并进行视频拍摄。

将拓展训练情况填入表 2-7 中。

表 2-7 拓展训练评估表

项目名称： 倾斜平面直线点动	项目承接人姓名：	日期：
项目要求	**评分标准**	**得分情况**
坐标系的选择（20分）		
速率控制（10分）		
TP操作（30分）	1. 机器人的点动（15分） 2. 坐标系方向熟悉程度（15分）	
轨迹吻合度（30分）		
操作视频（10分）		
评价人	**评价说明**	**备注**
个人		
老师		

实战篇

再探机器人

项目三 搬运工作站操作编程（基础示教）

【项目引入】

在我们了解了机器人的基本知识，熟悉了基本操作后，师傅则开始介绍编程的基础知识。

王工：“大家请看，这是一条迷你版的流水线。今天的任务非常简单，就是把一块物料从双层的料架上搬运投放到后面的料井中。小李，要是由你来做，你打算怎么去实现它？”

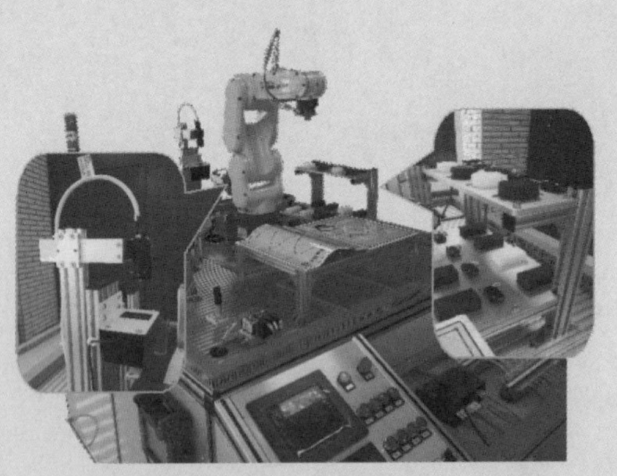

小李：“师傅，这很简单，首先用 TP 点动机器人到物料的位置，抓取物料，然后移到料井上方，最后松开夹爪放下物料。”

王工：“不错，你这个方法很直观，适合锻炼操作机器人的能力，但要是用在生产中恐怕是不合理的。”

小李：“师傅，机器人肯定是可以用程序来控制的，我觉得掌握编程的方法才是用好机器人的关键。”

王工：“没错，下面我就通过这个实例，让你们了解如何使用程序控制机器人。”

【知识图谱】

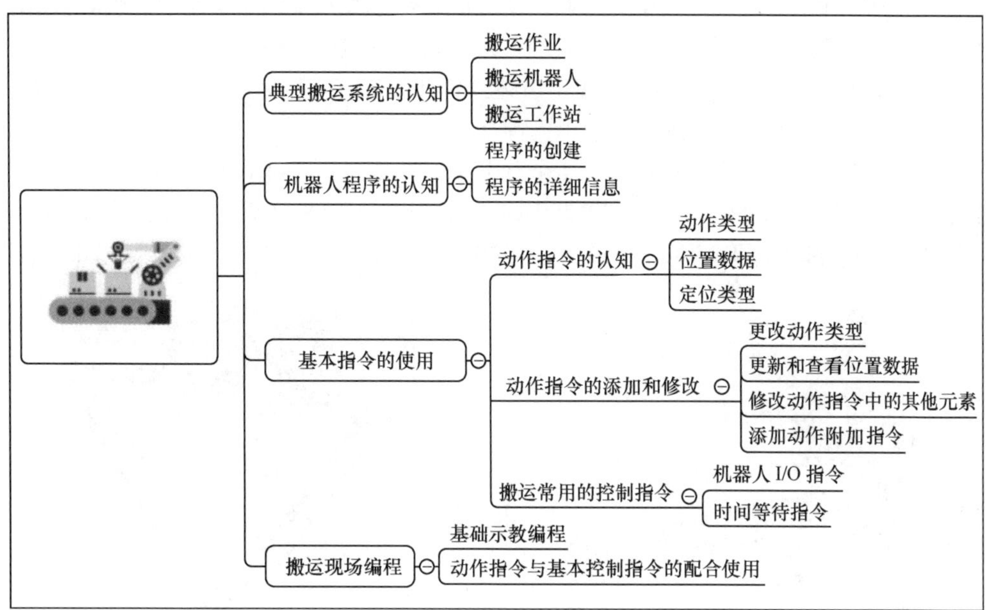

任务一　典型搬运系统的认知

【任务描述】

“马上就要进行机器人的应用实战了，”王工说道：“你们做好准备了吗？心里有没有具体的实施规划？”

无人应答。

“小明！我看你平常话最多，你来说说还有什么疑问和需要了解的。”

“那我就直说了。”小明回应道：“其实前面主要简单学习了机器人的一些知识，但是机器人不可能单独工作吧，我们对机器人工作站的系统不是很了解，还请师傅指教一二。”

“说得不错，我先带你们去了解一下机器人搬运系统的大致情况。”

【任务学习】

搬运机器人是可以进行自动化搬运作业的工业机器人。1960 年，美国的 Versatran 和 Unimate 2 种机器人首次用于搬运作业，这是最早出现的搬运机器人。搬运作业是指利用一

微课

典型搬运系统介绍

种设备握持工件，从一个加工位置移动到另一个加工位置的过程。如果采用工业机器人来完成这个任务，整个搬运系统则构成了工业机器人搬运工作站。为搬运机器人安装不同类型的末端执行器，可以搬运不同形态和状态的工件。

在串联机器人方面，搬运机器人已广泛应用于汽车零部件制造、汽车生产组装、机械加工、电子电气、橡胶及塑料、木材与家具制造等行业中，同时也应用在医药、食品、饮料、化工等行业的输送、包装、装箱、搬运、码垛等工序中。搬运机器人的轴数一般为 6 轴和 4 轴。其中，六轴机器人主要用于各行业的重物搬运作业，尤其是重型夹具、车身的转动，发动机的起吊等，如图 3-1 所示；四轴搬运机器人由于轴数少，运动轨迹近似于直线，所以速度明显提高，特别适合高速包装、码垛等工序。除了以上所述结构外，还有一种名为 SCARA 的机器人，该机器人具有 4 个轴，可用于高速轻载的工作场合。

并联机器人（见图 3-2）一般以 2 ～ 4 个自由度居多，其中以 Delta 机械手为代表。1987 年，瑞士 Demaurex 公司首先购买了 Delta 机械手的专利权并将其产业化，先后开发了 Pack-Placer、Line-Placer、Top-placer 和 Presto 等系列产品，主要用于巧克力、饼干、面包等食品的包装。

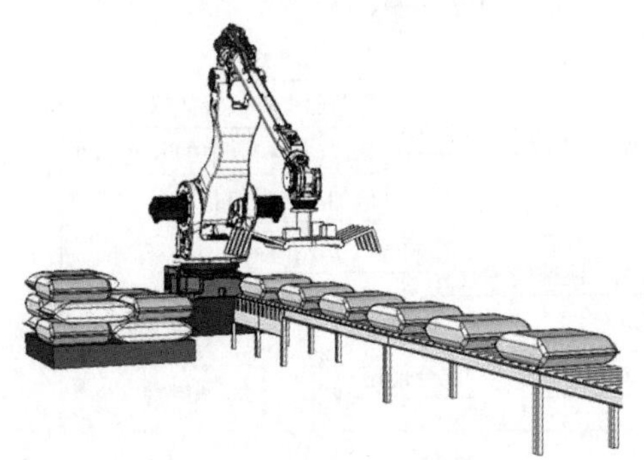

图 3-1 六轴搬运机器人

图 3-2 具有 2 个平动自由度的高速并联机器人

机器人搬运工作站是一种集成化的系统，它包括工业机器人、控制器、PLC、机器人夹爪、托盘等，并与生产控制系统相连接，形成一个完整的集成化的搬运系统。图 3-3 所示为 FANUC 机器人进行工件的搬运工作。

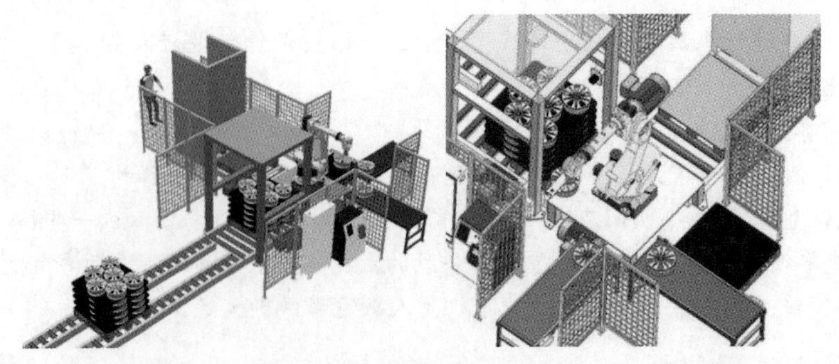

图 3-3 搬运工作站

总体来说，机器人搬运工作站具有以下几个特点。

（1）应有物品的传送装置，其形式要根据物品的特点来选用或设计。

（2）可使物品准确地定位，以便于机器人抓取。

（3）多数情况下设有物品托板，托板可手动或自动地进行交换。

（4）有些物品在传送过程中还要经过整型，以保证码垛质量。

（5）要根据被搬运物品设计专用的末端执行器。

（6）应选用适合搬运作业的机器人。

【思考与练习】

1. 日常生产中的搬运工具有哪些？
2. 在串联机器人和并联机器人中，哪种适合高速作业？为什么？

任务二　机器人程序的认知

【任务描述】

“小明，你知道吗？工业机器人的任务实施是建立在程序的基础之上的，机器人程序是最小的功能单元。在外围设备布置完毕后，要使用机器人工作站进行搬运作业，我们首先要了解机器人的程序，包括如何去建立、如何去使用等。”师傅说道。

“明白，师傅！其实我早有涉及，不信我创建一个程序给您看看。”我信手拈来一个程序文件就开始了高谈阔论。

微课

认识程序

【任务学习】

微课

TP 程序的创建

微课

TP 程序的管理

一、程序的创建

机器人应用程序由为使机器人作业而记述的指令以及其他附带信息构成。在 FANUC 机器人中，程序所包含的指令不仅可以移动机器人、设置输出、读取输入，还能实现决策、重复其他指令、构造程序、与系统操作员交流等功能。程序中包含了一连串控制机器人的指令，执行这些指令可以实现对机器人的控制操作。

机器人程序的创建过程如下所述。

（1）确认 TP 的有效开关处于“ON”的状态。按下 TP 上的“SELECT”（程序选择）键，显示程序一览界面，如图 3-4 所示。

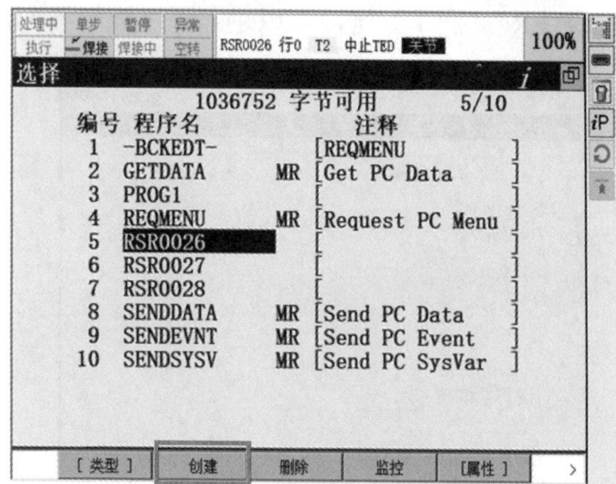

图 3-4　程序一览界面

（2）按下“F2”键选择界面下方的“创建”菜单，出现创建程序界面。通过“↑”“↓”键选择程序名称的输入方法，并输入程序名称。

程序命名方式有下面 4 种，如图 3-5 所示。

① 单词：在单词方式下，功能键“F1”～“F5”分别对应 RSR、PNS、STYLE、JOB 和 TEST（机器人编程常用的程序名称）。

② 大写：在大写模式下，功能键“F1”～“F5”分别对应 26 个英文大写字母。

③ 小写：在小写模式下，功能键“F1”～“F5”分别对应 26 个英文小写字母。

④ 其他 / 键盘。

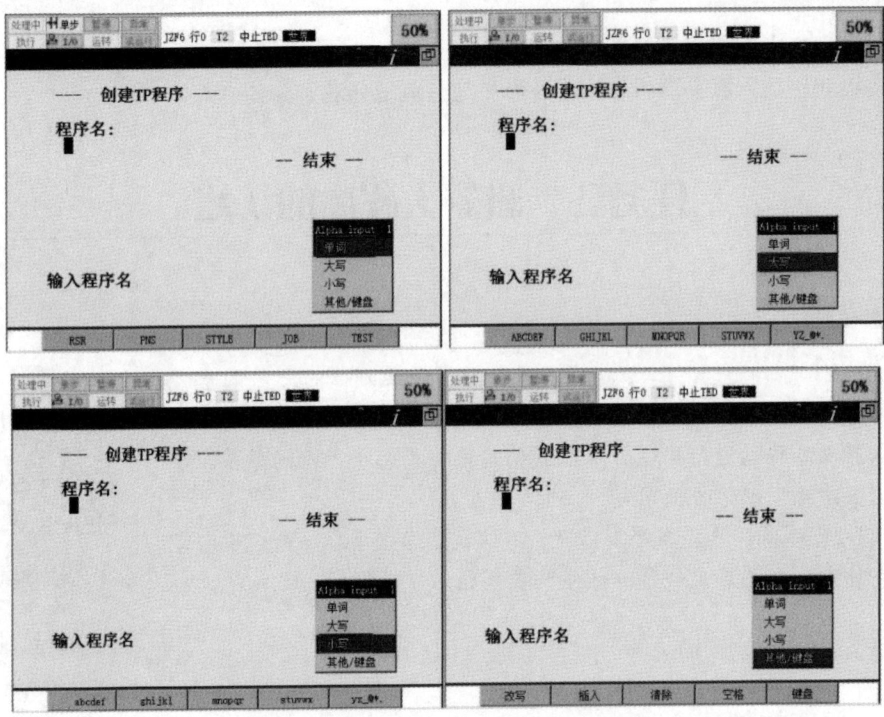

图 3-5　程序命名字符输入选择

（3）按下“ENTER”（回车）键确认，此时的界面如图 3-6 所示。功能键“F2”对应的功能是“详细”菜单，“F3”对应的功能是“编辑”菜单。

（4）选择“详细”菜单，可以查看或者编辑程序详细信息。选择“编辑”菜单或者按“ENTER”（回车）键，可以进入程序编辑界面，如图 3-7 所示。

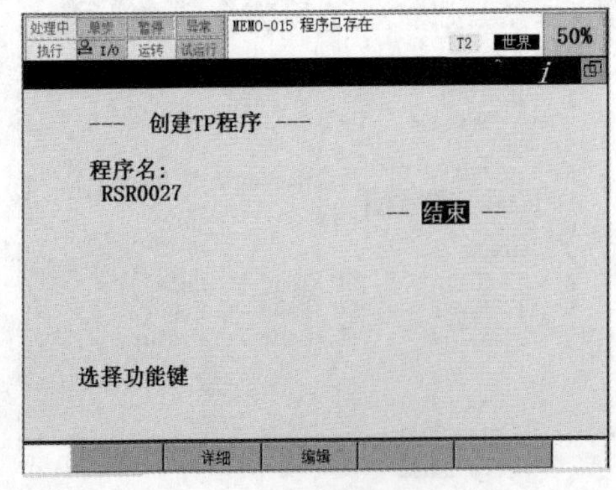

图 3-6　程序创建确定界面

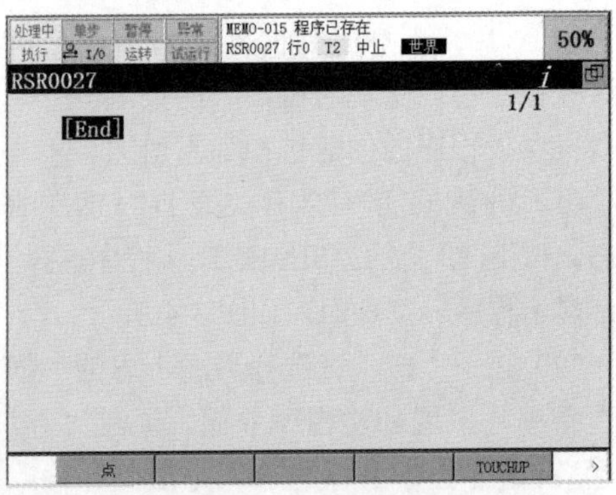

图 3-7　程序编辑界面

二、程序的详细信息

程序除了记述机器人如何进行作业的程序的信息外，还记述了对程序属性进行定义的程序的详细信息，如图 3-8 所示。

```
程序详细                         关节 30%
                                    1/6
  创建日期:          16-JAN-1994
  修改日期:          08-MAR-1994
  复制源:
  位置数据:  无       大小:  312 字节

  1 程序名:              [SAMPLE3  ]
  2 子类型:           [None         ]
  3 注释:             [范例程式 3    ]
  4 组掩码:           [1,*,*,*,*,*,*]
  5 写保护:           [OFF          ]
  6 忽略暂停:         [OFF          ]
  7 堆栈大小          [        300  ]
结束      上一步    下一步
```

图 3-8　程序的详细信息

程序的详细信息由以下信息构成。

（1）创建日期、修改日期、复制源、位置数据、程序数据大小等与属性相关的信息。

（2）程序名、子类型、注释、组掩码、写保护、忽略暂停、堆栈大小等与执行环境相关的信息。

1. 程序名

程序名用来区别存储在控制装置存储器中的程序。在相同控制装置内不能创建 2 个或 2 个以上相同名称的程序。程序名的长度为 1 ～ 8 个字符，程序名相对程序必须是独一无二的。程序名可以使用的字符有英文字母、数字及其他符号。其中，英文字母仅限大写字母，第一位不可使用数字，符号仅限下画线“_”。

微课

TP 程序属性的修改

2. 子类型

子类型用来设定程序的种类。其中，“Job”（工作程序）指定作为主程序，是从 TP 等装置启动的程序，这种程序可以呼叫并执行处理程序。“Process”（处理程序）指定作为子程序，是从工作程序中呼叫并执行特定作业的程序。“Macro”（宏程序）是指定用来执行宏指令的程序。在宏设定界面上登录的程序，其属性自动地被设定为“MR”。“State”（状态）可以使用监视功能，在创建条件程序时指定。

3. 注释

创建新的程序时，还可以在程序名上添加注释，用来记述希望在选择界面上与程序名一起显示的附加信息。

4. 组掩码

组掩码表示使用于各自独立的机器人、定位工作台、其他夹具等的不同的轴（电机）组。

机器人控制装置可以将多个轴分割为多个动作组进行控制（多动作功能）。它可以将最多 56 个轴（插入附加轴板时）分割为最多 8 个动作组后同时进行控制，每一群组最多可控制 9 个轴（多运动功能）。

在系统中只有一个动作组的情况下，标准的动作组为群组 1(1，*，*，*，*，*，*，*)。在程序中没有动作组（即不伴随机器人动作的程序）的情况下，动作组为（*，*，*，*，*，*，*，*）。

5. 写保护

可以通过写保护来指定是否可以改变程序。

标准设定下已将写保护设定为“OFF”，此时可以创建、追加或修改程序。若将写保护设定为“ON”，则不能追加或修改程序。在结束程序的创建，并确认其动作后，为避免自己或其他人员改写程序，可以将写保护设定为“ON”。

【思考与练习】

1. 程序文件的后缀名是什么？

2. 在 TP 禁用的情况之下，可否进行程序的创建与更改？

任务三　基本指令的使用

【任务描述】

在搬运工作站中，最为典型的指令为动作指令。在动作指令的基础上，配合简单的控制指令，即可构成典型的搬运程序。我们需要掌握如何为程序添加动作和控制指令，熟悉指令的构成和修改方法。

“小李，今天师傅不在，但是给我们俩留了任务。”

“小明，这……”小李挠了挠头。

我把师傅的教程拿给他看，“我们要完成的任务是用动作指令控制机器人从点 P_1 到点 P_2。运动路径一种是直线，另一种是弧线。”

【任务学习】

一、动作指令的认知

所谓动作指令，是指以指定的移动速度和移动方法使机器人向作业空间内指定位置移动的控制语句。

动作指令的一条语句包含动作类型、位置数据、移动速度、定位类型、动作附加指令等信息，如图 3-9 所示。

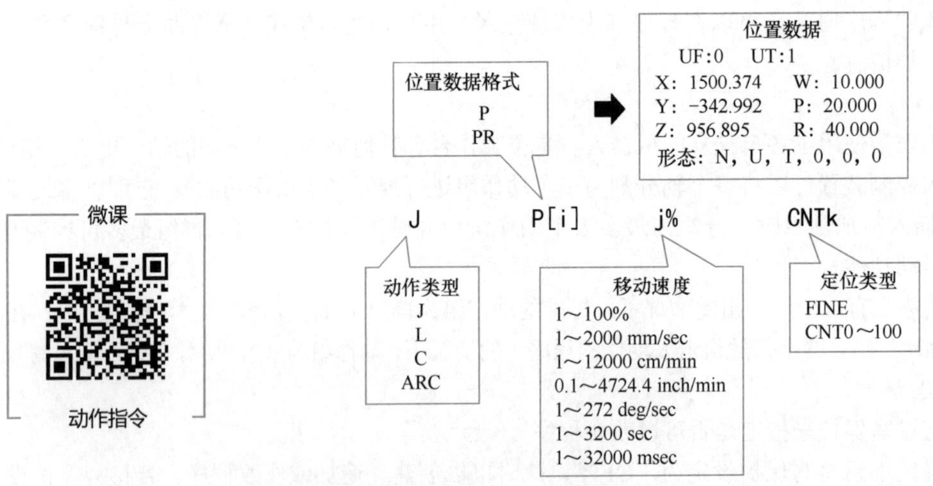

* 根据机器人的机型不同，移动速度的最大值也不同

图 3-9　动作指令的构成

其中，动作类型指定向目标点位置移动的轨迹；位置数据记录了机器人将要移动的目标点；移动速度指定本条指令中机器人的移动速度；定位类型指定机器人在目标点的定位方式；动作附加指令包含在动作中要执行的附加指令。

1. 动作类型

动作类型包括不进行轨迹控制以及姿势控制的关节动作“J”、进行轨迹控制和姿势控制的直线动作“L”、圆弧动作“C”以及圆弧动作“A”。

（1）关节动作“J”

关节动作是将机器人移动到指定位置的基本移动方法。移动轨迹通常是非线性的，移动中的工具的姿态不受到控制，如图 3-10 所示。

（2）直线动作“L”

直线动作是以线性方式使工具中心点从动作开始点到结束点移动的一种方法。将开始点和目标点的姿态进行分割后，对移动中的工具姿态进行控制。移动轨迹可以是直线或者回转曲线，如图 3-11 和图 3-12 所示。

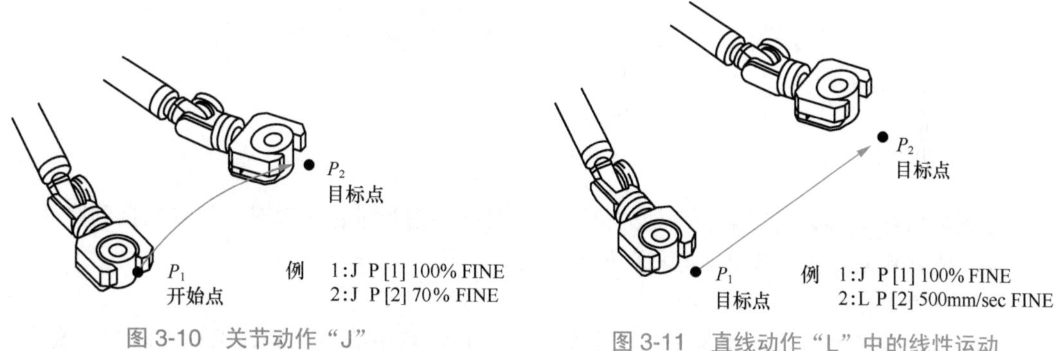

图 3-10　关节动作“J”

图 3-11　直线动作“L”中的线性运动

（3）圆弧动作“C”

圆弧动作是以圆弧方式使工具中心点从动作开始点通过经由点到结束点的一种移动方法。将开始点、经由点、目标点的姿态进行分割后，对移动中的工具的姿态进行控制。

将上一条指令的目标点作为圆弧的开始点；将圆弧指令中示教的两点作为圆弧的经过点和目标点，如图 3-13 所示。

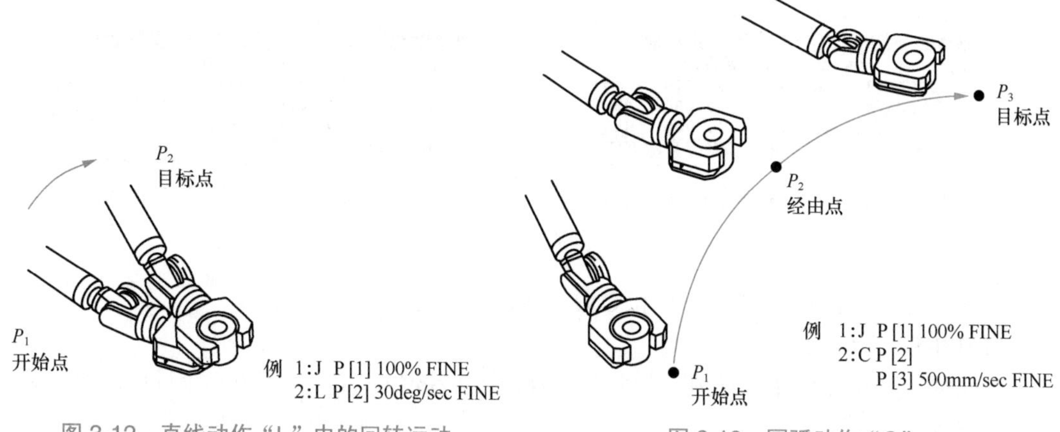

图 3-12　直线动作“L”中的回转运动

图 3-13　圆弧动作“C”

（4）圆弧动作“A”

在圆弧动作指令下，1 行中只示教 1 个位置，由连续的 3 个示教点连接为一个圆弧，如

图 3-14 所示。

P_4
目标点
P_3
目标点
P_1
开始点
P_2
目标点
例 1: J P[1] 100% FINE
2: A P[2] 500mm/sec FINE
3: A P[3] 500mm/sec CNT100
4: A P[4] 500mm/sec FINE

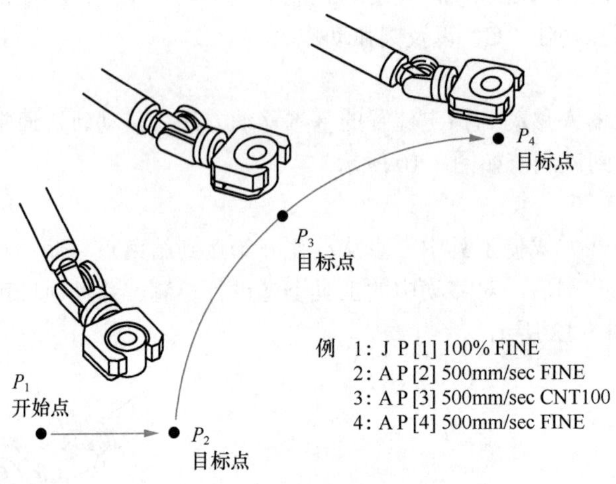

图 3-14　圆弧动作“A”

2. 位置数据

位置数据存储机器人在记录点处的位姿。在对动作指令进行示教时，位置数据同时被写入程序。位置数据包含关节坐标值和直角坐标值 2 种形式。

（1）直角坐标值

直角坐标值是基于直角坐标系的位置数据，包括工具中心点位置、工具方向的角度等，如图 3-15 所示。

X、*Y*、*Z* 确定了工具中心点在直角坐标系中的位置，*W*、*P*、*R* 确定了工具绕直角坐标系 3 轴的角度。

（2）关节坐标值

关节坐标值是基于关节坐标系的位置数据，它以各关节基座侧的关节坐标系为基准，用回转角来表示，如图 3-16 所示。

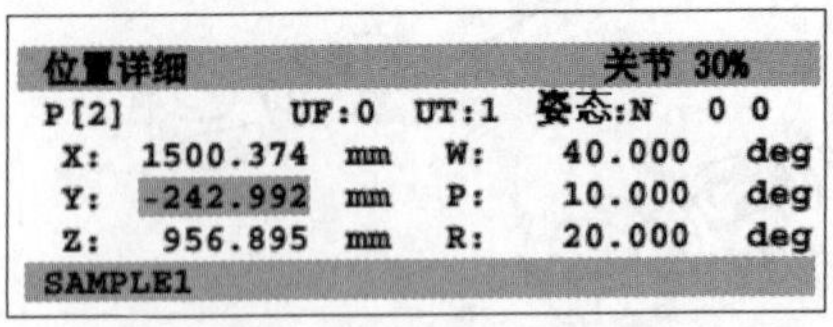

位置详细　关节 30%
P[2]　UF:0　UT:1　姿态:N　0 0
X: 1500.374 mm　W: 40.000 deg
Y: -242.992 mm　P: 10.000 deg
Z: 956.895 mm　R: 20.000 deg
SAMPLE1

图 3-15　直角坐标值表示的位置数据

位置详细　关节 30%
P[2]　UF:0　UT:1
J1: 0.125 deg　J4: -95.000 deg
J2: 23.590 deg　J5: 0.789 deg
J3: 30.300 deg　J6: -120.005 deg
SAMPLE1

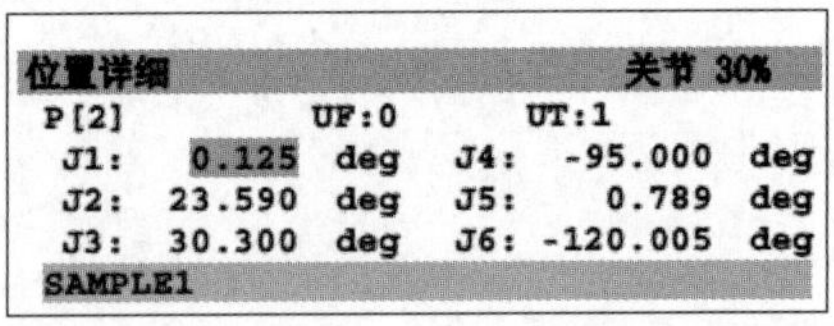

图 3-16　关节坐标值表示的位置数据

3. 定位类型

标准情况下，定位类型有 FINE 和 CNT 2 种。

（1）FINE

在这种定位方式下，机器人在一个目标位置停止（定位）后，再向着下一个目标位置移动。

（2）CNT

在这种定位方式下，机器人靠近目标位置，但是不会在该位置停止而是进行下一个动作指令。机器人靠近目标位置到什么程度，由 0 ～ 100 之间的值来定义。指定 0 时，机器人在最靠近目标位置处（但是不停止）开始执行下一个动作；指定 100 时，机器人在目标位置附近不减速而马上向着下一个点开始动作，并通过最远离目标位置的点。在运动速度一定的前提下，CNT 后面的数值越小，越接近示教点，参数 FINE 和 CNT0 的效果一致。CNT 值一定时，速度越小，越接近示教点，如图 3-17 所示。

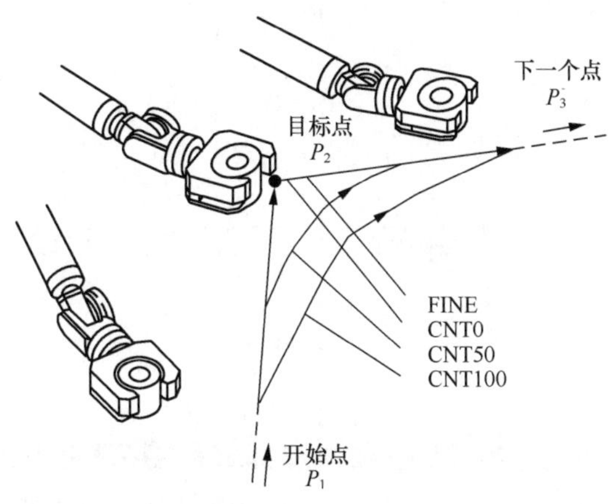

图 3-17　不同定位类型对机器人运动轨迹的影响

二、动作指令的添加与修改

在创建好一个程序之后，就可以添加或修改动作指令了。动作指令的添加步骤如下。

微课

动作指令的添加与修改

（1）确认 TP 的有效开关处于“ON”的状态，按下 TP 上的“SELECT”（程序选择）键，显示程序目录界面，将光标调整至相应程序，按下“ENTER”（回车）键，进入程序编辑界面，如图 3-18 所示。

或者直接按下 TP 上的“EDIT”（编辑）键，进入上述的程序编辑界面。

（2）点动机器人 TCP 到希望记录的目标点。将光标指向“End”（结束），按下 TP 上的“F1”键选择图 3-18 所示界面下方的“点”菜单，显示出标准动作指令一览，如图 3-19（a）所示。

（3）选择希望示教的标准动作指令，按下“ENTER”键，动作指令生成，如图 3-19（b）所示。目标点中的数据为当前 TCP 在当前坐标系中的数据。

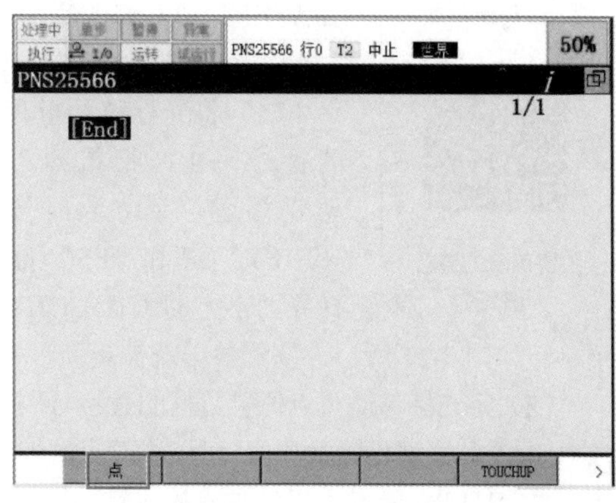

图 3-18　程序编辑界面

在添加了动作指令之后，部分元素可以修改。步骤如下。

1. *更改动作类型*

（1）将光标放在动作类型处，按下“F4”键选择界面下方的“选择”菜单，如图 3-20（a）所示。

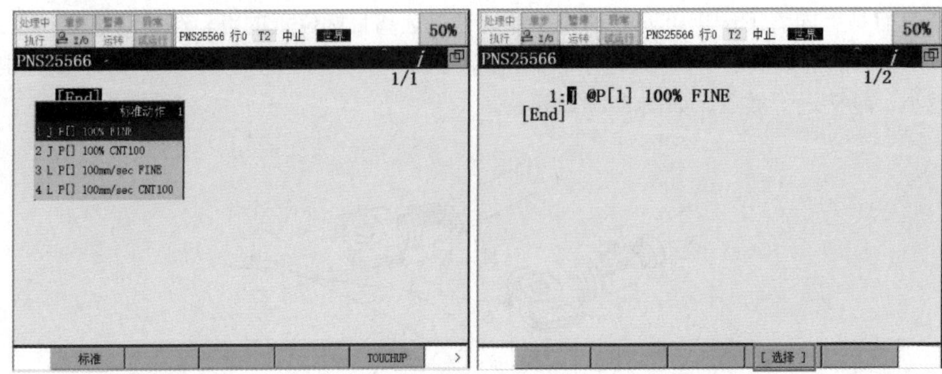

（a）标准动作指令一览　　（b）确认生成动作指令

图 3-19　添加动作指令

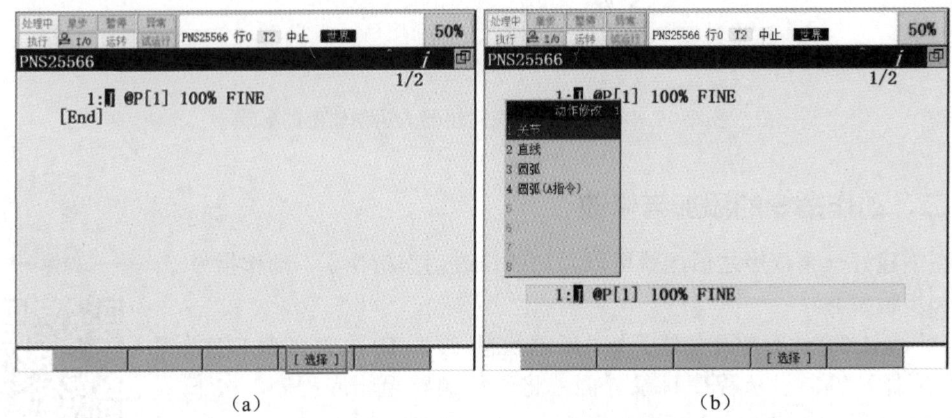

（a）　　（b）

图 3-20　修改动作类型

（2）出现“动作修改”菜单，如图 3-20（b）所示，选择合适的动作类型，按下 TP 上的“ENTER”键，修改完毕。

微课

位置信息的查看与修改

2. 更新和查看位置数据

（1）将光标移动至程序的行号码上，把机器人移动至合适位置，同时按下“SHIFT”键和“F5”键选择界面下方的“TOUCHUP”菜单，如图 3-21 所示，位置数据就被更新。

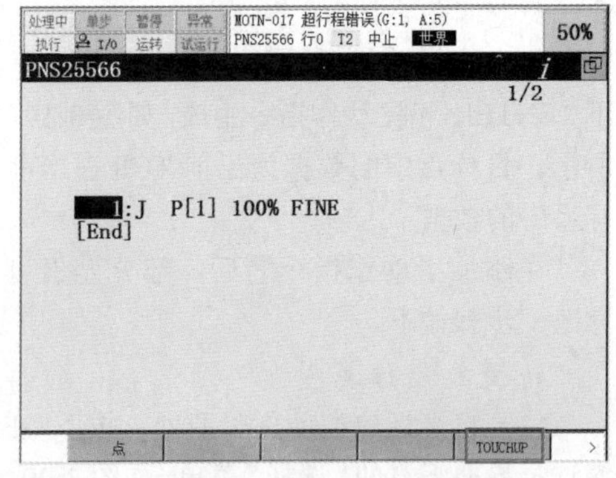

图 3-21　更新位置数据

（2）将光标移动至点位置数据的数字号码上，按 TP 上的数字键盘输入数值，可以修改点的编号。按下“ENTER”键，可以添加点的注释。

按下“F5”键选择界面［见图 3-22（a）］下方的“位置 HUP”菜单，可以查看该点的位置数据，进入位置数据显示界面［见图 3-22（b）］后，按下“F5”键选择图 3-22（c）所示的“形式”菜单，可以更改位置数据的显示方式，如图 3-22（d）所示。

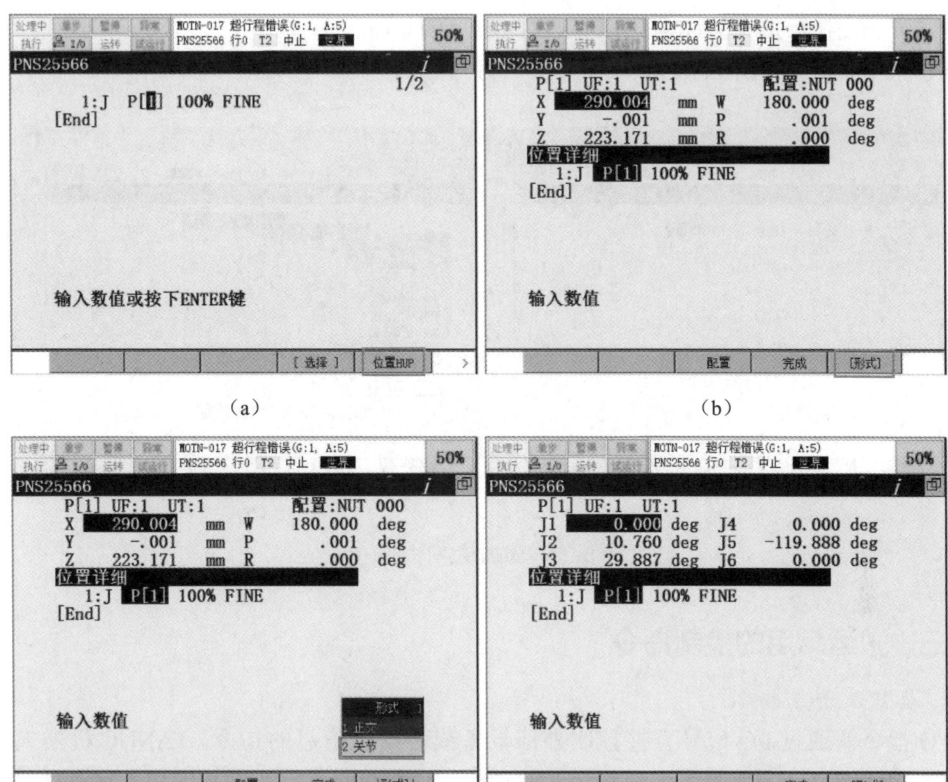

（a）　（b）　（c）　（d）

图 3-22　显示位置数据

3. 修改动作指令中的其他元素

同理，修改移动速度、定位类型等，均可以将光标移到希望修改的要素上，选择合适选项或者输入数值进行修改。

4. 添加动作附加指令

将光标移动到动作指令后方的空白处，按下“F4”键选择图 3-23（a）所示界面下方的“选择”菜单，显示出附加指令的“选择”菜单，如图 3-23（b）所示，在这里可以添加动作附加指令。动作附加指令是在机器人动作中使其执行特定作业的指令，主要有以下几种。

（1）手腕关节动作指令（Wjnt）。

（2）加减速倍率指令（ACC）。

（3）跳过指令（Skip，LBL[i]）。

（4）位置补偿指令（Offset）。

（5）直接位置补偿指令（Offset，PR[i]）。

（6）工具补偿指令（Tool_Offset）。

（7）直接工具补偿指令（Tool_Offset，PR[i]）。

（8）增量指令（INC）。

（9）附加轴速度指令（同步）（EV i%）。

（10）附加轴速度指令（非同步）（Ind.EV i%）。

（11）路径指令（PTH）。

（12）预先执行指令（TIME BEFORE/TIME AFTER）。

（13）中断指令（BREAK）。

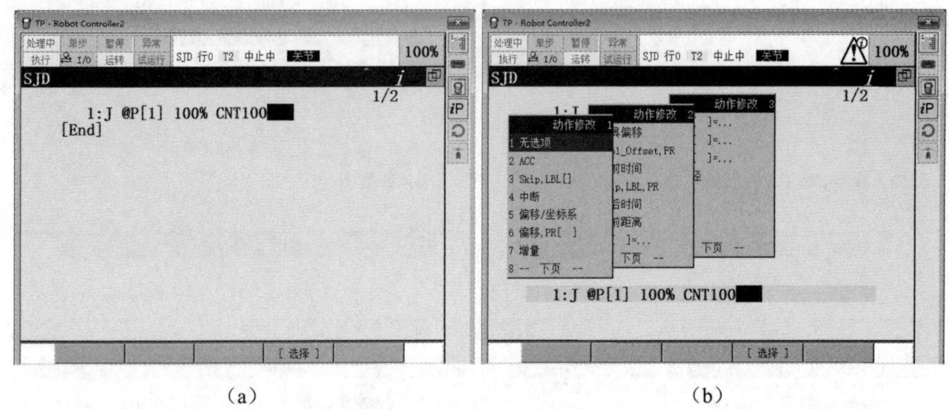

（a）　　　　　　　　（b）

图 3-23　添加动作附加指令

三、搬运常用的控制指令

1. 机器人 I/O 指令

I/O 指令是通过 I/O 信号直接控制外部设备或者反馈信息的指令。FANUC 机器人常用 RO 信号的状态来控制机器人末端执行器的动作。这里只是做一个简单的引入，在项目五中将会详细介绍工业机器人 I/O 指令的有关知识。

微课 搬运常用的控制指令

微课 WAIT 指令的添加与修改

（1）确认 TP 的有效开关处于“ON”的状态。按下 TP 上的“SELECT”（程序选择）键，显示程序目录界面。将光标调整至相应程序，按下“ENTER”（回车）键，进入程序编辑界面，如图 3-24（a）所示。

（2）按下“NEXT”键后，按下“F1”键选择界面下方的“指令”菜单，如图 3-24（b）所示。

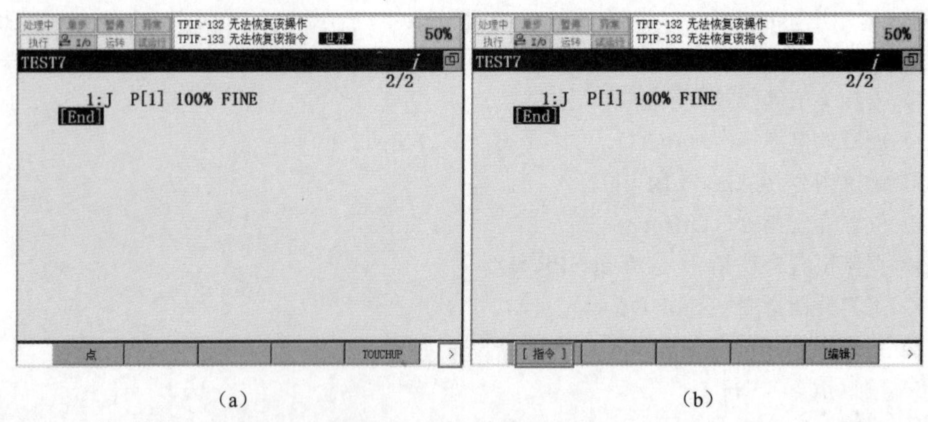

（a）　　　　　　　　（b）

图 3-24　显示“指令”菜单

（3）选择“I/O”指令，使用“RO[ ]=...”指令来控制 RO 信号的状态，如图 3-25 所示。

（4）输入“3”后按“ENTER”键确认，并选择“ON”或者“OFF”来指定 RO[3] 的状态，如图 3-26 所示。

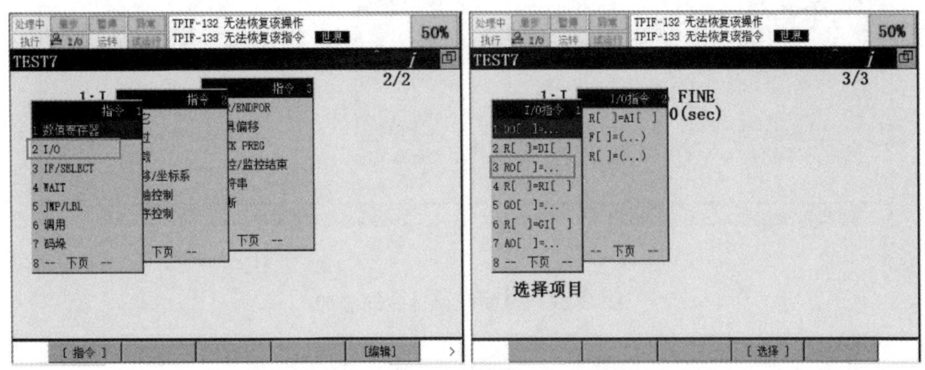

图 3-25　RO 指令的添加

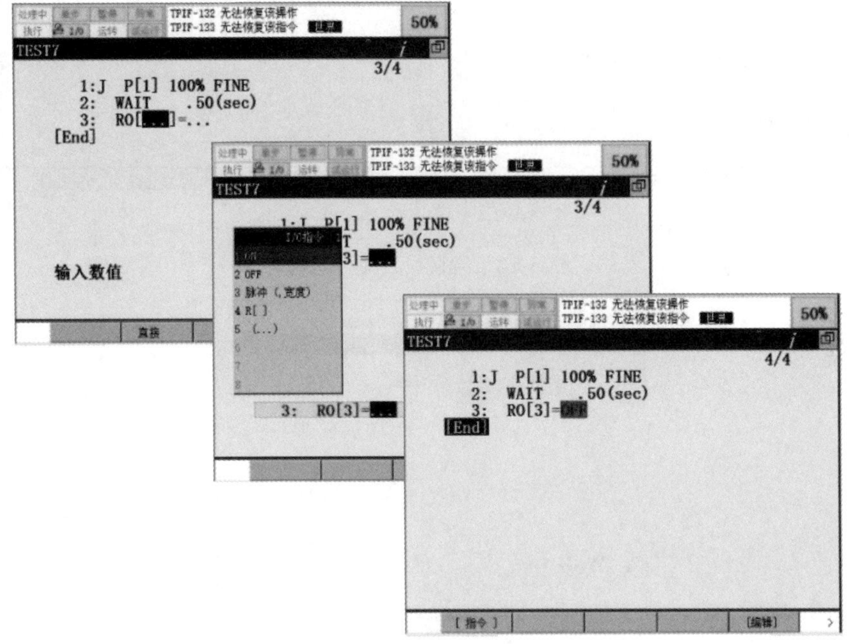

图 3-26　设置 RO 指令

2. 时间等待指令

时间等待指令可以指定程序在执行指令前的等待时间（等待时间单位：s）。

（1）按 TP 的“F1”键选择界面下方的“指令”菜单，然后选择“WAIT”指令［见图 3-27（a）］，使用“WAIT...（sec）”指令，直接指定等待时间，如图 3-27（b）所示。

（2）在图 3-28（a）中直接输入等待时间的数值后，按下“ENTER”键，指令创建完成，结果如图 3-28（b）所示。

（3）将光标放在时间值上，按下“F3”键选择界面下方的“间接指定”菜单，可将数值寄存器中的值作为等待时间，如图 3-29 所示。

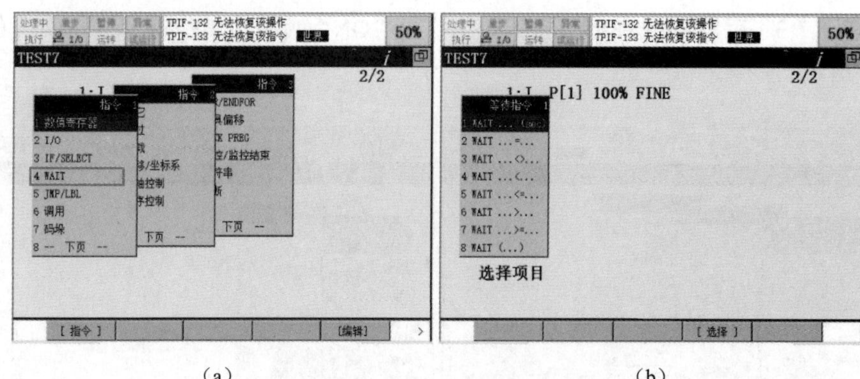

（a）　　　　（b）

图 3-27　时间等待指令的添加

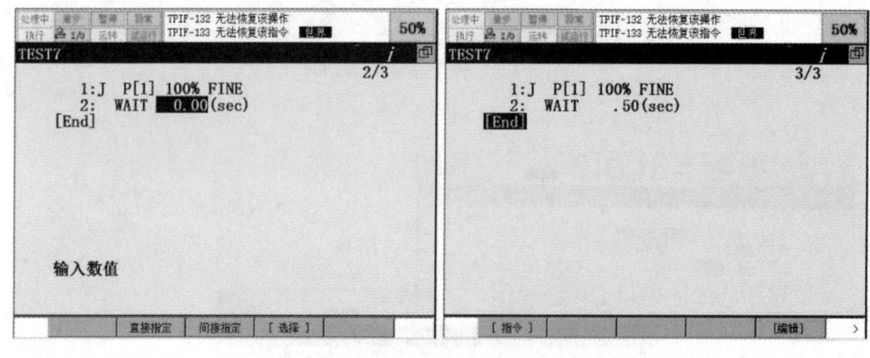

（a）　　　　（b）

图 3-28　直接设定等待时间

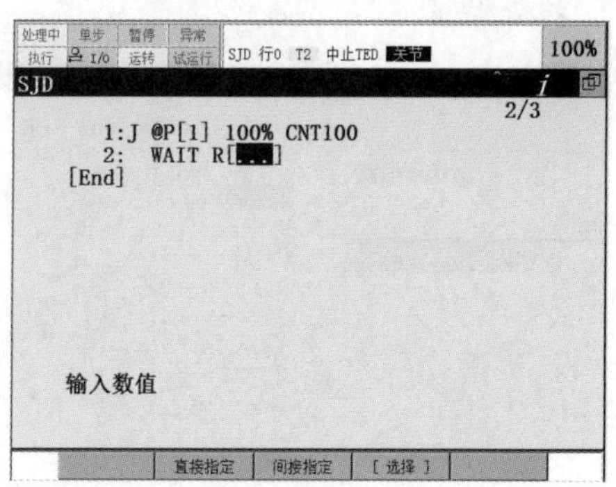

图 3-29　间接设定等待时间

【思考与练习】

1. 如图 3-30 所示，假设点 P_2 相对于点 P_1 在 X 轴上旋转了 30°。试着将上述位置移动分别用关节指令和直线指令来记录。

2. I/O 指令是否存在输入指令？为什么？

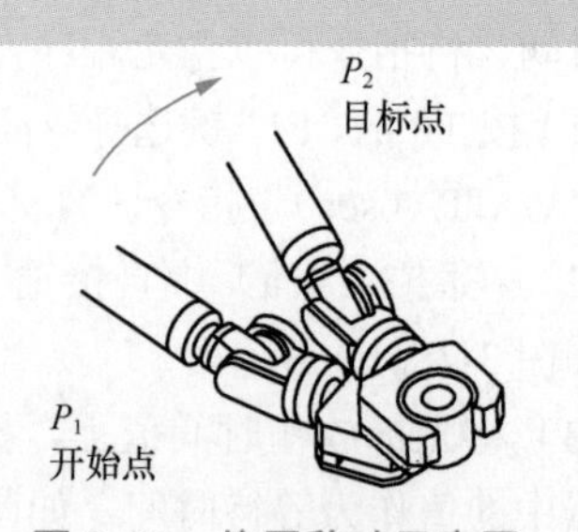

图 3-30　位置移动示意图

任务四　搬运现场编程

【任务描述】

本任务以实际的搬运工作站为例，介绍机器人搬运现场编程的应用。由 FANUC LR Mate 400*i*D/4S 机器人为核心组成的搬运工作站如图 3-31 所示，右侧放大区域是双层立体料库，料井则位于机器人与料库的后方。机器人利用夹爪工具拾取双层物料库上的未成品物料，然后放入料井中，以完成一个简单的搬运过程。由于每次夹取都是重复的过程，只是位置稍有不同，所以可任意选取一个对象进行实施。

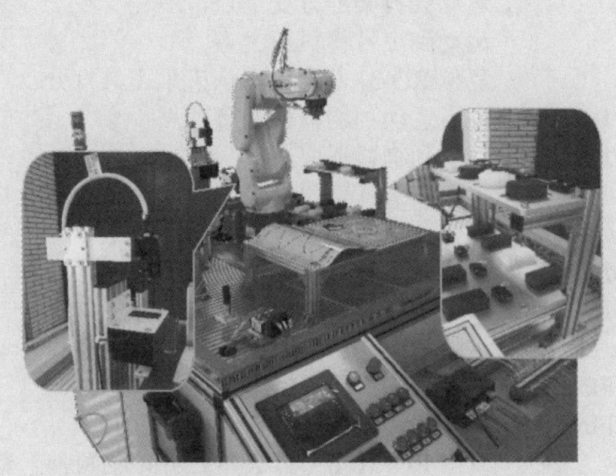

图 3-31　搬运工作站

【任务学习】

进行搬运现场编程的步骤如下。

微课

搬运编程应用

（1）按照之前所学的内容，创建一个程序。

（2）使用 I/O 指令，令 RO[3]=OFF，确认夹爪处于张开状态。

（3）使用动作指令，将机器人移动至合适位置。

注意

当夹爪接近设备时，为避免发生危险，应当降低机器人的运行速度。

（4）使用 I/O 指令，令 RO[3]=ON，夹爪闭合，夹住物料。

注意

在夹取物料前后，应短暂停留一段时间，以确保位置准确、夹取平稳。

（5）使用动作指令，将物料块取出，向料井方向移动，注意不要与周边设备发生碰撞。

（6）调整至合适位置后，使用 I/O 指令，令 RO[3]=OFF，夹爪张开，物料掉落至料井中。

（7）机器人回到安全位置，等待下个指令。

指令的编辑

简单的示教编程

夹爪搬运的示教过程

吸盘搬运的示教过程

完成一次物料搬运的程序如下。

```
1：J P[ 1 ] 20% FINE                运动到料架上方安全点
2：J P[ 2 ] 10% FINE                运动到 1 号物料正上方
3：RO[ 3 ]=OFF                      复位 RO[3] 信号，确认夹爪工具打开
4：L P[ 3 ] 80mm/sec FINE           向下运动到物料抓取接近点
5：L P[ 4 ] 30mm/sec FINE           运动到物料抓取点
6：RO[ 3 ]=ON                       置位 RO[3] 信号，夹爪工具闭合，夹取物料
7：WAIT    0.5sec                   等待夹爪闭合完成
8：L P[ 3 ] 30mm/sec FINE           向上运动到物料抓取逃离点（接近点）
9：L P[ 2 ] 80mm/sec FINE           向上运动到 1 号物料的正上方
10：L P[ 5 ] 100mm/sec FINE         运动到料井上方
11：L P[ 6 ] 80mm/sec FINE          运动到物料放置接近点
12：L P[ 7 ] 30mm/sec FINE          运动到物料放置点
13：RO[ 3 ]=OFF                     复位 RO[3] 信号，夹爪打开，物料掉入料井
14：WAIT    0.5sec                  等待夹爪完全张开
15：L P[ 6 ] 80mm/sec FINE          运动到物料放置接近点
16：L P[ 5 ] 100mm/sec FINE         运动到料井上方
17：J P[ 1 ] 20% FINE               回到安全位置，等待下个指令
```

按照上述的步骤，将所有物料的搬运程序编写出来。

程序的手动运行

程序的暂停与恢复运行

【思考与练习】

1. 搬运现场编程的步骤有哪些？
2. 机器人夹爪接近设备和夹取物料后都要注意哪些事项？

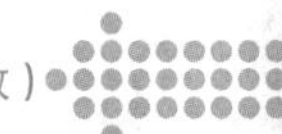

【项目总结】

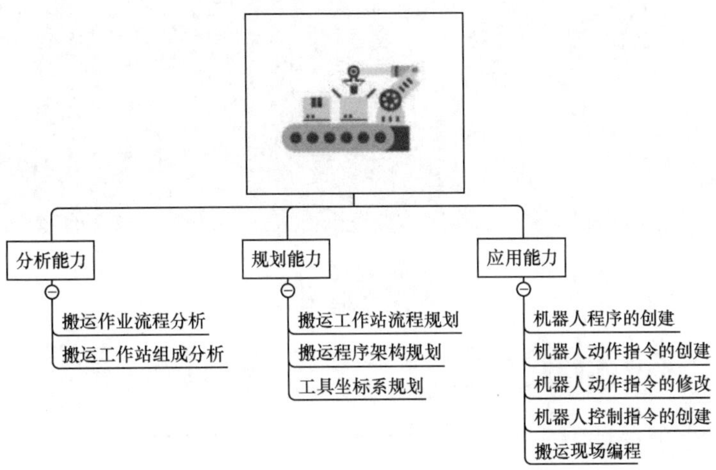

【拓展训练】

【程序及指令管理】程序及指令管理不仅包括如何创建程序及指令，还应该有复制、移动、删除等编辑类的操作。其中程序与指令的复制功能无疑是相似程序快速生成的有效途径。

任务要求：本项目任务四中编制出第 1 块物料的搬运程序后，通过复制指令行或者程序得到所有物料的搬运程序。

考核方式：采用分组的方式（每组 3 人），提交操作步骤。

将拓展训练情况填入表 3-1 中。

表 3-1　　拓展训练评估表

项目名称： 程序及指令管理	项目承接人姓名：	日期：
项目要求	**评分标准**	**得分情况**
程序复制（20分）		
指令复制（30分）	1. 逻辑复制（10分） 2. 位置号码复制（10分） 3. 位置资料复制（10分）	
位置更新（30分）	1. 借助特殊位置（15分） 2. 优先更新的位置（15分）	
步骤报告（20分）		
评价人	**评价说明**	**备注**
个人		
老师		

项目四
基础焊接工作站操作编程

【项目引入】

通过前期项目的进行，我已经掌握了工业机器人的基本操作与搬运工作站的操作编程。项目在紧锣密鼓地进行着，最近我要开始试样的焊接作业。

看着焊接的试样，我有些犹豫："师傅，这个试样跟实际的汽车车身差别太大了……"

王工冲我摇头："授人以鱼不如授人以渔。不同的工件、不同的工装，也就意味着不同的焊接参数、不同的焊接轨迹。掌握了焊接工作站的操作编程，就掌握了焊接工作的基本方法。"

当时我还不明白师傅的良苦用心，直到边学边做，顺利地完成了试样的焊接工作，才体会到方法的宝贵。

【知识图谱】

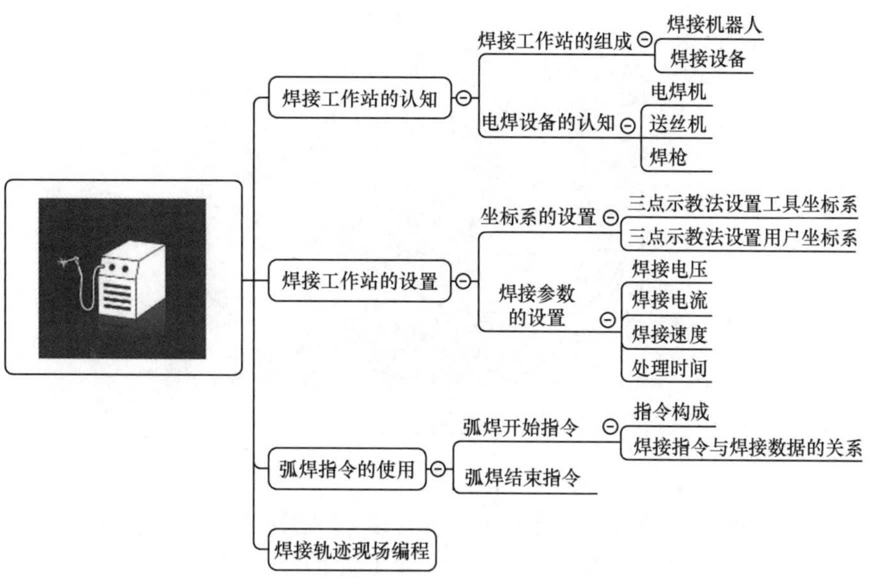

任务一　焊接工作站的认知

【任务描述】

来到焊接现场的第一天，我看着焊接工作站一脸茫然，就追着王工问："师傅，马上就要开始焊接试样的工作了，我应该先做哪些准备工作呢？"

王工告诉我："对设备的熟悉，是工作的基础，也是保证安全工作的必要条件。你应该先熟悉焊接工作站，了解了它的组成、每个部分的用途和使用方法，才能在学习操作时有的放矢，事半功倍。"

这就是我要完成的第一个任务：焊接工作站的认知。

【任务学习】

一、焊接工作站的组成

微课

焊接工作站组成

机器人焊接工作站是从事焊接工作的工业机器人的系统集成，它主要包括焊接机器人和焊接设备 2 部分。其中，工业机器人由机器人本体和控制柜（硬件及软件）组成；而焊接设备，以弧焊和点焊为例，则由焊接电源（包括其控制系统）、送丝机（弧焊）、焊枪（钳）、变位机等部分组成。对于智能机器人而言，还应配有传感系统，如激光或摄像传感器及其控制装置等。

图 4-1 所示为典型的机器人焊接工作站，它主要包括工业机器人、机器人控制柜、电焊设备、工装台及夹具、烟尘净化器、安全房等部分，另外工装台也可由焊接变位机替代。

图 4-1　焊接工作站

焊接机器人占整个工业机器人应用总量的 40% 以上，占比之所以如此之大，与焊接这个行业的特殊性密不可分。焊接被誉为工业“裁缝”，是工业生产中非常重要的加工手段，焊接质量的好坏对产品质量起决定性作用。但是由于焊接烟尘、弧光、金属飞溅的存在，使得焊接的工作环境非常恶劣。因此，焊接机器人的应用对焊接行业具有十分重要的意义，主要体现在以下几方面。

（1）焊接质量稳定而均一。焊接参数如焊接电流、焊接电压、焊接速度等对焊接效果均起着决定性的作用。人工焊接时，焊接速度等都是变化的，因此很难做到质量的均一性。采用机器人焊接时，对于每条焊缝来说焊接的参数都是恒定的，焊缝质量受人为因素的影响较小，降低了对工人操作技术的要求，因此焊接质量是稳定的。

（2）改善了工人的劳动条件。采用机器人焊接时，操作人员只是远程控制，远离了焊接弧光、烟雾和金属飞溅等环境；对于点焊来说，工人不再搬运笨重的手动焊钳，使工人从大强度的体力劳动中解脱出来。

（3）提高劳动生产率。机器人不会疲劳，可 24h 连续生产，并且随着高速高效焊接技术的应用，机器人焊接效率的提高将更加明显。

（4）产品周期明确，容易控制产品质量。机器人的生产节拍是固定的，因此安排生产计划非常明确。

（5）可缩短产品改型换代的周期，减小相应的设备投资。焊接机器人既可以实现小批量产品的焊接自动化，又能通过修改程序用于不同工件的生产。

二、电焊设备的认知

电焊设备主要由电焊机、送丝机和焊枪（钳）组成。

1. 电焊机

电焊机（见图 4-2）是为焊接提供电流、电压并具有适

图 4-2　林肯 IDEALARC®DC600 弧焊整流器电焊机

合该焊接方法所要求的输出特性的设备。

普通电焊机的工作原理和变压器相似，是一个降压变压器，如图 4-3 所示。在次级线圈的两端分别接焊件和焊条，在大电流、高电压下产生电弧，通过电弧的高温产生的热源将工件的缝隙和焊条熔接。

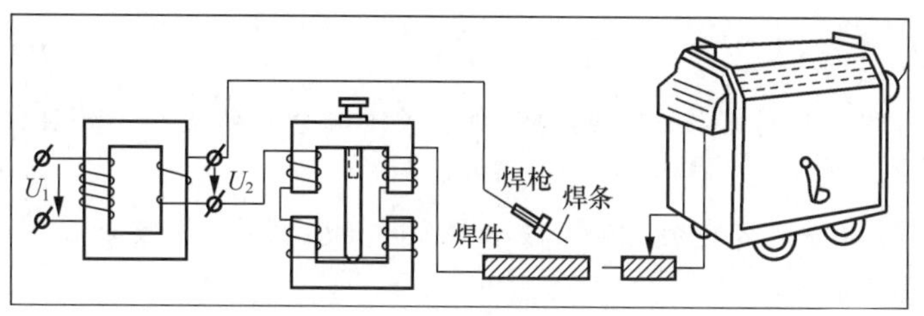

图 4-3　电焊机基础原理图

2. 送丝机

自动送丝机是在微机控制下，可以根据设定的参数连续稳定地送出焊丝的自动化装置，如图 4-4 所示。

自动送丝机一般由控制部分提供参数设置，驱动部分在控制部分的控制下进行送丝驱动，送丝嘴部分将焊丝送到焊枪位置。自动送丝机主要应用于手工焊接自动送丝、自动氩弧焊自动送丝、等离子焊自动送丝和激光焊自动送丝等场合。

3. 焊枪

焊枪是焊接过程中执行焊接操作的设备，它使用灵活，方便快捷，工艺简单。工业机器人焊枪还专门配有与机器人末端匹配的连接法兰，如图 4-5 所示。

图 4-4　自动送丝机

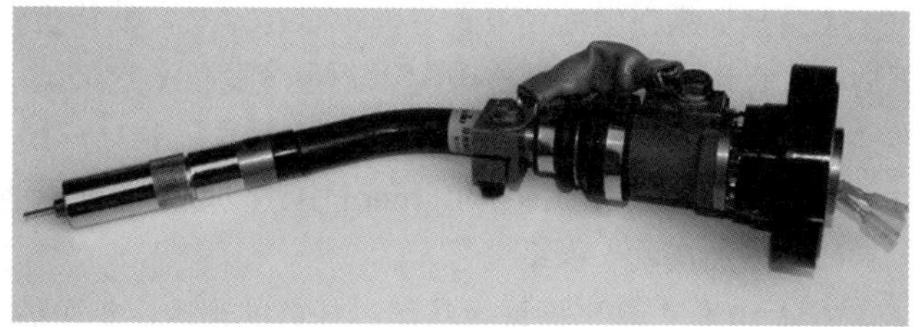

图 4-5　工业机器人的焊枪

焊枪功率的大小取决于焊机的功率和焊接材质。焊枪将电焊机的大电流、高电压产生的热量聚集在焊枪终端，熔化焊丝。熔化的焊丝材料渗透到需焊接的部位，冷却后焊丝材料将焊接的物体牢固地连接成一体。

【思考与练习】

1. 机器人焊接工作站是从事焊接工作的工业机器人的系统集成，它主要包括哪两部分？
2. 简述电焊机的工作原理。

任务二　焊接工作站的设置

【任务描述】

在上个任务中，我对焊接工作站的组成有了比较全面的认知，并且熟悉了常用的电焊设备。

“师傅，焊接设备这么复杂，我应该从哪儿开始设置呢？”看着眼前的焊接工作站，我感觉有些无处下手。

“焊接工作站主要由机器人和焊接设备两部分组成。机器人负责焊接位置的准确，焊接设备负责焊接的质量，想一想应该怎么办。”

“嗯……我想应该先设置机器人坐标系和焊接参数。机器人坐标系为程序提供位置坐标，如果坐标系设置得不对，会严重影响机器人的动作。焊接参数是指在焊接结构、材料已知的情况下，对焊接过程中设置的参数，如焊接材料、焊接时的接头形式、焊接电流、焊接电压、保护气流量、保护气的纯度、坡口形式等。在焊接的过程中，如果参数选取不合理或是焊接时参数波动范围过大，将会对焊接质量产生非常坏的影响，导致焊缝尺寸超差，焊缝存在裂纹、夹渣、焊瘤等，严重的还会导致产品报废。”

“功课做得不错。”师傅对我赞许道。“这就是要完成的第 2 个任务：焊接工作站的设置。”

【任务学习】

一、坐标系的设置

1. 工具坐标系的设置方式

（1）工具坐标系的定义

工具坐标系在坐标系设置界面上进行定义，默认设置下可定义 10 个工具坐标系，并可根据情况进行切换，或者通过改写以下系统变量来定义。

- 在 $MNUTOOL[group，i]（坐标系号码 i=1 ～ 10）中设定值；
- 在 $MNUTOOLNUM[group] 中，设定将要使用的工具坐标系号码。

（2）增加工具坐标系编号

如果 10 个工具坐标系无法满足任务的需求，也可通过以下方法将工具坐标系编号增加到最多 29 个。

① 执行控制开机启动。

微课

工具坐标系的设置——三点示教法

② 按下“MENU”（菜单）键。

③ 选择“4 系统变量”。

④ 将系统变量 $SCR.$MAXNUMUTOOL 的值改写为希望增大的值（最多 29 个）。

⑤ 执行冷启动。

（3）设置工具坐标系的方法

设置工具坐标系的方法有三点示教法（TCP 自动设定）、六点示教法、

直接示教法和两点 +Z 示教法。

微课

工具坐标系的设置
——六点示教法

① 在三点示教法中，只可以设置工具中心点位置（X，Y，Z），工具姿态（W，P，R）中输入标准值（0，0，0）。在设置完位置后，以六点示教法或直接示教法来定义工具姿态。

② 六点示教法与三点示教法一样先设置工具中心点位置，然后设置工具姿态（W，P，R）。六点示教法包括六点（XY）示教法和六点（XZ）示教法。六点（XZ）示教法中的其他三点包括空间的任意 1 点、与工具坐标系平行的 X 轴方向的 1 点、XZ 平面上的 1 点。

微课

工具坐标系的设置
——直接示教法

③ 直接示教法是直接输入 TCP 的位置（X，Y，Z）和机械接口坐标系的 X 轴、Y 轴、Z 轴周围的工具坐标系的回转角 W、P、R。

④ 两点 +Z 示教法可以在 7DC1 系列 04 版本或者更高版本上使用。可以设置无法使工具相对于世界坐标系的 XY 平面倾斜的机器人（主要是四轴机器人）的工具中心点。对于某个已被固定的点，在不同的姿态下，以指向该点的方式示教接近点 1、2。由这 2 个接近点计算并设置工具坐标系的 X、Y 和 Z 值，通过规尺等测量并直接输入。同时直接输入工具姿态（W, P, R）的值（法兰盘面的朝向与工具姿态相同时，应全都设置为 0）。

2. 采用三点示教法设置工具坐标系

机器人默认的工具坐标系原点（TCP）在 J6 轴法兰盘中心的位置。从事焊接工作的工业机器人需要在 J6 轴法兰盘上安装焊枪或者焊钳，那么新的 TCP 应该位于焊枪（钳）的焊接工作点上，所以在编程之前需要设置新的工具坐标系。

三点示教法就是使焊枪的尖点以 3 种不同的姿态指向空间内同一个点，并分别记录位置，由此自动计算新 TCP 的位置。为了保证新的 TCP 更精确，应使 3 种姿态的差异尽量大些，如图 4-6 所示。

采用三点示教法设置工具坐标系的具体步骤如下。

微课

工具坐标系的设置

(1) 按下 TP“MENU”（菜单）键，显示出菜单界面。

(2) 选择“6 设置”。

(3) 按下“F1”键选择界面下方的“类型”菜单，显示出切换菜单界面。

(4) 选择“坐标系”。

(5) 按下“F3”键选择界面下方的“坐标”菜单。

(6) 选择“工具坐标系”，出现工具坐标系一览界面，如图 4-7 所示。

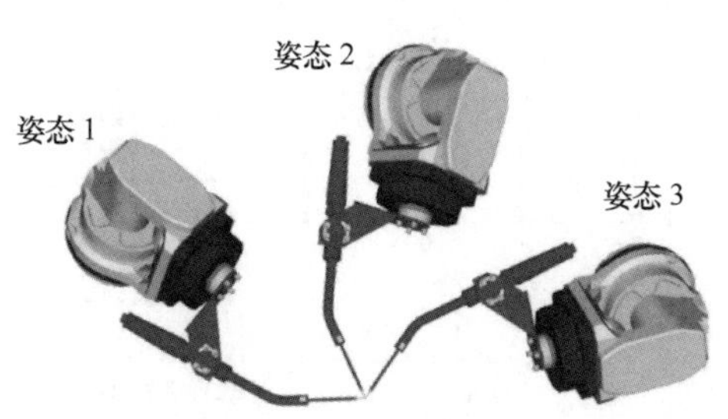

图 4-6　三点示教法设置工具坐标系

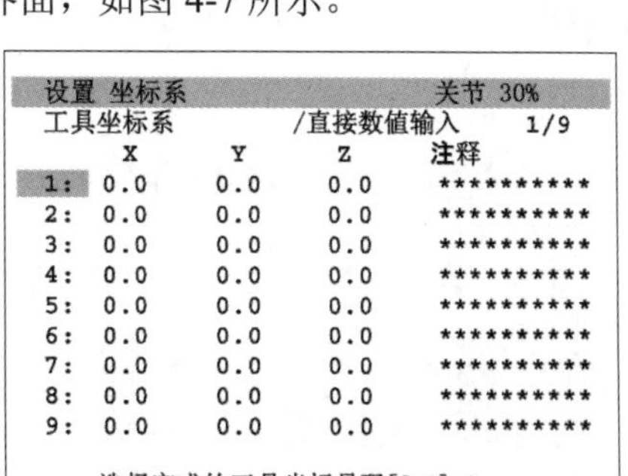

设置 坐标系　　关节 30%
工具坐标系　　/直接数值输入　　1/9

	X	Y	Z	注释
1:	0.0	0.0	0.0	**********
2:	0.0	0.0	0.0	**********
3:	0.0	0.0	0.0	**********
4:	0.0	0.0	0.0	**********
5:	0.0	0.0	0.0	**********
6:	0.0	0.0	0.0	**********
7:	0.0	0.0	0.0	**********
8:	0.0	0.0	0.0	**********
9:	0.0	0.0	0.0	**********

选择完成的工具坐标号码[G:1]=1
[类型]　详细　[坐标]　清除　设定号码

图 4-7　工具坐标系一览界面

(7) 将光标指向将要设置的工具坐标系号码所在的行。

（8）按下“F2”键选择界面下方的“详细”菜单，出现所选的坐标系号码的工具坐标系设置界面，如图 4-8 所示。

（9）按下“F2”键选择界面下方的“方法”菜单。

（10）选择“3 点记录”。

（11）输入注释。

① 将光标移动到注释行，按下“ENTER”（输入）键。

② 选择使用单词、英文字母中的其中一个来输入注释。

③ 按下适当的功能键，输入注释。

④ 注释输入完后，按下“ENTER”键。

（12）记录各参照点（见图 4-6）。

① 将光标移动到各参照点。

② 在点动方式下将机器人移动到应进行记录的点。

③ 在按住“SHIFT”键的同时，按下“F5”键选择界面下方的“位置记录”菜单，将当前值的数据作为参照点输入，显示“记录完成”，如图 4-9 所示。

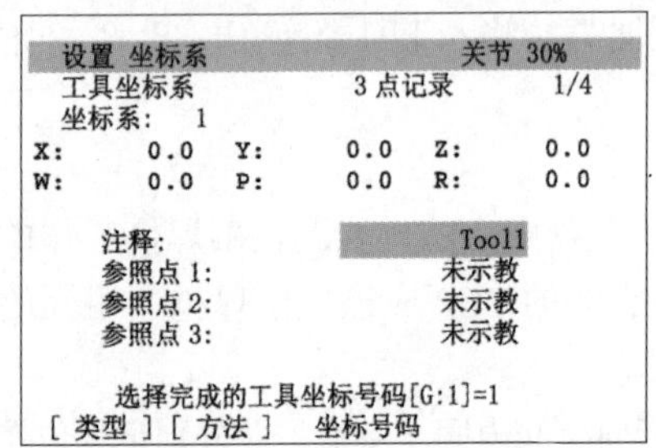

```
设置 坐标系                          关节 30%
  工具坐标系              3 点记录          1/4
  坐标系:   1
X:       0.0   Y:      0.0   Z:        0.0
W:       0.0   P:      0.0   R:        0.0

     注释:                             Tool1
     参照点 1:                         未示教
     参照点 2:                         未示教
     参照点 3:                         未示教

       选择完成的工具坐标号码[G:1]=1
 [ 类型 ] [ 方法 ]   坐标号码
```

图 4-8　工具坐标系设置界面

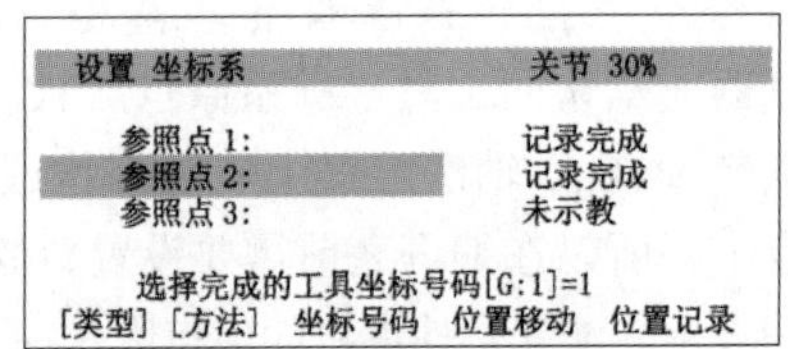

```
设置 坐标系                          关节 30%

     参照点 1:                         记录完成
     参照点 2:                         记录完成
     参照点 3:                         未示教

       选择完成的工具坐标号码[G:1]=1
 [类型] [方法]  坐标号码  位置移动  位置记录
```

图 4-9　位置记录界面

④ 对所有参照点都进行示教后，显示“设定完成”，工具坐标系即被设置，如图 4-10 所示。

（13）在按住“SHIFT”键的同时按下“F4”键，选择界面下方的“位置移动”菜单，即可使机器人移动到所记录的点。

（14）要确认已记录的各点的位置数据，将光标指向各参照点，按下“ENTER”键，出现各点的位置数据的位置详细界面。要返回原先的界面，则按下“PREV”（返回）键即可。

（15）按下“PREV”键，显示工具坐标系一览界面，如图 4-11 所示，可以确认所有工具坐标系的设定值（X，Y，Z）及注释。

```
设置 坐标系                          关节 30%
  工具 坐标系     3 点记录                  4/4
  坐标系:   1
X:     100.0   Y:      0.0   Z:      120.0
W:       0.0   P:      0.0   R:        0.0

     注释:                             Tool1
     参照点 1:                         设定完成
     参照点 2:                         设定完成
     参照点 3:                         设定完成

       选择完成的工具坐标号码[G:1]=1
 [类型][方法]  坐标号码  位置移动  位置记录
```

图 4-10　设定完成界面

```
设置 坐标系                          关节 30%
  工具 坐标系        直接数值输入          1/9
          X         Y         Z        注释
 1:   100.0       0.0     120.0     **********
 2:     0.0       0.0       0.0     **********
 3:     0.0       0.0       0.0     **********
 4:     0.0       0.0       0.0     **********
 5:     0.0       0.0       0.0     **********
 6:     0.0       0.0       0.0     **********
 7:     0.0       0.0       0.0     **********
 8:     0.0       0.0       0.0     **********
 9:     0.0       0.0       0.0     **********

       选择完成的工具坐标号码[G:1]=1
 [ 类型 ]   详细   [ 坐标 ]   清除   设定号码
```

图 4-11　工具坐标系一览界面

（16）要将所设置的工具坐标系作为当前有效的工具坐标系来使用，按下“F5”键选择界面方法的“设定号码”菜单，并输入坐标系号码。

（17）要擦除所设置的坐标系的数据，则按下“F4”键选择界面下方的“清除”菜单即可。

工具坐标系的激活与检验

3. 用户坐标系的设置方式

（1）用户坐标系的定义

通过坐标系设置界面定义用户坐标系时，可定义 9 个用户坐标系，并可根据情况进行切换，同时改写下列系统变量。

- 在 $MNUFRAME[group1，i]（坐标系号码 i=1 ～ 9）中设定值。
- 在 $MNUFRAMENUM[group1] 中，设定将要使用的用户坐标系号码。

（2）增加用户坐标系编号

如果 9 个用户坐标系无法满足任务的需求，可通过以下方法将用户坐标系编号增加到最多 61 个。

① 执行控制开机启动。

② 按下“MENU”（菜单）键。

③ 选择“4 Variables”。

④ 将系统变量 $SCR.$MAXNUMUFRAM 的值改写为希望增大的值（最多 61 个）。

⑤ 执行冷启动。

（3）用户坐标系设置方法

设置用户坐标系的方法有三点示教法、四点示教法和直接示教法。

用户坐标系的设置——三点示教法

用户坐标系的设置——四点示教法

用户坐标系的设置——直接示教法

① 三点示教法是对 3 点，即坐标系的原点、*X* 轴方向的 1 点、*XY* 平面上的 1 点进行示教。

② 四点示教法是对 4 点，即平行于坐标系的 *X* 轴的开始点、*X* 轴方向的 1 点、*XY* 平面上的 1 点、坐标系的原点进行示教。

③ 直接示教法是直接输入相对世界坐标系的用户坐标系原点的位置 *X*、*Y*、*Z* 和世界坐标系的 *X* 轴、*Y* 轴、*Z* 轴周围的回转角 *W*、*P*、*R* 的值。

4. 采用三点示教法设置用户坐标系

使焊枪的尖点靠近工作台的 1 个顶点，记录此位置并将其作为坐标系的原点；机器人沿着工作台的某一边缘运动到下一点，记录位置并将其作为 *X* 轴方向上的点，此运动方向为坐标系 *X* 轴正方向；机器人沿着与上次方向垂直并平行于工作台表

用户坐标系的设置

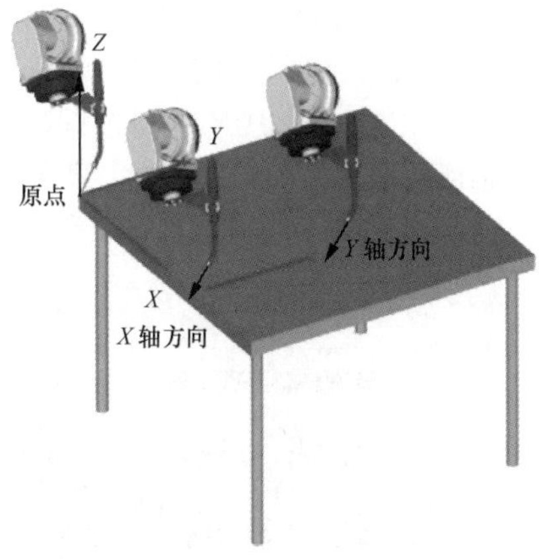

图 4-12　三点示教法设置用户坐标系

面的方向运动到第 3 点，记录位置，此运动方向为坐标系 Y 轴正方向；Z 轴正方向则根据右手定则自动生成，如图 4-12 所示。

采用三点示教法设置用户坐标系的具体步骤如下。

（1）按下 TP“MENU”（菜单）键，显示出菜单界面。

（2）选择“6 设置”。

（3）按下“F1”键选择界面下方的“类型”菜单，显示出切换菜单界面。

（4）选择“坐标系”。

（5）按下“F3”键选择界面下方的“坐标”菜单。

（6）选择“用户坐标系”，出现用户坐标系一览界面，如图 4-13 所示。

（7）将光标指向将要设置的用户坐标系号码所在的行。

（8）按下“F2”键选择界面下方的“详细”菜单，出现所选的坐标系号码的用户坐标系设置界面，如图 4-14 所示。

（9）按下“F2”键选择界面下方的“方法”菜单。

（10）选择“3 点记录”。

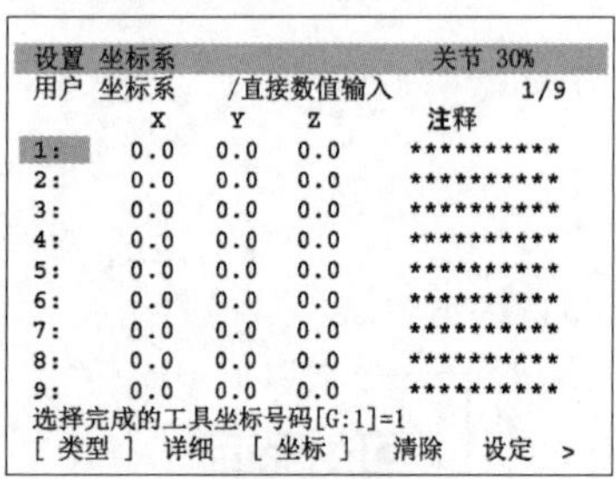

图 4-13 用户坐标系一览界面

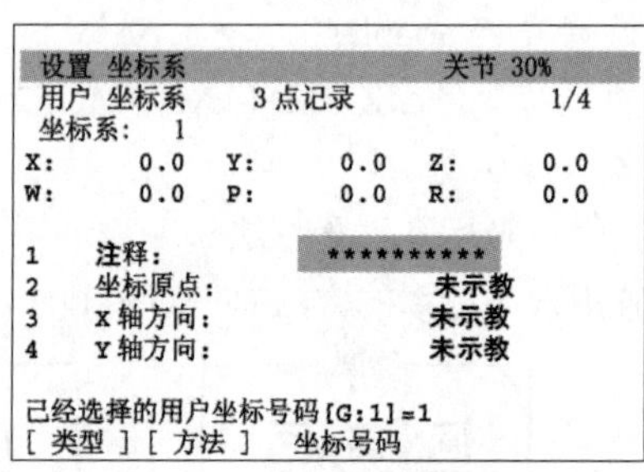

图 4-14 用户坐标系设置界面

（11）输入注释。

① 将光标移动到注释行，按下“ENTER”（输入）键。

② 选择使用单词、英文字母中的其中一个来输入注释。

③ 按下适当的功能键，输入注释。

④ 注释输入完后，按下“ENTER”键。

（12）记录各参考点（参考图 4-12）。

① 将光标移动到各参考点。

② 在点动方式下将机器人移动到应进行记录的点。

③ 在按住“SHIFT”键的同时，按下“F5”键选择界面下方的“位置记录”菜单，将当前值的数据作为参考点输入，显示“记录完成”，如图 4-15 所示。

④ 对所有参考点都进行示教后，显示“设定完成”，用户坐标系即被设置，如图 4-16 所示。

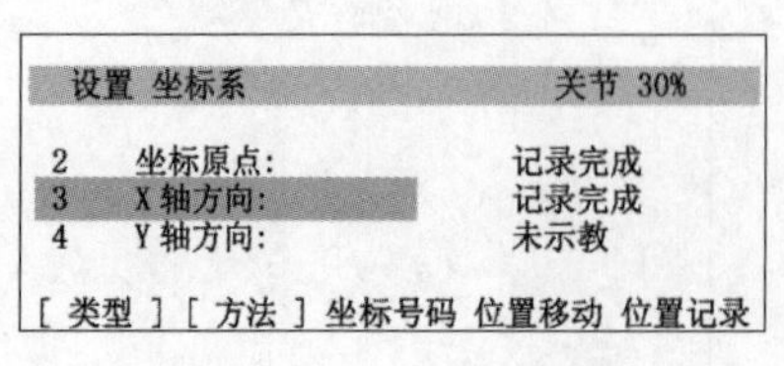

图 4-15 位置记录界面

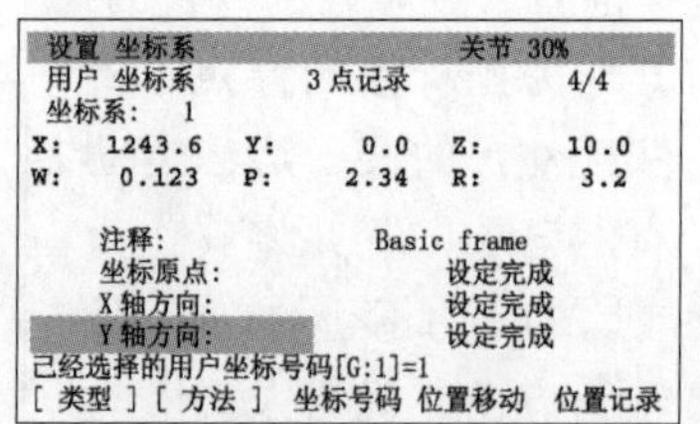

图 4-16 设定完成界面

（13）在按住“SHIFT”键的同时按下“F4”键选择界面下方的“位置移动”菜单，即可使机器人移动到所记录的点。

（14）要确认已记录的各点的位置数据，则将光标指向各参考点，按下“ENTER”键，出现各点的位置数据的详细界面。要返回原先的界面，则按下“PREV”（返回）键即可。

（15）按下“PREV”键，显示用户坐标系一览界面，可以确认所有用户坐标系的设置值，如图 4-17 所示。

微课

用户坐标系的激活与检验

（16）要将所设置的用户坐标系作为当前有效的用户坐标系来使用，则按下“F5”键选择界面下方的“设定”菜单，并输入坐标系号码即可。

（17）要擦除所设置的坐标系的数据，则按下“F4”键选择界面下方的“清除”菜单即可。

微课

焊接程序的设定

微课

机器人焊接设定

二、焊接参数的设置

焊接机器人的软件系统中包含专用的焊接程序，操作者可以通过对机器人焊接参数的设置来控制电焊设备工作。按 TP 上的“Data”键，会显示出焊接程序设置界面，如图 4-18 所示。

设置 坐标系　　关节 30%

用户 坐标系　　3 点记录　　1/9

	X	Y	Z	注释
1:	1243.6	0.0	43.8	Basic frame
2:	0.0	0.0	0.0	
3:	0.0	0.0	0.0	
4:	0.0	0.0	0.0	
5:	0.0	0.0	0.0	
6:	0.0	0.0	0.0	
7:	0.0	0.0	0.0	
8:	0.0	0.0	0.0	
9:	0.0	0.0	0.0	

已经选择的用户坐标号码 [G:1] =1

[类型]　详细　[坐标]　清除　设定　>

图 4-17　用户坐标系一览界面

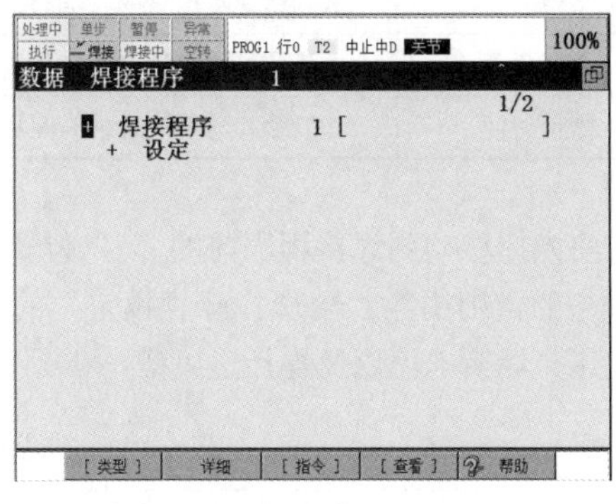

图 4-18　焊接程序设置界面

将光标移动到焊接程序前的“+”的位置，按下“F2”键选择界面下方的“详细”菜单，展开程序的详细内容，如图 4-19 所示。焊接程序内的参数能够设置焊接过程中设备的焊接处理动作是否执行和执行条件，这些参数的详细说明如表 4-1 所示。

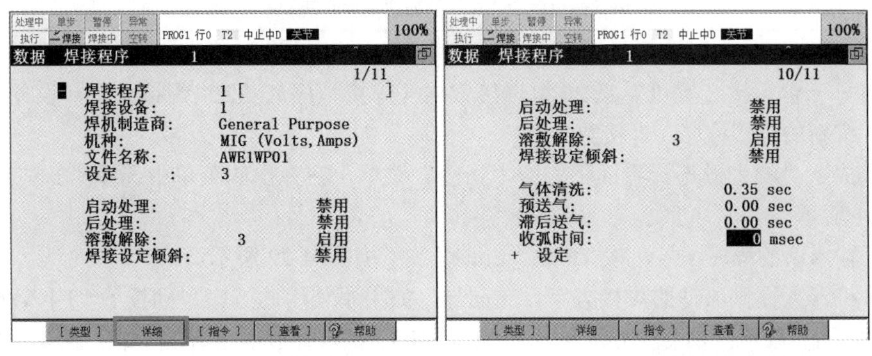

（a）　　（b）

图 4-19　焊接程序详细内容

表 4-1　　焊接程序参数及说明

参数	说明
焊接设备	焊接设备的编号
焊机制造商	焊接装置的制造商名称
机种	焊接装置的种类
文件名称	保存有焊接数据的文件名
设定	每个焊接数据中能定义的焊接条件数，可以进行变更
启动处理	启动处理是为了在焊接开始时使得焊接启动能够顺畅地进行，通常的指令值高于焊接条件
后处理	焊丝后处理功能用于在送丝结束后，在适当的时间，通过施加电压来放置焊丝和熔敷工件
熔敷解除	自动熔敷解除功能用于在弧焊结束时已经熔敷（焊丝黏合在工件上）的情况下，短时间内稍微施加电压来熔断熔敷的部位
焊接设定倾斜功能	启用该功能后，允许用户在指定区间内逐渐增减弧焊的指令值（电压、电流等），使焊接条件的参数平稳变化
气体清洗	到达焊接位置之前，预先喷出气体
预送气	从到达焊接位置的时刻起，到电弧信号产生的时刻为止，喷出气体所需的时间
滞后送气	电弧信号结束后喷出气体所需的时间
收弧时间	一般输入与弧坑处理时间相同的值，即可在机器人动作中执行弧坑处理

将光标移动到焊接程序前的“-”位置，按下“F2”键选择界面下方的“详细”菜单，关闭程序的详细内容。同理打开“设定”的详细内容，如图 4-20 所示。“设定”中的内容是焊接电压、焊接电流以及焊接速度等，详见表 4-2。

表 4-2　　“设定”详细内容及说明

项目	说明
指令值：电压	焊接电压
指令值：电流	焊接电流
焊接速度	在电弧开始到电弧结束期间作为动作指令的速度来使用
处理时间	电弧结束后指令执行的弧坑处理时间

针对每一台焊接装置可定义 20 组焊接数据（焊接程序）、32 组焊接条件（设置），下面来创建一个新的焊接程序（焊接数据）。

（1）按下“F3”键选择界面下方的“指令”菜单，在弹出的菜单中选择“2 创建程序”，如图 4-21 所示。

（2）输入新的程序编号，按 TP 的“Enter”键，如图 4-22 所示。

（3）机器人提供典型的焊接方案设置向导，如果不使用此方案，则按下“F4”键选择界面下方的“否”菜单；如果使用此方案，则按下“F3”键选择界面下方的“是”菜单，如图 4-23 所示。

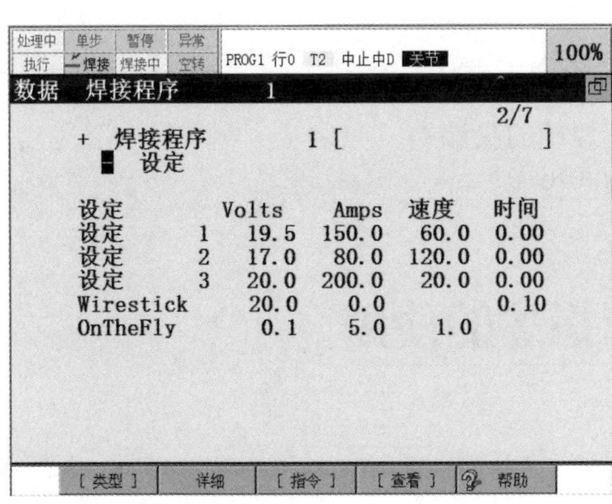

图 4-20 “设定”的详细内容

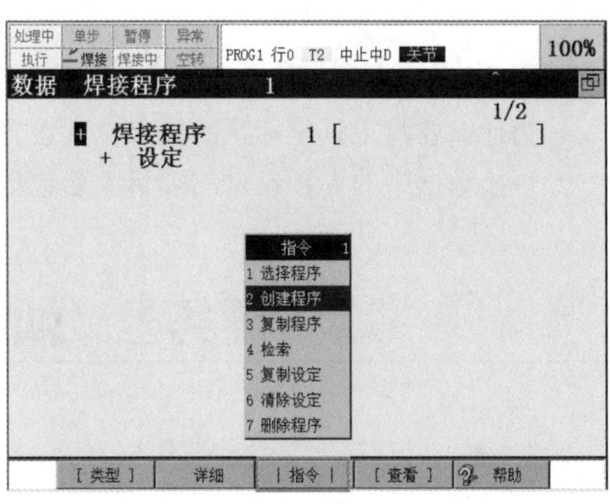

图 4-21 创建程序界面

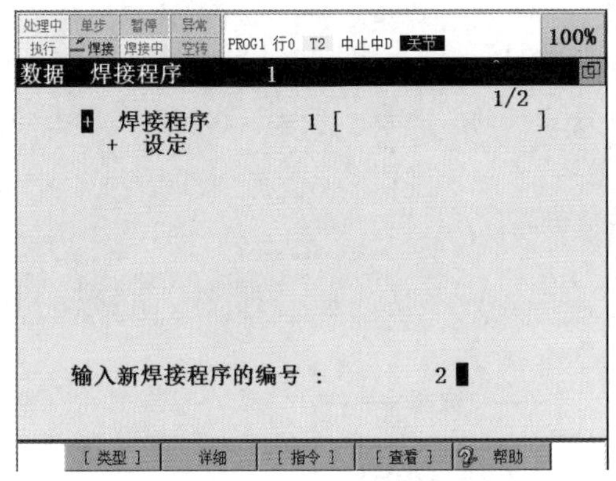

图 4-22 输入程序编号界面

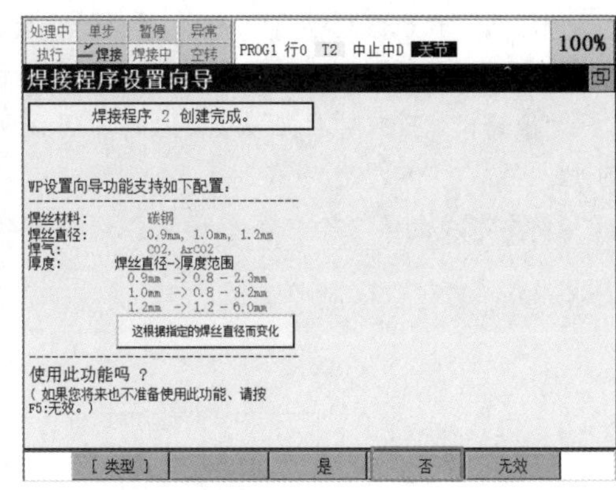

图 4-23 焊接程序设置向导界面

（4）使用设置向导后可对焊丝的直径、材质、焊接的类型等参数进行调整，按下“F5”键选择界面下方的“完成”菜单，如图 4-24 所示。

（5）新的焊接程序创建完成后，如果界面没有显示，则按下“F4”键选择界面下方的“查看”菜单，切换查看的类型“1 单个 / 多个”，如图 4-25 所示。

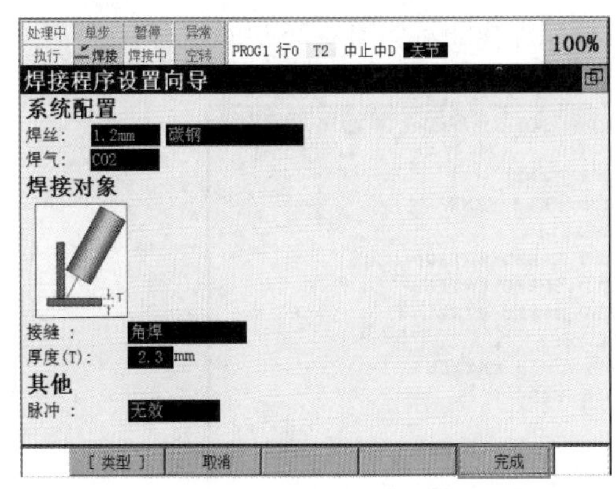

图 4-24 焊接参数调整界面

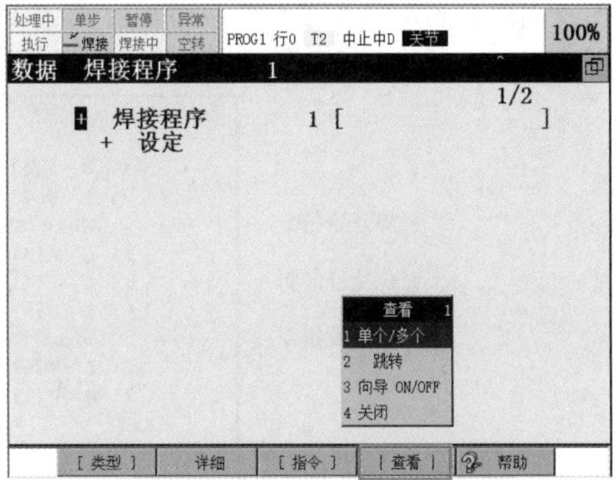

图 4-25 焊接程序查看界面

【思考与练习】

1. 为什么要将工具坐标系的原点位置设置在焊枪的尖端？
2. 焊接数据中的焊接设定的项目主要包括哪些内容？

任务三　弧焊指令的使用

【任务描述】

随着项目的不断推进，跟刚刚接触焊接工作站的时候比，现在的我已经取得了很大的进步。

“师傅，我已经学会了如何设置新的坐标系，如何设置焊接参数，如何创建焊接程序。下一步，我想要学习焊接指令的意义和使用方法。”

“很好，”王工对我点头，“你的学习规划是正确的。一步一步来，扎扎实实地去学习吧！”

我要完成的第 3 个任务：学习弧焊指令的使用。

【任务学习】

弧焊指令是向机器人指定何时、如何进行弧焊的指令。在执行弧焊开始指令和弧焊结束指令之间所示教的动作语句的区间中，机器人进行弧焊作业，如图 4-26 所示。

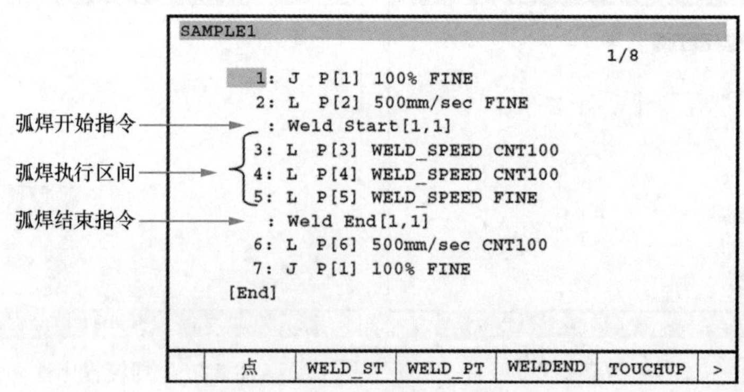

图 4-26　带有弧焊指令的程序

弧焊指令主要有焊接开始指令和焊接结束指令，各自包含两种设定形式：一种是采用焊接程序中预设定的数据，另一种是在指令中直接输入电压和电流的值。

1. 弧焊开始指令

弧焊开始指令是机器人开始执行弧焊作业的控制指令，该指令如图 4-27 所示。图 4-28 所示为弧焊开始指令与焊接数据、焊接条件之间的关系。

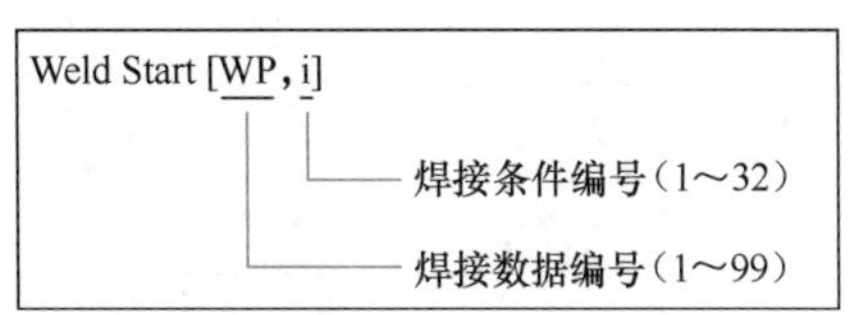

图 4-27　弧焊开始指令（指定条件编号）

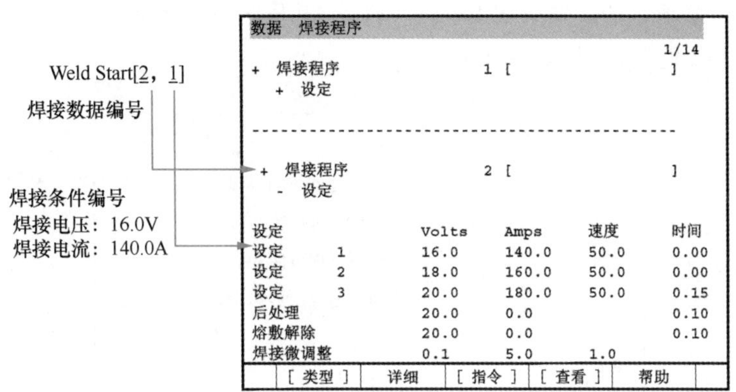

图 4-28　弧焊开始指令与焊接数据、焊接条件之间的关系

当使用图 4-29 所示的弧焊开始指令时，可在 TP 程序中直接指定焊接电压和焊接电流（或送丝速度），然后开始焊接。

2. 弧焊结束指令

弧焊结束指令是机器人结束指定弧焊作业的控制指令，该指令如图 4-30 所示。图 4-31 所示为弧焊结束指令与焊接数据、焊接条件之间的关系。

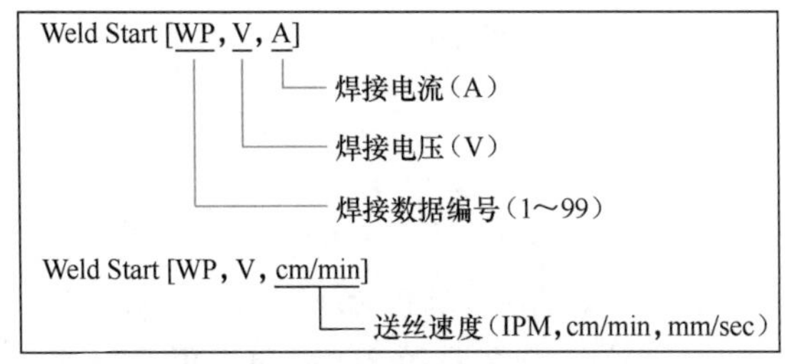

图 4-29　弧焊开始指令（设定条件值）

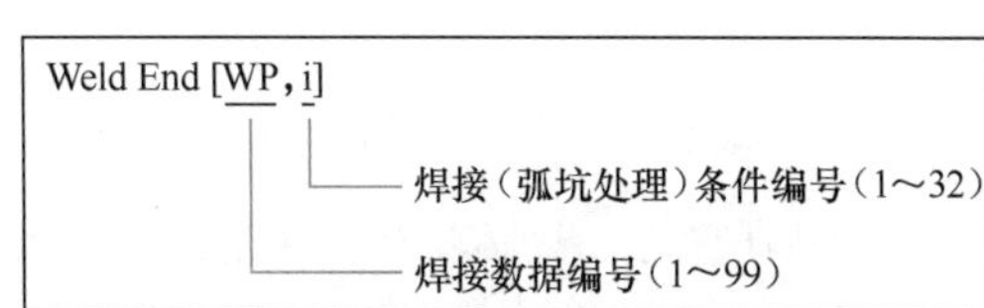

图 4-30　弧焊结束指令（指定条件编号）

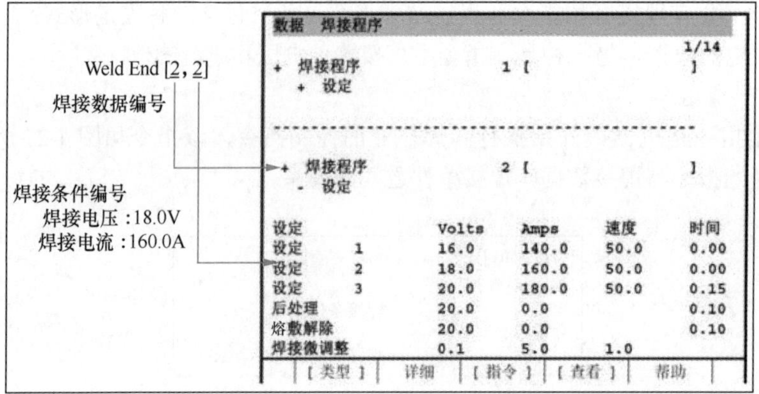

图 4-31 弧焊结束指令与焊接数据、焊接条件之间的关系

当使用图 4-32 所示的弧焊结束指令时，可在 TP 程序中直接指定弧坑处理电压、弧坑处理电流（或送丝速度）和弧坑处理时间。

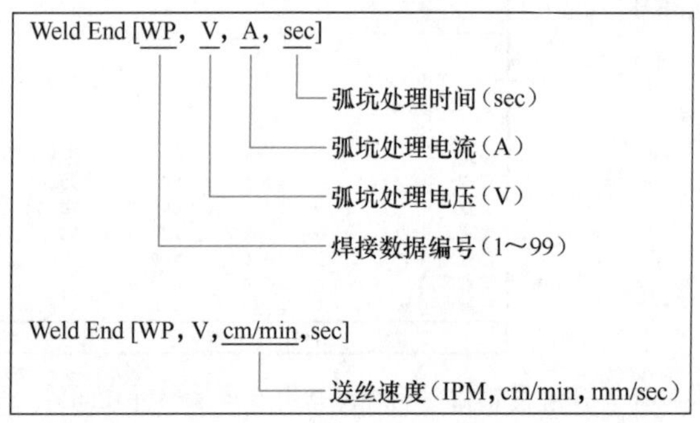

图 4-32 弧焊结束指令（设定条件值）

【思考与练习】

1. 任何弧焊的轨迹程序都必须以__________指令开始，以__________指令结束。
2. 弧焊开始指令的两种形式分别由哪些要素组成？

任务四 焊接轨迹现场编程

【任务描述】

“终于学会了焊接指令的使用！”我踌躇满志，开始了焊接编程的规划工作。以下图所示工件为例，钢板中间断裂的位置为需要焊接的部分，我将借助 ROBOGUIDE 三维空间模拟实际焊接工作站。

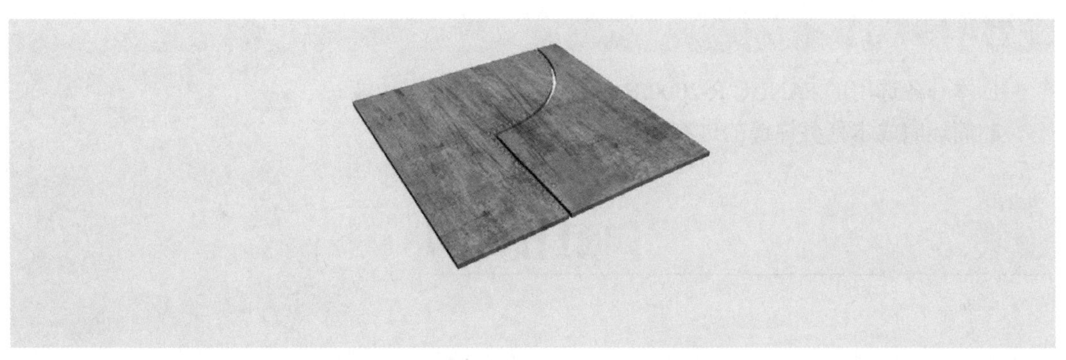

【任务学习】

ROBOGUIDE 中的仿真焊接工作站（见图 4-33）选用的焊接机器人为 FANUC R-2000*i*B/165F，它包含上述工件的三维模型。

工件焊缝由一段圆弧和一条直线构成，焊接过程是焊枪先抵达远端的圆弧起始点，沿着圆弧运动，焊枪同步调整姿态，到达圆弧末端时再次调整姿态以进入直线段的焊接，并保持姿态固定直至焊接完成，如图 4-34 所示。

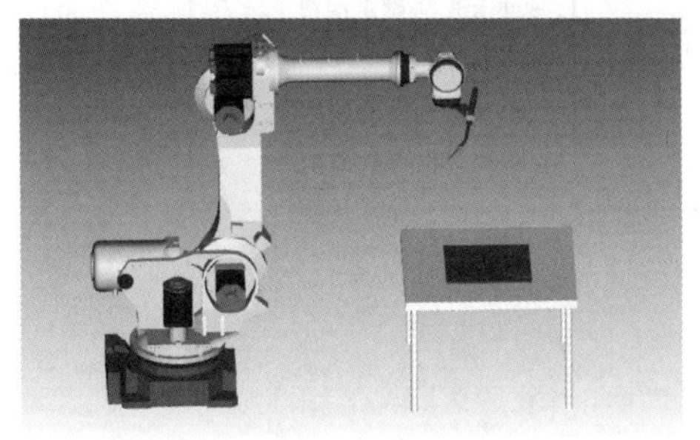

图 4-33　仿真焊接工作站

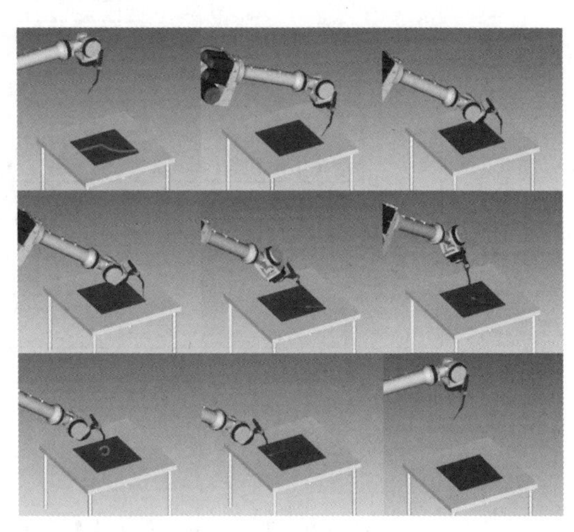

图 4-34　轨迹现场编程过程

焊接程序如下：

1:J P[1] 100% FINE	在机器人进行工作之前都应记录一个“HOME”点
2:L P[2] 1000mm/sec FINE	TCP 到达焊接始端的接近点
3:L P[3] 100mm/sec FINE	焊枪在接近点调整姿态
4:L P[4] 100mm/sec FINE	到达焊接开始点
5:　Weld Start[1,1]	启动焊接程序，开始焊接
6:C P[5]	圆弧轨迹的中间点
:　P[6] 50mm/sec FINE	圆弧轨迹的末端
7:L P[7] 2000mm/sec FINE	焊枪在圆弧轨迹与直线轨迹汇合处调整姿态
8:L P[8] 50mm/sec FINE	到达焊接的末端点
9:　Weld End[1,2]	关闭焊接程序停止焊接
10:L P[1] 1000mm/sec FINE	使机器人回到“HOME”点

【思考与练习】

1. 本任务选用的 FANUC R-2000*i*B/165F 机器人有哪些功能？
2. 简述完成本任务焊缝的过程。

【项目总结】

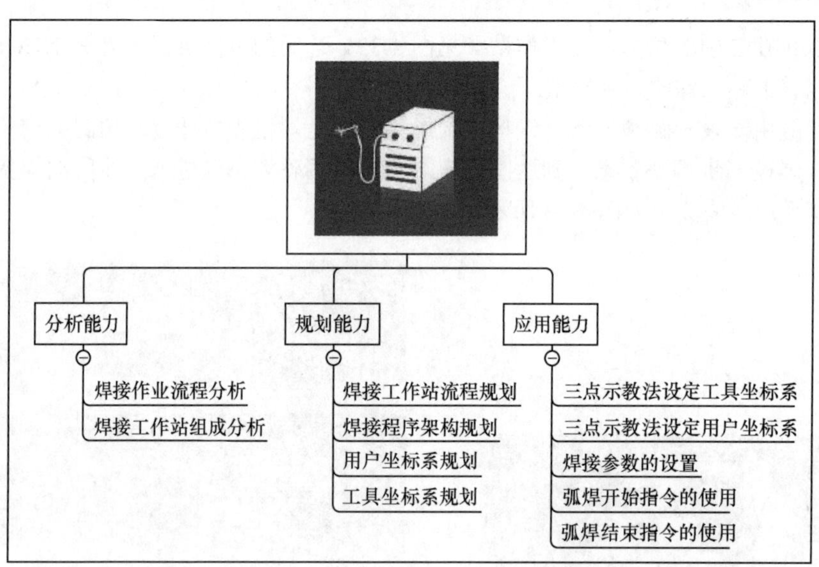

【拓展训练】

【不同焊接参数下的焊接质量】焊接参数是指焊接时为保证焊接质量而选定的诸物理量（如焊接电流、焊接电压等）的总称。焊条电弧焊的焊接参数主要包括焊条直径、焊接电流、焊接电压、焊接速度和预热温度等。

设计要求：选取一种焊接参数，采用控制变量法，调研分析该参数的变化对焊接效果的影响。

考核方式：采用分组选题的方式（每组 4 ～ 6 人），提交调研报告，并进行课内展示。

将拓展训练情况填入表 4-3 中。

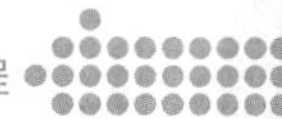

表 4-3　　拓展训练评估表

项目名称： 不同焊接参数下的焊接质量	项目承接人姓名：	日期：
项目要求	**评分标准**	**得分情况**
变量选择（20分）	1. 焊接电流 2. 焊接电压 3. 焊接速度 4. ……	
非变量控制（30分）	1. 焊接参数一致性（10分） 2. 环境一致性（10分） 3. 操作一致性（10分）	
实验现象总结（20分）	变量不同时的焊接结果	
实验对比报告（30分）	变量与结果分析	
评价人	**评价说明**	**备注**
个人		
老师		

项目五 码垛工作站操作编程

【项目引入】

“大家接触机器人也有一段时间了，想必对其都有一定的了解，机器人在码垛中的应用是十分广泛的。”王工打开一张照片说：“这张图片就是我们厂仓库中的码垛机器人应用实例。”

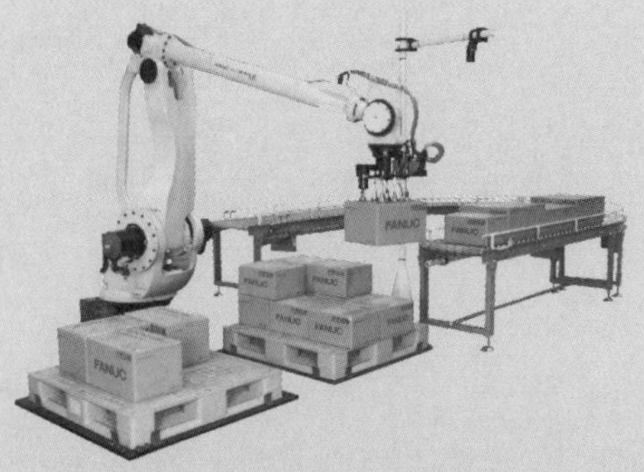

“师傅，我觉得这个和前面的搬运机器人没有什么区别啊，就是过程多而已，方法应该都一样吧……”我话音刚落。

“小伙子，你想得太简单了。如果要求码垛的货物是 10 行、10 列、10 层，你如何去编程，难道要一个点一个点地去示教？”

“师傅，我觉得机器人应该会给我们提供一套标准的方案吧，例如专门用于码垛的程序或者指令什么的。”小李说道。

“说得不错，码垛有自己专用的指令。”王工话锋一转，“不过在学习指令之前，我们应该先了解整个工作站的硬件知识以及

机器人如何控制这些设备。完成一个完整的码垛程序，只有码垛专用指令是远远不行的，还需要其他众多指令的配合。”

【知识图谱】

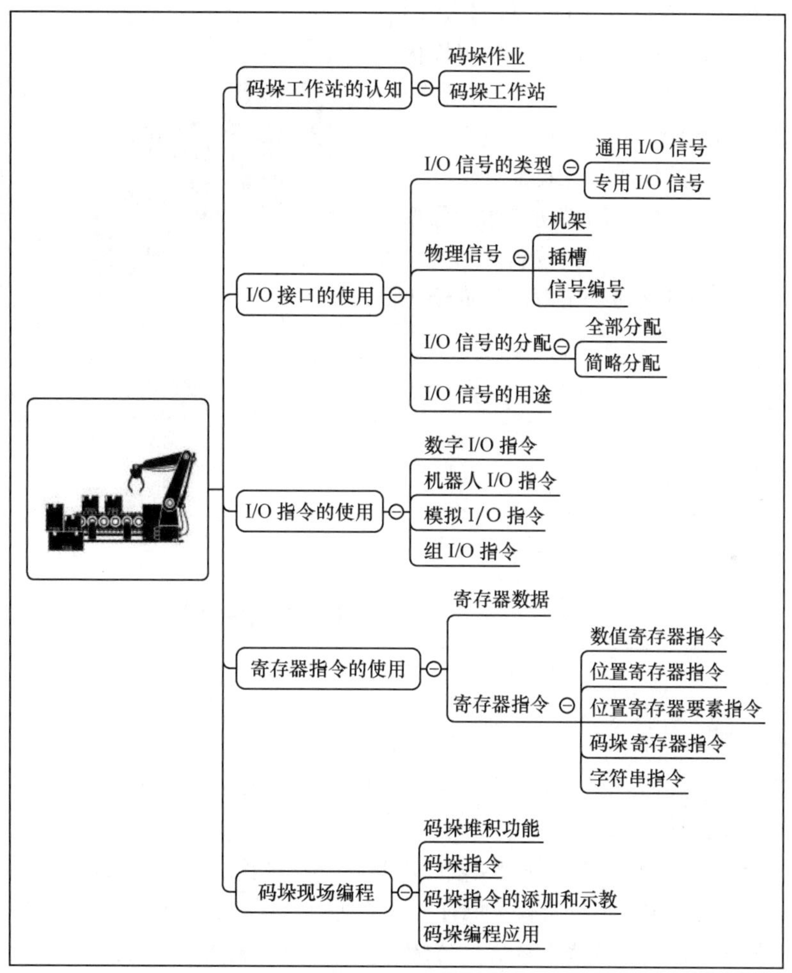

任务一　码垛工作站的认知

【任务描述】

今天我和小李来到码垛车间，仔细地观察了码垛作业，通过自己所学的知识以及向工人师傅请教，了解了码垛工作站系统的组成。

【任务学习】

码垛就是把货物按照一定的摆放顺序与层次整齐地堆叠好。物件的搬运和码垛是现实生活中常见的一种作业形式。通常，这种作业劳动强度大且具有一定的危险性。目前，工业机器人正在逐步地替代人工劳动。这种做法在提高工作效率的同时，也体现了劳动保护和文明生产的先进程度。

一般来说，码垛工作站是一种集货物搬运、自动装箱等功能于一体的高度集成化系统。它通常包括工业机器人、控制器、TP、机器人夹具、自动拆/叠机、托盘输送、定位设备和码垛模式软件等部分。有些码垛工作站还配置自动称重、贴标签和检测通信系统，并与生产控制系统相连接，以形成一个完整的集成化包装生产线。

图 5-1 所示为一个模拟码垛功能的迷你型工作站，机器人将双层物料库上的物料转移至模拟生产线模块后，再将其按照一定顺序摆放至平面物料库上。

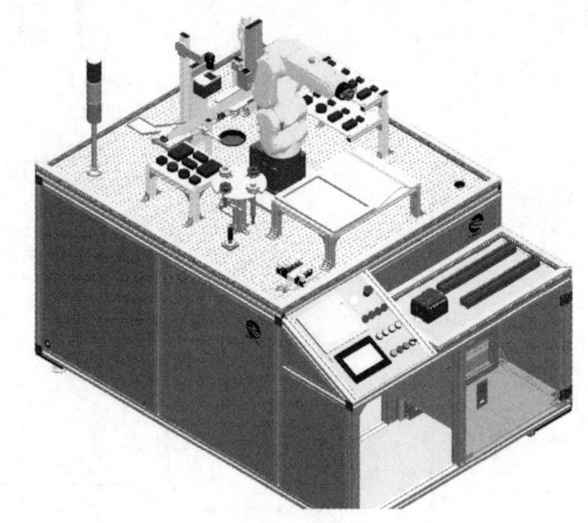

图 5-1　模拟码垛功能的迷你型工作站

【思考与练习】

1. 什么是码垛？
2. 码垛工作站包含哪些设备？

任务二　I/O 接口的使用

【任务描述】

当我看到密密麻麻的接线时，有点不知所措。“师傅，感觉好复杂啊，机器人与其他设备之间是怎样连接的呢？”

“莫慌，机器人与其他设备通过并行 I/O 接口进行连接，这其中的每一条线都对应着一个物理编号，又都有一个逻辑信号地址。只要明白了这一点，这些问题就不是问题了。”

听了师傅这番话，我对攻克机器人的输入和输出难题充满了信心。

【任务学习】

微课

I/O 信号的查看与手动控制

微课

I/O 信号的类型

一、I/O 信号的类型

I/O（输入/输出）信号是机器人与末端执行器、外部装置等外围设备进行通信的电信号。

主机与外界交换信息称为 I/O 信息，它是通过 I/O 设备进行的。一般的 I/O 设备都是机械的或机电相结合的产物，如键盘、显示器、打印机、扫描仪、磁盘机、鼠标器等。相对于高速的中央处理器来说，它们的运行速度要慢得多。此外，不同外部设备的信号形式、数据格式也各不相同。因此，外部设备不能与 CPU 直接相连，而是需要通过相应的电路来完成它们之间的速度匹配、信号转换，并完成某些控制功能。

在 FANUC 机器人中，I/O 信号有通用 I/O 信号和专用 I/O 信号。其中，通用 I/O 信号是用户可自由定义使用用途的I/O信号。通用I/O信号有数字I/O（DI[i]/DO[i]）信号、组I/O（GI[i]/GO[i]）信号和模拟 I/O（AI[i]/AO[i]）信号 3 类。

专用 I/O 信号是用途已经确定的 I/O 信号。专用 I/O 信号有外围设备（UOP）I/O（UI[i]/UO[i]）信号、操作面板（SOP）I/O（SI[i]/SO[i]）信号及机器人 I/O（RI[i]/RO[i]）信号。

将以上通用 I/O 信号及专用 I/O 信号称为逻辑信号。

1. 数字 I/O（DI/DO）信号

它是指自变量离散、因变量也离散的信号。在这里提到的数字 I/O 信号有 2 个值：ON 和 OFF，也可用数字 1 和 0 表示，或者在时序图中用高电平和低电平表示。

2. 组 I/O（GI/GO）信号

它可以将 2 ～ 16 条信号线作为 1 组进行定义，组 I/O 信号的值为十进制或十六进制数字。将多条信号线对应的二进制数字转化为十进制数字，即为组输入信号（GI[i]）的值。将组输出信号（GO[i]）的十进制数字转化为二进制数字，即为对应多条信号线的值。

3. 模拟 I/O（AI/AO）信号

与离散的数字信号不同，模拟 I/O 信号是指信息参数在给定范围内表现为连续的信号。

模拟 I/O 信号通常用来表征连续变化的物理量，如温度、湿度、压力、长度、电流、电压等。我们通常又把模拟 I/O 信号称为连续信号，它在一定的时间范围内可以有无限多个不同的取值。

4. 机器人 I/O（RI/RO）信号

它是通过机器人，被机器人末端执行器使用的数字专用信号。机器人 I/O 信号通过 EE 接口与气路和末端执行器进行连接，FANUC LR Mate 200*i*D/4s 的机器人 I/O 信号分布如图 5-2 所示。

EE

	8	RO8	9	24V	1	RI1	
7	RO7	12	0V	10	24V	2	RI2
	6	RI6	11	0V	3	RI3	
		5	RI5	4	RI4		

图 5-2　EE 接口的 RI/RO 信号分布

机器人 I/O 信号最多由 8 个输入、8 个输出的通用信号构成。

5. 外围设备 I/O（UI/UO）信号

它是机器人与遥控装置和各类外围设备进行数据交换的数字专用信号。

6. 操作面板 I/O（SI/SO）信号

它是操作面板 / 操作箱的按钮和 LED 状态进行数据交换的数字专用信号。输入随操作面板上按钮的 ON/OFF 状态而定。输出时，操作面板上的 LED 指示灯随状态而变化。

二、物理信号

微课

物理信号

为了在机器人控制装置上对 I/O 信号线进行控制，必须建立物理信号和逻辑信号的关联。要指定物理信号，应当首先使用机架和插槽来指定 I/O 模块，然后使用 I/O 模块的信号编号来指定各个信号。

操作面板要进入有效状态，需要以下条件成立。

（1）TP 有效开关处在“OFF”状态。

（2）遥控信号（SI[2]：REMOTE）处在“OFF”状态。

（3）安全速度信号（UI[3]：SFSPD）处在“ON”状态。

此外，要启动包含动作的程序，还需要以下条件成立。

（1）动作允许信号（UI[8]：ENBL）处在“ON”状态。

（2）伺服电源已经接通（非报警状态）。

1. I/O 模块

I/O 信号的种类和数量，随控制装置的硬件和所选 I/O 模块的类型和数量不同而不同。控制装置上可以安装 I/O Unit-MODEL A、I/O Unit-MODEL B 或者处理 I/O 板。

（1）处理 I/O 板是具备数字 I/O 信号以及模拟 I/O 信号的 I/O 连接设备从机装置。它有 JA、JB、KA、KB、KC、NA、MA、MB 等类型，信号的种类以及数量随处理 I/O 板的种类不同而不同。

（2）I/O Unit-MODEL A 为组合型 I/O 模块，它可通过连接多个单元进行扩展。

（3）I/O Unit-MODEL B 由 1 台接口单元和多个 DI/DO 单元构成。DI/DO 单元负责信号的输入 / 输出。接口单元汇总多个 DI/DO 单元的 I/O 信息，与机器人控制装置之间进行 I/O 信息的传递。

（4）R-30*i*B Mate 型控制柜的主板（CRMA15、CRMA16）备有 28 个输入点、24 个输出点的外围设备控制接口。

（5）I/O 连接设备连接单元可以将 I/O 连接设备主站模式的机器人控制装置与 CNC 等 I/O 连接设备的主站装置连接起来。机器人可以将多达 256 个输入、256 个输出的数字信号与 CNC 等进行输入 / 输出的连接。

在 FANUC 机器人中，使用机架来标记 I/O 模块的种类，使用插槽来标记各机架上 I/O 模块的编号。表 5-1 列出了机器人 I/O 模块的种类。

表 5-1 机器人 I/O 模块种类

机架	I/O模块
0	处理I/O板，I/O连接设备连接单元
1～16	I/O Unit-MODEL A，I/O Unit-MODEL B
32	I/O连接设备从机接口
48	主板（CRMA15，CRMA16）

（1）使用处理 I/O 板及 I/O 连接设备连接单元时，按连接的顺序，标为插槽 1、2、3、…

（2）使用 I/O Unit-MODEL A 时，安装有该 I/O 模块的基本单元的插槽编号为 I/O 模块的插槽值。

（3）使用 I/O Unit-MODEL B 时，通过基本单元 DIP 开关设定的单元编号即为该模块的插槽值。

（4）I/O 连接设备从机接口及主板（CRMA15，CRMA16）的插槽值始终为 1。

如表 5-2 所示，通过机架编号和插槽编号，可以在机器人系统内确定某个 I/O 模块。

表 5-2　　模块的确定

I/O模块	机架	插槽
处理I/O板，I/O连接设备连接单元	0	按连接的顺序，插槽1、插槽2、……
I/O Unit-MODEL A	1～16	安装有I/O模块的基本单元的插槽编号
I/O Unit-MODEL B	1～16	通过基本单元DIP开关设定的单元编号
I/O连接设备从机接口	32	始终为1
主板（CRMA 15, CRMA 16）	48	始终为1

2. 信号编号

信号编号是 I/O 模块内各信号的编号。

- 数字输入信号：in1、in2、in3、…
- 数字输出信号：out1、out2、out3、…
- 模拟输入信号：ain1、ain2、ain3、…
- 模拟输出信号：aout1、aout2、aout3、…

如表 5-3 所示，在通过机架编号和插槽编号确定某个 I/O 模块之后，又可以通过信号编号来确定该模块上的某个信号。

表 5-3　　模块上信号的确定

<table>
<tr><th>I/O模块</th><th>机架</th><th>插槽</th><th>信号编号</th></tr>
<tr><td>处理I/O板，I/O连接设备连接单元</td><td>0</td><td>按连接的顺序，插槽1、插槽2、……</td><td rowspan="5">数字输入信号：in1、in2、…
数字输出信号：out1、out2、…
模拟输入信号：ain1、ain2、…
模拟输出信号：aout1、aout2、…</td></tr>
<tr><td>I/O Unit-MODEL A</td><td>1～16</td><td>安装有I/O模块的基本单元的插槽编号</td></tr>
<tr><td>I/O Unit-MODEL B</td><td>1～16</td><td>通过基本单元DIP开关设定的单元编号</td></tr>
<tr><td>I/O连接设备从机接口</td><td>32</td><td>始终为1</td></tr>
<tr><td>主板（CRMA 15, CRMA 16）</td><td>48</td><td>始终为1</td></tr>
</table>

三、I/O 信号的分配

为了实现机器人控制装置对 I/O 信号线的控制，必须建立物理信号和逻辑信号的关联，将这一关联的建立称作 I/O 信号的分配，如图 5-3 所示。

通常，FANUC 控制装置会自动进行 I/O 信号的分配。若清除已有的 I/O 信号的分配之后再接通机器人控制装置的电源，则所连接的 I/O 模块将被重新识别，并自动进行 I/O 信号的分配。此时的 I/O 信号的分配称为标准 I/O 信号的分配。

微课

I/O 信号的分配

微课

工业机器人 I/O 信号的分配

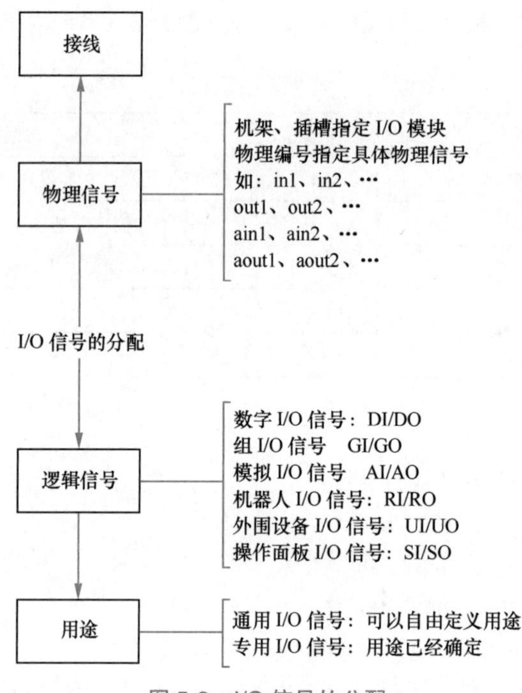

图 5-3 I/O 信号的分配

如表 5-4 所示，部分信号可变更 I/O 信号的分配，重新定义物理信号和逻辑信号的关联，如数字 I/O 信号、组 I/O 信号、模拟 I/O 信号、外围设备 I/O 信号。部分信号不可进行 I/O 再分配，物理信号与逻辑信号的关联已经固定，如机器人 I/O 信号、操作面板 I/O 信号。

表 5-4 I/O 信号可进行的部分操作

I/O信号的类型	能否再次定义用途	能否再次分配I/O信号
数字I/O信号	通用I/O信号（√）	√
组I/O信号	通用I/O信号（√）	√
模拟I/O信号	通用I/O信号（√）	√
机器人I/O信号	专用I/O信号（×）	×
外围设备I/O信号	专用I/O信号（×）	√
操作面板I/O信号	专用I/O信号（×）	×

根据“UOP 自动分配”设定的不同，外围设备 I/O 信号的分配各不相同，数字 I/O 信号的分配也不相同。其中，外围设备 I/O 信号的分配有下面 2 种。

➢ 全部分配：可使用所有外围设备 I/O 信号。这时将有 18 个输入、20 个输出的物理信号被分配给外围设备 I/O 信号，其他物理信号分配给通用数字 I/O 信号及模拟 I/O 信号。

➢ 简略分配：可使用部分外围设备 I/O 信号。这时将有 8 个输入、4 个输出的物理信号被分配给外围设备 I/O 信号，其他物理信号分配给通用数字 I/O 信号及模拟 I/O 信号。

在简略分配中，外围设备 I/O 信号使用的物理信号减少，所以可用于通用数字 I/O 信号的物理信号增加。简略分配时，UI 用途及标准 I/O 信号的分配备注如表 5-5 所示，UO 用途

及标准 I/O 信号的分配备注如表 5-6 所示。

表 5-5　　简略分配时的 UI 用途及标准 I/O 信号的分配备注

逻辑信号	信号用途	备注
UI[1]	IMSTP	分配给机架35、插槽1的始终为“ON”的内部I/O信号
UI[2]	HOLD	—
UI[3]	SFSPD	分配给机架35、插槽1的始终为“ON”的内部I/O信号
UI[4]	CSTOPI	与RESET共用信号
UI[5]	RESET	—
UI[6]	START	—
UI[7]	HOME	—
UI[8]	ENBL	—
UI[9]	RSR1/PNS1/STYLE1	—
UI[10]	RSR2/PNS2/STYLE2	—
UI[11]	RSR3/PNS3/STYLE3	—
UI[12]	RSR4/PNS4/STYLE4	—
UI[13]	RSR5/PNS5/STYLE5	—
UI[14]	RSR6/PNS6/STYLE6	—
UI[15]	RSR7/PNS7/STYLE7	—
UI[16]	RSR8/PNS8/STYLE8	—
UI[17]	PNSTROBE	与START共用信号，上升沿时触发PNSTROBE，下降沿时触发START
UI[18]	PROD_START	—

表 5-6　　简略分配时的 UO 用途及标准 I/O 信号的分配备注

逻辑信号	信号用途	备注
UO[1]	CMDENBL	—
UO[2]	SYSRDY	—
UO[3]	PROGRUN	—
UO[4]	PAUSED	—
UO[5]	HELD	—
UO[6]	FAULT	—
UO[7]	ATPERCH	—

续表

逻辑信号	信号用途	备注
UO[8]	TPENBL	—
UO[9]	BATALM	—
UO[10]	BUSY	—
UO[11]	ACK1/SNO1	—
UO[12]	ACK2/SNO2	—
UO[13]	ACK3/SNO3	—
UO[14]	ACK4/SNO4	—
UO[15]	ACK5/SNO5	—
UO[16]	ACK6/SNO6	—
UO[17]	ACK7/SNO7	—
UO[18]	ACK8/SNO8	—
UO[19]	SNACK	—
UO[20]	RESERVE	—

UOP 的自动分配有 7 种情形，分配类型及分配装置各有不同，如表 5-7 所示。

表 5-7　UOP 自动分配的 7 种情形

“UOP自动分配”设定	UOP分配类型	分配UOP的I/O装置
无效	不分配	无
全部	全部分配	I/O连接设备主站装置接口等
完整（从机）	全部分配	I/O连接设备从机接口
完整（CRMA16）	全部分配	主板（CRMA16）
简略	简略分配	I/O连接设备主站装置接口等
简略（从机）	简略分配	I/O连接设备从机接口
简略（CRMA16）	简略分配	主板（CRMA16）

按照“UOP 自动分配”的设定，将外围设备 I/O 信号分配给相应的 I/O 装置，其他 I/O 装置的信号分配给数字 I/O 信号及模拟 I/O 信号。下面介绍不同的 I/O 模块在各种分配模式下的默认 I/O 信号的分配。

1. 处理 I/O 板

处理 I/O 板是具备数字输入 / 输出信号和模拟输入 / 输出信号的 I/O 信号连接设备。处理 I/O 板有 JA、JB、KA、KB、KC、NA、MA、MB 等类型，信号的种类和数量随类型的变化略有不同。表 5-8 所示为除了 MA 型号之外的其他处理 I/O 板的标准 I/O 信号的分配。其中，处理 I/O 板 MA 由于信号数量较少，标准 I/O 信号的分配与其他类型不同，如表 5-9 所示。

表 5-8 处理 I/O 板（PROCESS I/O）（除 PROCESS I/O MA 之外）的标准 I/O 信号的分配

物理编号	R-30*i*B标准I/O信号的分配		
	全部	简略	无 完整（从机） 完整（CRMA16） 简略（从机） 简略（CRMA16）
in1	UI[1] IMSTP	UI[2] HOLD	DI[1]
in2	UI[2] HOLD	UI[5] FAULT RESET UI[4] CSTOPI	DI[2]
in3	UI[3] SFSPD	UI[6] START UI[17] PNSTROBE	DI[3]
in4	UI[4] CSTOPI	UI[8] ENBL	DI[4]
in5	UI[5] FAULT RESET	UI[9] PNS1	DI[5]
in6	UI[6] START	UI[10] PNS2	DI[6]
in7	UI[7] HOME	UI[11] PNS3	DI[7]
in8	UI[8] ENBL	UI[12] PNS4	DI[8]
in9	UI[9] RSR1/PNS1/STYLE1	DI[1]	DI[9]
in10	UI[10] RSR2/PNS2/STYLE2	DI[2]	DI[10]
in11	UI[11] RSR3/PNS3/STYLE3	DI[3]	DI[11]
in12	UI[12] RSR4/PNS4/STYLE4	DI[4]	DI[12]
in13	UI[13] RSR5/PNS5/STYLE5	DI[5]	DI[13]
in14	UI[14] RSR6/PNS6/STYLE6	DI[6]	DI[14]
in15	UI[15] RSR7/PNS7/STYLE7	DI[7]	DI[15]
in16	UI[16] RSR8/PNS8/STYLE8	DI[8]	DI[16]
in17	UI[17] PNSTROBE	DI[9]	DI[17]
in18	UI[18] PROD START	DI[10]	DI[18]
in19	DI[1]	DI[11]	DI[19]
…	…	…	…
inN	DI[N−18]	DI[N−8]	DI[N]
…	…	…	…
out1	UO[1] CMDENBL	UO[1] CMDENBL	DO[1]
out2	UO[2] SYSRDY	UO[6] FAULT	DO[2]
out3	UO[3] PROGRUN	UO[9] BATALM	DO[3]
out4	UO[4] PAUSED	UO[10] BUSY	DO[4]
out5	UO[5] HELD	DO[1]	DO[5]
out6	UO[6] FAULT	DO[2]	DO[6]
out7	UO[7] ATPERCH	DO[3]	DO[7]

续表

物理编号	R-30*i*B标准I/O信号的分配		
	全部	简略	无 完整（从机） 完整（CRMA16） 简略（从机） 简略（CRMA16）
out8	UO[8] TPENBL	DO[4]	DO[8]
out9	UO[9] BATALM	DO[5]	DO[9]
out10	UO[10] BUSY	DO[6]	DO[10]
out11	UO[11] ACK1/SNO1	DO[7]	DO[11]
out12	UO[12] ACK2/SNO2	DO[8]	DO[12]
out13	UO[13] ACK3/SNO3	DO[9]	DO[13]
out14	UO[14] ACK4/SNO4	DO[10]	DO[14]
out15	UO[15] ACK5/SNO5	DO[11]	DO[15]
out16	UO[16] ACK6/SNO6	DO[12]	DO[16]
out17	UO[17] ACK7/SNO7	DO[13]	DO[17]
out18	UO[18] ACK8/SNO8	DO[14]	DO[18]
out19	UO[19] SNACK	DO[15]	DO[19]
out20	UO[20] RESERVED	DO[16]	DO[20]
out21	DO[1]	DO[17]	DO[21]
…	…	…	…
outN	DO[N−20]	DO[N−4]	DO[N]
…	…	…	…

表 5-9　　处理 I/O 板 MA 的标准 I/O 信号的分配

物理编号	R-30*i*B标准I/O信号的分配（括弧内为R-30*i*B Mate）	
	无 全部 完整（从机） 完整（CRMA16） 简略（从机） 简略（CRMA16）	简略
in1	DI[1] (DI[121])	UI[2] HOLD
in2	DI[2] (DI[122])	UI[5] FAULT RESET UI[4] CSTOPI
in3	DI[3] (DI[123])	UI[6] START UI[17] PNSTROBE
in4	DI[4] (DI[124])	UI[8] ENBL

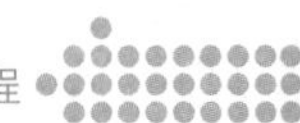

续表

物理编号	R-30iB标准I/O信号的分配（括弧内为R-30iB Mate）	
	无 全部 完整（从机） 完整（CRMA16） 简略（从机） 简略（CRMA16）	简略
in5	DI[5] (DI[125])	UI[9] PNS1
in6	DI[6] (DI[126])	UI[10] PNS2
in7	DI[7] (DI[127])	UI[11] PNS3
in8	DI[8] (DI[128])	UI[12] PNS4
in9	DI[9] (DI[129])	DI[1] (DI[121])
in10	DI[10] (DI[130])	DI[2] (DI[122])
in11	DI[11] (DI[131])	DI[3] (DI[123])
in12	DI[12] (DI[132])	DI[4] (DI[124])
in13	DI[13] (DI[133])	DI[5] (DI[125])
in14	DI[14] (DI[134])	DI[6] (DI[126])
in15	DI[15] (DI[135])	DI[7] (DI[127])
in16	DI[16] (DI[136])	DI[8] (DI[128])
in17	DI[17] (DI[137])	DI[9] (DI[129])
in18	DI[18] (DI[138])	DI[10] (DI[130])
in19	DI[19] (DI[139])	DI[11] (DI[131])
in20	DI[20] (DI[140])	DI[12] (DI[132])
out1	DO[1] (DO[121])	UO[1] CMDENBL
out2	DO[2] (DO[122])	UO[6] FAULT
out3	DO[3] (DO[123])	UO[9] BATALM
out4	DO[4] (DO[124])	UO[10] BUSY
out5	DO[5] (DO[125])	DO[1] (DO[121])
out6	DO[6] (DO[126])	DO[2] (DO[122])
out7	DO[7] (DO[127])	DO[3] (DO[123])
out8	DO[8] (DO[128])	DO[4] (DO[124])
out9	DO[9] (DO[129])	DO[5] (DO[125])
out10	DO[10] (DO[130])	DO[6] (DO[126])
out11	DO[11] (DO[131])	DO[7] (DO[127])
out12	DO[12] (DO[132])	DO[8] (DO[128])
out13	DO[13] (DO[133])	DO[9] (DO[129])
out14	DO[14] (DO[134])	DO[10] (DO[130])
out15	DO[15] (DO[135])	DO[11] (DO[131])
out16	DO[16] (DO[136])	DO[12] (DO[132])

2. I/O Unit–MODEL A

I/O Unit-MODEL A 为组合型 I/O 模块，可通过连接多个单元进行扩展。在标准 I/O 信号的分配下，I/O Unit-MODEL A 没有分配给外围设备 I/O 信号，所以没有“UOP 自动分配”引起的差异，其标准 I/O 信号的分配如表 5-10 所示。

表 5-10　I/O Unit-MODEL A 标准 I/O 信号的分配

物理编号	标准I/O信号的分配	
	R-30*i*B	R-30*i*B Mate
in1	DI[1]	DI[121]
in2	DI[2]	DI[122]
in3	DI[3]	DI[123]
in4	DI[4]	DI[124]
in5	DI[5]	DI[125]
in6	DI[6]	DI[126]
in7	DI[7]	DI[127]
in8	DI[8]	DI[128]
in9	DI[9]	DI[129]
in10	DI[10]	DI[130]
in11	DI[11]	DI[131]
in12	DI[12]	DI[132]
…	…	…
inN	DI[N]	DI[N+120]
…	…	…
out1	DO[1]	DO[121]
out2	DO[2]	DO[122]
out3	DO[3]	DO[123]
out4	DO[4]	DO[124]
out5	DO[5]	DO[125]
out6	DO[6]	DO[126]
out7	DO[7]	DO[127]
out8	DO[8]	DO[128]
out9	DO[9]	DO[129]
out10	DO[10]	DO[130]
out11	DO[11]	DO[131]
out12	DO[12]	DO[132]
…	…	…
outN	DO[N]	DO[N+120]
…	…	…

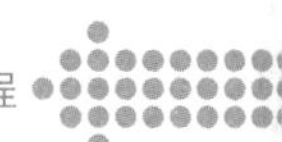

3. I/O Unit–MODEL B

I/O Unit-MODEL B 由 1 台接口单元和多个 DI/DO 单元构成，可通过任意组合 DI/DO 单元的种类和数量，来提供所需数量的 I/O 信号。DI/DO 单元和接口单元通过双绞线电缆连接，可以将 DI/DO 单元设置在离开接口单元的场所。

使用 I/O Unit-MODEL B 模块时，需要在“I/O 连接设备”处进行设置。若仅连接 1 台 I/O 模块，则标准 I/O 信号的分配与 I/O Unit-MODEL A 相同。

4. R–30*i*B Mate 的主板（CRMA15、CRMA16）

R-30*i*B Mate 的主板有 28 个输入、24 个输出的数字信号接口，可分配给外围设备 I/O 信号或通用数字 I/O 信号。其标准 I/O 信号的分配如表 5-11 所示。

表 5-11　R-30*i*B Mate 标准 I/O 信号的分配

物理编号	R-30*i*B Mate标准I/O信号的分配		
	简略（CRMA16）	完整（CRMA16）	无 全部 完整（从机） 简略 简略（从机）
in1	DI[101]	UI[1] IMSTP	DI[101]
in2	DI[102]	UI[2] HOLD	DI[102]
in3	DI[103]	UI[3] SFSPD	DI[103]
in4	DI[104]	UI[4] CSTOPI	DI[104]
in5	DI[105]	UI[5] FAULT RESET	DI[105]
in6	DI[106]	UI[6] START	DI[106]
in7	DI[107]	UI[7] HOME	DI[107]
in8	DI[108]	UI[8] ENBL	DI[108]
in9	DI[109]	UI[9] RSR1/PNS1/STYLE1	DI[109]
in10	DI[110]	UI[10] RSR2/PNS2/STYLE2	DI[110]
in11	DI[111]	UI[11] RSR3/PNS3/STYLE3	DI[111]
in12	DI[112]	UI[12] RSR4/PNS4/STYLE4	DI[112]
in13	DI[113]	UI[13] RSR5/PNS5/STYLE5	DI[113]
in14	DI[114]	UI[14] RSR6/PNS6/STYLE6	DI[114]
in15	DI[115]	UI[15] RSR7/PNS7/STYLE7	DI[115]
in16	DI[116]	UI[16] RSR8/PNS8/STYLE8	DI[116]
in17	DI[117]	UI[17] PNSTROBE	DI[117]
in18	DI[118]	UI[18] PROD START	DI[118]
in19	DI[119]	DI[119]	DI[119]
in20	DI[120]	DI[120]	DI[120]
in21	UI[2] HOLD	DI[81]	DI[81]
in22	UI[5] FAULT RESET UI[4] CSTOPI	DI[82]	DI[82]

续表

物理编号	R-30*i*B Mate标准I/O信号的分配		
	简略（CRMA16）	完整（CRMA16）	无 全部 完整（从机） 简略 简略（从机）
in23	UI[6] START UI[17] PNSTROBE	DI[83]	DI[83]
in24	UI[8] ENBL	DI[84]	DI[84]
in25	UI[9] PNS1	DI[85]	DI[85]
in26	UI[10] PNS2	DI[86]	DI[86]
in27	UI[11] PNS3	DI[87]	DI[87]
in28	UI[12] PNS4	DI[88]	DI[88]
out1	DO[101]	UO[1] CMDENBL	DO[101]
out2	DO[102]	UO[2] SYSRDY	DO[102]
out3	DO[103]	UO[3] PROGRUN	DO[103]
out4	DO[104]	UO[4] PAUSED	DO[104]
out5	DO[105]	UO[5] HELD	DO[105]
out6	DO[106]	UO[6] FAULT	DO[106]
out7	DO[107]	UO[7] ATPERCH	DO[107]
out8	DO[108]	UO[8] TPENBL	DO[108]
out9	DO[109]	UO[9] BATALM	DO[109]
out10	DO[110]	UO[10] BUSY	DO[110]
out11	DO[111]	UO[11] ACK1/SNO1	DO[111]
out12	DO[112]	UO[12] ACK2/SNO2	DO[112]
out13	DO[113]	UO[13] ACK3/SNO3	DO[113]
out14	DO[114]	UO[14] ACK4/SNO4	DO[114]
out15	DO[115]	UO[15] ACK5/SNO5	DO[115]
out16	DO[116]	UO[16] ACK6/SNO6	DO[116]
out17	DO[117]	UO[17] ACK7/SNO7	DO[117]
out18	DO[118]	UO[18] ACK8/SNO8	DO[118]
out19	DO[119]	UO[19] SNACK	DO[119]
out20	DO[120]	UO[20] RESERVED	DO[120]
out21	UO[1] CMDENBL	DO[81]	DO[81]
out22	UO[6] FAULT	DO[82]	DO[82]
out23	UO[9] BATALM	DO[83]	DO[83]
out24	UO[10] BUSY	DO[84]	DO[84]

5. I/O 连接设备

R-30*i*B Mate 控制装置有 I/O 连接设备主站模式和 I/O 连接设备从机模式 2 种。在 R-30*i*B 控制装置上，始终为 I/O 连接设备主站模式。

➢ I/O 连接设备从机模式。机器人控制装置为 I/O 连接设备的从机装置，可与 CNC 等的 I/O 连接设备的主站装置连接。这种模式下，机器人控制装置使用 I/O 连接设备从机接口与 CNC 等进行输入/输出。

➢ I/O 连接设备主站模式。机器人控制装置为 I/O 连接设备的主站装置，可与 I/O 连接设备的从机装置连接。要使用处理 I/O 板、I/O Unit-MODEL A/B、I/O 连接设备连接单元，则需要将 I/O 连接设备设定为主站模式。

将 UOP 自动分配设定为“完整（从机）”或者“简略（从机）”时，自动成为 I/O 连接设备从机模式。进行除此以外的设定时，机器人控制装置成为 I/O 连接设备主站模式。

无论 UOP 自动分配的设定如何，通过变更系统变量 $I/OMASTER，都可以切换 I/O 连接设备的模式。变更了设定之后，应重新接通机器人控制装置的电源。

-$I/OMASTER=0 时，机器人控制装置成为 I/O 连接设备从机模式；-$I/OMASTER=1 时，机器人控制装置成为 I/O 连接设备主站模式。

（1）I/O 连接设备从机接口标准 I/O 信号的分配

I/O 连接设备从机接口标准 I/O 信号的分配如表 5-12 所示。

表 5-12　I/O 连接设备从机接口标准 I/O 信号的分配

物理编号	R-30*i*B Mate标准I/O信号的分配		
	简略（从机）	完整（从机）	无 全部 完整（CRMA16） 简略 简略（CRMA16）
in1	UI[2] HOLD	UI[1] IMSTP	DI[1]
in2	UI[5] FAULT RESET UI[4] CSTOPI	UI[2] HOLD	DI[2]
in3	UI[6] START UI[17] PNSTROBE	UI[3] SFSPD	DI[3]
in4	UI[8] ENBL	UI[4] CSTOPI	DI[4]
in5	UI[9] PNS1	UI[5] FAULT RESET	DI[5]
in6	UI[10] PNS2	UI[6] START	DI[6]
in7	UI[11] PNS3	UI[7] HOME	DI[7]
in8	UI[12] PNS4	UI[8] ENBL	DI[8]
in9	DI[1]	UI[9] RSR1/PNS1/STYLE1	DI[9]
in10	DI[2]	UI[10] RSR2/PNS2/STYLE2	DI[10]
in11	DI[3]	UI[11] RSR3/PNS3/STYLE3	DI[11]
in12	DI[4]	UI[12] RSR4/PNS4/STYLE4	DI[12]
in13	DI[5]	UI[13] RSR5/PNS5/STYLE5	DI[13]
in14	DI[6]	UI[14] RSR6/PNS6/STYLE6	DI[14]
in15	DI[7]	UI[15] RSR7/PNS7/STYLE7	DI[15]

续表

物理编号	R-30*i*B Mate标准I/O信号的分配		
	简略（从机）	完整（从机）	无 全部 完整（CRMA16） 简略 简略（CRMA16）
in16	DI[8]	UI[16] RSR8/PNS8/STYLE8	DI[16]
in17	DI[9]	UI[17] PNSTROBE	DI[17]
in18	DI[10]	UI[18] PROD START	DI[18]
in19	DI[11]	DI[1]	DI[19]
…	…	…	…
inN	DI[N-8]	DI[N-18]	DI[N]
…	…	…	…
in72	DI[64]	DI[54]	DI[72]
out1	UO[1] CMDENBL	UO[1] CMDENBL	DO[1]
out2	UO[6] FAULT	UO[2] SYSRDY	DO[2]
out3	UO[9] BATALM	UO[3] PROGRUN	DO[3]
out4	UO[10] BUSY	UO[4] PAUSED	DO[4]
out5	DO[1]	UO[5] HELD	DO[5]
out6	DO[2]	UO[6] FAULT	DO[6]
out7	DO[3]	UO[7] ATPERCH	DO[7]
out8	DO[4]	UO[8] TPENBL	DO[8]
out9	DO[5]	UO[9] BATALM	DO[9]
out10	DO[6]	UO[10] BUSY	DO[10]
out11	DO[7]	UO[11] ACK1/SNO1	DO[11]
out12	DO[8]	UO[12] ACK2/SNO2	DO[12]
out13	DO[9]	UO[13] ACK3/SNO3	DO[13]
out14	DO[10]	UO[14] ACK4/SNO4	DO[14]
out15	DO[11]	UO[15] ACK5/SNO5	DO[15]
out16	DO[12]	UO[16] ACK6/SNO6	DO[16]
out17	DO[13]	UO[17] ACK7/SNO7	DO[17]
out18	DO[14]	UO[18] ACK8/SNO8	DO[18]
out19	DO[15]	UO[19] SNACK	DO[19]
out20	DO[16]	UO[20] RESERVED	DO[20]
out21	DO[17]	DO[1]	DO[21]
…	…	…	…
outN	DO[N-4]	DO[N-20]	DO[N]
…	…	…	…
out68	DO[64]	DO[48]	DO[68]

（2）I/O 连接设备连接单元

通过使用 I/O 连接设备连接单元，就可以将 I/O 连接设备主站模式的机器人控制装置与 CNC 等 I/O 连接设备的主站装置连接起来，其标准 I/O 信号的分配如表 5-13 所示。

最多可以将 256 个输入、256 个输出的数字信号与 CNC 等进行输入/输出。使用 I/O 连接设备连接单元时，需要在 I/O 连接设备界面上设定信号点数。

表 5-13　　I/O 连接设备连接单元标准 I/O 信号的分配

物理编号	R-30*i*B标准I/O信号的分配（括弧内为R-30*i*B Mate）		
	全部	简略	无 完整（从机） 完整（CRMA16） 简略（从机） 简略（CRMA16）
in1	UI[1] IMSTP	UI[2] HOLD	DI[1]（DI[121]）
in2	UI[2] HOLD	UI[5] FAULT RESET UI[4] CSTOPI	DI[2]（DI[122]）
in3	UI[3] SFSPD	UI[6] START UI[17] PNSTROBE	DI[3]（DI[123]）
in4	UI[4] CSTOPI	UI[8] ENBL	DI[4]（DI[124]）
in5	UI[5] FAULT RESET	UI[9] PNS1	DI[5]（DI[125]）
in6	UI[6] START	UI[10] PNS2	DI[6]（DI[126]）
in7	UI[7] HOME	UI[11] PNS3	DI[7]（DI[127]）
in8	UI[8] ENBL	UI[12] PNS4	DI[8]（DI[128]）
in9	UI[9] RSR1/PNS1/STYLE1	DI[1]（DI[121]）	DI[9]（DI[129]）
in10	UI[10] RSR2/PNS2/STYLE2	DI[2]（DI[122]）	DI[10]（DI[130]）
in11	UI[11] RSR3/PNS3/STYLE3	DI[3]（DI[123]）	DI[11]（DI[131]）
in12	UI[12] RSR4/PNS4/STYLE4	DI[4]（DI[124]）	DI[12]（DI[132]）
in13	UI[13] RSR5/PNS5/STYLE5	DI[5]（DI[125]）	DI[13]（DI[133]）
in14	UI[14] RSR6/PNS6/STYLE6	DI[6]（DI[126]）	DI[14]（DI[134]）
in15	UI[15] RSR7/PNS7/STYLE7	DI[7]（DI[127]）	DI[15]（DI[135]）
in16	UI[16] RSR8/PNS8/STYLE8	DI[8]（DI[128]）	DI[16]（DI[136]）
in17	UI[17] PNSTROBE	DI[9]（DI[129]）	DI[17]（DI[137]）
in18	UI[18] PROD START	DI[10]（DI[130]）	DI[18]（DI[138]）
in19	DI[1]（DI[121]）	DI[11]（DI[131]）	DI[19]（DI[139]）
…	…	…	…
inN	DI[N−18]（DI[N+102]）	DI[N−8]（DI[N+112]）	DI[N]（DI[N+120]）
…	…	…	…
out1	UO[1] CMDENBL	UO[1] CMDENBL	DO[1]（DO[121]）

续表

物理编号	R-30*i*B标准I/O信号的分配（括弧内为R-30*i*B Mate）		
	全部	简略	无 完整（从机） 完整（CRMA16） 简略（从机） 简略（CRMA16）
out2	UO[2] SYSRDY	UO[6] FAULT	DO[2]（DO[122]）
out3	UO[3] PROGRUN	UO[9] BATALM	DO[3]（DO[123]）
out4	UO[4] PAUSED	UO[10] BUSY	DO[4]（DO[124]）
out5	UO[5] HELD	DO[1]（DO[121]）	DO[5]（DO[125]）
out6	UO[6] FAULT	DO[2]（DO[122]）	DO[6]（DO[126]）
out7	UO[7] ATPERCH	DO[3]（DO[123]）	DO[7]（DO[127]）
out8	UO[8] TPENBL	DO[4]（DO[124]）	DO[8]（DO[128]）
out9	UO[9] BATALM	DO[5]（DO[125]）	DO[9]（DO[129]）
out10	UO[10] BUSY	DO[6]（DO[126]）	DO[10]（DO[130]）
out11	UO[11] ACK1/SNO1	DO[7]（DO[127]）	DO[11]（DO[131]）
out12	UO[12] ACK2/SNO2	DO[8]（DO[128]）	DO[12]（DO[132]）
out13	UO[13] ACK3/SNO3	DO[9]（DO[129]）	DO[13]（DO[133]）
out14	UO[14] ACK4/SNO4	DO[10]（DO[130]）	DO[14]（DO[134]）
out15	UO[15] ACK5/SNO5	DO[11]（DO[131]）	DO[15]（DO[135]）
out16	UO[16] ACK6/SNO6	DO[12]（DO[132]）	DO[16]（DO[136]）
out17	UO[17] ACK7/SNO7	DO[13]（DO[133]）	DO[17]（DO[137]）
out18	UO[18] ACK8/SNO8	DO[14]（DO[134]）	DO[18]（DO[138]）
out19	UO[19] SNACK	DO[15]（DO[135]）	DO[19]（DO[139]）
out20	UO[20] RESERVED	DO[16]（DO[136]）	DO[20]（DO[140]）
out21	DO[1]（DO[121]）	DO[17]（DO[137]）	DO[21]（DO[141]）
…	…	…	…
outN	DO[N−20]（DO[N+100]）	DO[N−4]（DO[N+116]）	DO[N]（DO[N+120]）
…	…	…	…

四、I/O 信号的用途

微课

I/O 信号的用途

通用 I/O 信号的用途不是固定的，用户可自由定义。专用 I/O 信号的用途是固定的，无法更改。

1. 外围设备 I/O 信号

（1）UI[1]：IMSTP

它是瞬时停止信号，可通过软件断开伺服电源。该信号通常情况下处在“ON”，当变为“OFF”时，系统执行以下处理。

① 发出警报后断开伺服电源。

② 瞬间停止机器人的动作，中断程序的执行。

（2）UI[2]：HOLD

它是暂停信号，可从外部装置发出暂停指令。该信号通常情况下处在“ON”，当变为“OFF”时，系统执行以下处理。

① 减速停止执行中的动作，中断程序的执行。

② 一般事项的设定中将“暂停时伺服”置于有效时，在停止机器人的动作后，发出报警并断开伺服电源。

（3）UI[3]：SFSPD

它是安全速度信号，可在安全栅栏开启时使机器人暂停工作。该信号通常连接安全栅栏的安全插销。该信号通常情况下处在“ON”，当变为“OFF”时，系统执行以下处理。

① 减速停止执行中的动作，中断程序的执行。此时，将速度倍率调低到系统变量 $SCR.$FENCEOVRD 所指定的值。

② 若通过 TP 启动了程序，则将速度倍率调低至系统变量 $SCR.$SFRUNOVLIM 所指定的值。若执行了点动进给，则调低至系统变量 $SCR.$SFJOGOVLIM 所指定的值。

（4）UI[4]：CSTOPI

它是循环停止信号，可结束当前执行中的程序。它通过 RSR 解除处在待命状态下的程序。在默认情况下，“MENU- 系统 - 配置”将“用 CSTOPI 信号强制中止程序”设置为无效，在当前执行中的程序执行到末尾后才结束程序。若在“MENU- 系统 - 配置”中，将“用 CSTOPI 信号强制中止程序”设置为有效，则立即结束当前执行中的程序。

（5）UI[5]：FAULT RESET

它是报警解除信号，可解除报警。当伺服电源被断开时，接通伺服电源。伺服装置启动后，报警解除。

（6）UI[6]：START

它是外部启动信号，只有在遥控状态下有效。该信号在下降沿被启用，接收到该信号时，进行以下处理。

① 在默认情况下，“MENU- 系统 - 配置”将“再开专用信号（外部 START）”设置为无效，从 TP 所选程序的当前光标所在行起执行程序并继续执行暂停中的程序。

② 若在“MENU- 系统 - 配置”中将“再开专用信号（外部 START）”设置为有效，则仅能继续执行暂停中的程序。

注意

下降沿，数字电平从高电平变为低电平的那一瞬间，如图 5-4 所示。

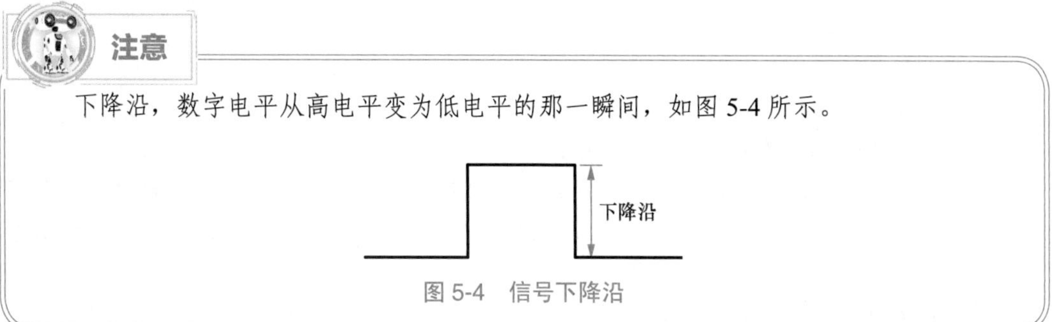

图 5-4　信号下降沿

（7）UI[7]：HOME

它是回“HOME”位置输入信号（需要设置宏程序）。

（8）UI[8]：ENBL

它是动作允许信号，可允许机器人的动作，使机器人处于动作允许状态。当信号处在“OFF”时，禁止基于点动进给的机器人动作，禁止包含动作的程序启动。此外，在程序执行中，可以通过断开该信号来使程序暂停。

（9）UI[9]~UI[17]

UI[9]：RSR1/PNS1/STYLE1

UI[10]：RSR2/PNS2/STYLE2

UI[11]：RSR3/PNS3/STYLE3

UI[12]：RSR4/PNS4/STYLE4

UI[13]：RSR5/PNS5/STYLE5

UI[14]：RSR6/PNS6/STYLE6

UI[15]：RSR7/PNS7/STYLE7

UI[16]：RSR8/PNS8/STYLE8

UI[17]：PNSTROBE

RSR1~RSR8: 它们是机器人启动请求信号，只有在遥控状态下有效。接收到一个信号时，该信号对应的 RSR 程序被选择、启动。

PNS1~PNS8、PNSTROBE: 它们是程序号码选择信号（PNS）和 PNS 选通信号（PNSTROBE），只有在遥控状态下有效。在接收到 PNSTROBE 输入时，读出 PNS1 ～ PNS8 输入，选择要执行的程序。若其他程序处在执行中或暂停中，忽略该信号。

STYLE1~STYLE8: 它们是 STYLE 编号选择信号，只有在远程状态下有效。输入启动信号时，系统将读入 STYLE1 ～ STYLE8 输入，选择要执行的程序，同时执行该程序。其他程序处在执行中或暂停中时，忽略该信号。

（10）UI[18]：PROD START

它是自动运转启动信号，只有在遥控状态下有效，信号在下降沿被启用。与 PNS 一起使用的情况下，从第 1 行起执行由 PNS 所选择的程序。没有与 PNS 一起使用的情况下，从第 1 行起执行由 TP 所选择的程序。若有其他程序处在执行中或暂停中，忽略该信号。

（11）UO[1]：CMDENBL

它是可接收输入信号，表示可以从程序控制装置启动包含动作的程序，在下列条件成立时输出。

① 遥控条件成立。

② 可动作条件成立。

③ 选定了连续运转方式。

（12）UO[2]：SYSRDY

它是系统准备就绪信号，在伺服电源接通时输出，将机器人置于动作允许状态。在动作允许状态下，可执行点动进给，并可启动包含动作的程序。动作允许状态成立的条件如下。

① UI[8]ENBL 处在“ON”状态。

② 伺服电源接通（非报警状态）。

（13）UO[3]：PROGRUN

它是程序执行中信号，在程序执行时输出。程序处在暂停中时，该信号不予输出。

（14）UO[4]：PAUSED

它是暂停中信号，在程序暂停执行、等待再启动时输出。

（15）UO[5]：HELD

它是保持中信号，在按下“HOLD”键和输入 HOLD 信号时输出。松开“HOLD”键时，此信号不输出。

（16）UO[6]：FAULT

它是报警信号，在系统中发生报警时输出（WARN 报警除外）。它可以通过 UI[5]FAULT RESET 输入来解除报警。

（17）UO[7]：ATPERCH

它是参考位置信号，当机器人处在预先确定的第 1 参考位置时输出。

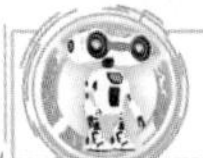

注意

参考位置最多可以定义 10 个，当机器人处在第 1 参考位置时输出此信号，其他参考信号则被分配通用信号。

（18）UO[8]：TPENBL

它是 TP 有效信号，当 TP 的有效开关处在“ON”时被输出。

（19）UO[9]：BATALM

它是电池异常信号，当控制装置或机器人的脉冲编码器的后备电池电压下降时报警（在接通控制装置电源后再更换电池）。

（20）UO[10]：BUSY

它是处理中信号，在程序执行中或者使用 TP 进行作业处理时被输出。程序处在暂停中时，此信号不予输出。

（21）UO[11]~UO[18]

UO[11]：ACK1/SNO1

UO[12]：ACK2/SNO2

UO[13]：ACK3/SNO3

UO[14]：ACK4/SNO4

UO[15]：ACK5/SNO5

UO[16]：ACK6/SNO6

UO[17]：ACK7/SNO7

UO[18]：ACK8/SNO8

ACK1~ ACK8: 它们是 RSR 接收确认信号，在 RSR 功能有效时使用。当接收到 RSR 输入时，作为确认，输出对应的脉冲信号。

SNO1~ SNO8: 它们是选择程序号码信号，在 PNS 功能有效时使用。当接收到 PNS 输入时，输出对应的信号。

（22）UO[19]：SNCK

它是 PNS 接收确认信号，在 PNS 功能有效时使用。当接收到 PNS 输入时，作为确认，输出对应的脉冲信号。

2. 操作面板 I/O 信号

（1）SI[1]：FAULT RESET

它是报警解除信号，可解除报警。当伺服电源被断开时，接通伺服电源。伺服装置启动后，报警解除。

（2）SI[2]：REMOTE

它是遥控信号，用来进行系统的遥控方式和本地方式的切换。SI[2]=ON 时，为遥控方式，只要满足遥控条件，即可通过外围设备 I/O 信号（即 UI/UO）启动程序。SI[2]=OFF 时，为本地方式，只要满足操作面板有效条件，即可通过操作面板启动程序。

（3）SI[3]：HOLD

它是暂停信号，发出暂停指令，通常情况下处在“ON”。当信号变为“OFF”时，系统执行如下处理。

① 减速停止执行中的机器人动作。

② 暂停执行中的程序。

（4）SI[4] ～ SI[5]

SI[4]：USER#1

SI[5]：USER#2

用户信号，通过设置宏指令，可以在操作面板的用户键上追加。

（5）SI[6]：START

它是启动信号，操作面板有效状态下有效，信号在下降沿被启用。接收到该信号时，进行如下处理。

① 启动程序，从 TP 所选程序中光标所在行开始。

② 再次启动暂停状态下的程序。

（6）SO[0]：REMOTE LED

它是遥控信号，在遥控条件成立时输出。

（7）SO[1]：CYCLE START

它是循环启动信号。

（8）SO[2]：HOLD

它是保持信号，在按下“HOLD”键和输入 HOLD 信号时输出。

（9）SO[3]：FAULT LED

它是报警信号，在系统中发生报警时输出（WARN 报警除外）。可以通过 FAULT RESET 输入来解除报警。

（10）SO[4]：BATTERY ALARM

它是电池异常信号，当控制装置或机器人的脉冲编码器的后备电池电压下降时报警（在接通控制装置电源后再更换电池）。

（11）SO[5] ～ SO[7]

SO[5]：USER#1

SO[6]：USER#2

SO[7]：TPENBL

它是 TP 有效信号，当 TP 的有效开关处在“ON”时被输出。

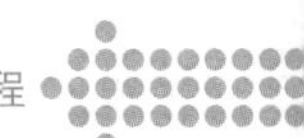

【思考与练习】

1. 机器人 I/O 信号最多由__________个输入，__________个输出的通用信号构成。
2. UI[10] 可以启动的 RSR 程序是__________。

任务三　I/O 指令的使用

【任务描述】

明白了 I/O 接口，那么这些接口的状态如何与机器人控制程序产生联系，即程序如何控制输出的状态、输入状态如何被程序接收呢？这就是我们接下来要学习的内容。

I/O 指令的添加与修改

利用 I/O 指令切换工具

I/O 指令的使用

【任务学习】

I/O 指令是读取输入信号状态，或改变输出信号状态的指令。

一、数字 I/O 指令

（1）R[i]=DI[i]

将数字输入 DI[i] 的状态存储到寄存器 R[i] 中（“ON”记为 1，“OFF”记为 0）。

（2）DO[i]=ON/OFF

接通或断开所指定的数字输出信号。

（3）DO[i]=PULSE，[时间]

输出指定时间幅宽的脉冲数字信号（脉冲时间幅宽以 s 为单位，允许脉冲时间幅宽为 0.1 ～ 25.5s）。它也可以不指定时间，此时的脉冲输出时间幅宽为 $DEFPULSE 所指定的时间（$DEFPULSE 以 0.1s 为单位）。

（4）DO[i]=R[i]

根据指定寄存器的值，接通或断开指定的数字输出信号。若寄存器的值为 0，则 DO[i]=OFF；若寄存器的值不为 0，则 DO[i]=ON。

二、机器人 I/O 指令

（1）R[i]=RI[i]

将机器人输入（RI[i]）的状态存储到寄存器（R[i]）中（“ON”记为 1，“OFF”记为 0）。

（2）RO[i]=ON/OFF

接通或断开指定的机器人数字输出信号。

（3）RO[i]=PULSE，[时间]

输出指定时间幅宽的脉冲数字信号（脉冲时间幅宽以 s 为单位，允许脉冲时间幅宽为 0.1 ～ 25.5s）。也可以不指定时间，此时的脉冲输出时间幅宽为 $DEFPULSE 所指定的时间（$DEFPULSE 以 0.1s 为单位）。

（4）RO[i]=R[i]

根据指定寄存器的值，接通或断开指定的数字输出信号。若寄存器的值为 0，则 DO[i]=OFF；若寄存器的值不为 0，则 DO[i]=ON。

三、模拟 I/O 指令

与离散的数字信号不同，模拟信号是指信息参数在给定范围内表现为连续的信号。模拟信号通常用来表征连续变化的物理量，如温度、湿度、压力、长度、电流、电压等，所以通常又把模拟信号称为连续信号，它在一定的时间范围内可以有无限多个不同的取值。

（1）R[i]=AI[i]

将模拟输入信号 AI[i] 的值存储在寄存器 R[i]。

（2）AO[i]=（值）

向模拟输出信号 AO[i] 指定输出值。

（3）AO[i]=R[i]

向模拟输出信号 AO[i] 指定输出寄存器 R[i] 的值。

四、组 I/O 指令

组 I/O（GI/GO）指令可以将 2 ～ 16 条信号线作为 1 组进行定义，值为十进制或十六进制数字。将多条信号线对应的二进制数字转化为十进制数字，即为组输入信号 GI[i] 的值。将组输出信号 GO[i] 的十进制数字转化为二进制数字，即为对应多条信号线的值。

（1）R[i]=GI[i]

将指定的组输入信号 GI[i] 代入指定的寄存器 R[i]。

（2）GO[i]=（值）

向组输出信号 GO[i] 指定输出的值。

（3）GO[i]=R[i]

向组输出信号 GO[i] 输出指定寄存器 R[i] 的值。

注意

对于 UO 及 SO，不能通过指令控制，但可以在 I/O 菜单中强制模拟。所有的 I/O 信号都可以将值赋予寄存器 R[i]。

I/O 指令的的类型和使用总结于表 5-14 中。

表 5-14　　I/O 指令的类型和使用

I/O指令的类型	能否再次定义用途	能否再次分配I/O信号	能否使用指令控制
数字I/O指令	通用I/O信号（√）	√	√
组I/O指令	通用I/O信号（√）	√	√
模拟I/O指令	通用I/O信号（√）	√	√
机器人I/O指令	专用I/O信号（×）	×	√
外围设备I/O指令	专用I/O信号（×）	√	×
操作面板I/O指令	专用I/O信号（×）	×	×

输出信号模拟：依次选择“MENU-I/O- 类型 - 数字”，进入图 5-5 所示的界面，选择状态“ON”或“OFF”，即可进行模拟。如果需要切换到不同信号类型下进行模拟，则按下“F1”键选择界面下方的“类型”菜单，然后选择需要的信号即可。

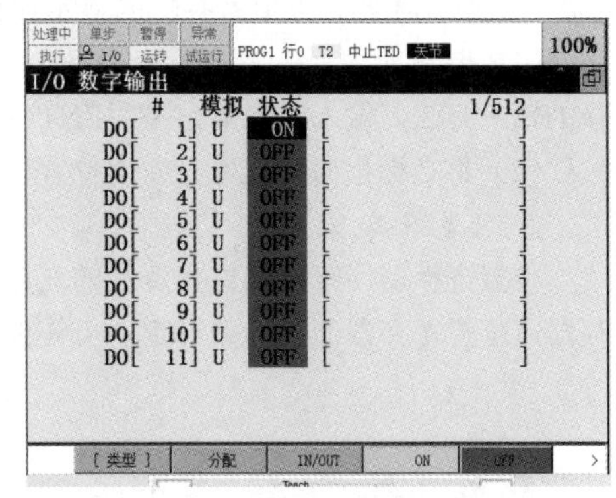

图 5-5　信号模拟界面

【思考与练习】

1. DO[1]=R[1]，R[1]=5，则 DO[1]=________。
2. AO[1]=R[1]，R[1]=5，则 AO[1]=________。

任务四　寄存器指令的使用

【任务描述】

“师傅，我好像明白了一个道理。”我一本正经地说。

“什么道理？”师傅一脸疑惑。

“可编程控制器中的寄存器以及能够控制和收集寄存器状态的指令都是非常重要的。”

师傅说道：“那当然，大多数情况下的编程都需要寄存器存储过程数据，要是没有，那还得了？”

下面我们就来学习寄存器与寄存器指令。

【任务学习】

一、寄存器数据

FANUC 机器人中的寄存器包括数值寄存器、位置寄存器、码垛寄存器和字符串寄存器。

寄存器的查看与修改

进入机器人寄存器的操作方式如下：

① 按下“MENU”（菜单）键，显示出菜单界面。

② 按下“0-- 下页 --”，选择“3 数据”。

上述①～②步也可通过按下“DATA”（数据）键进行选择。

③ 按下“F1”键选择界面下方的“类型”菜单，可以得到不同寄存器对应的界面。

下面详细介绍机器人的寄存器。

1. 数值寄存器

数值寄存器用来存储某一整数值或实数值的变量。标准情况下，FANUC 机器人可提供 200 个数值寄存器。数值寄存器的显示和设定，可在数值寄存器界面（见图 5-6）上进行。

（1）要输入注释，将光标指向数值寄存器号码位置，按“ENTER”（输入）键，选择注释的输入方法，输入完成后，按“ENTER”键即可。

（2）将光标指向数值寄存器值位置输入数值，可以更改数值寄存器的值。

2. 位置寄存器

位置寄存器用来存储位置资料的变量。标准情况下，FANUC 机器人可提供 100 个位置寄存器。位置寄存器的显示和设定，可在位置寄存器界面（见图 5-7）上进行。

```
数据：数值寄存器                      关节 30%
                                        1/200
  R  [ 1:                      ] = 0
  R  [ 2:                      ] = 0
  R  [ 3:                      ] = 0
  R  [ 4:                      ] = 0
  R  [ 5:                      ] = 0
  R  [ 6:                      ] = 0
 请输入数值
 [类型]
```

图 5-6　数值寄存器界面

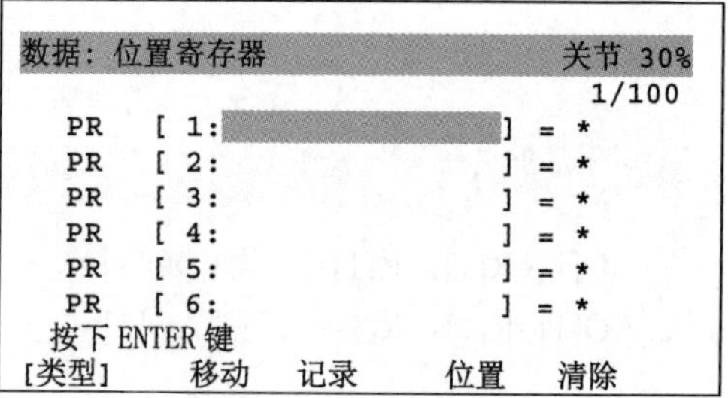

图 5-7　位置寄存器界面

（1）要输入注释，将光标指向位置寄存器号码位置，按“ENTER”（输入）键。按下相应的功能键，输入注释，输入完成后，按“ENTER”键即可。

（2）将光标指向位置寄存器值（见图 5-8），按住“SHIFT”键的同时按下“F3”键，同时选择界面下方的“记录”菜单可以更改位置寄存器的值。

①“R”表示已完成示教的位置寄存器。

②“*”表示尚未示教的位置寄存器。

（3）希望删除输入到位置寄存器中的位置资料时，按住“SHIFT”键的同时按下“F5”键选择界面下方的“删除”菜单，在出现的界面中选择“是”选项，位置寄存器的位置资料即被删除。

（4）要查看位置寄存器的详细数据时，按下“F4”键选择界面下方的“位置”菜单，出现详细位置资料界面，如图 5-9 所示。要更改值时，将光标指向目标条目输入数值。

（5）要更改位置资料的存储格式时，按下“F5”键选择界面下方的“[形式]”菜单，选择存储格式，如图 5-10 和图 5-11 所示。

```
数据：位置寄存器                         关节 30%
                                          1/100
   PR   [ 1:Datum point       ] = R
   PR   [ 2:                  ] = *
   PR   [ 3:                  ] = *
   PR   [ 4:                  ] = *
  按下 ENTER 键
[类型]  移动    记录      位置  清除
```

图 5-8　更改位置寄存器界面

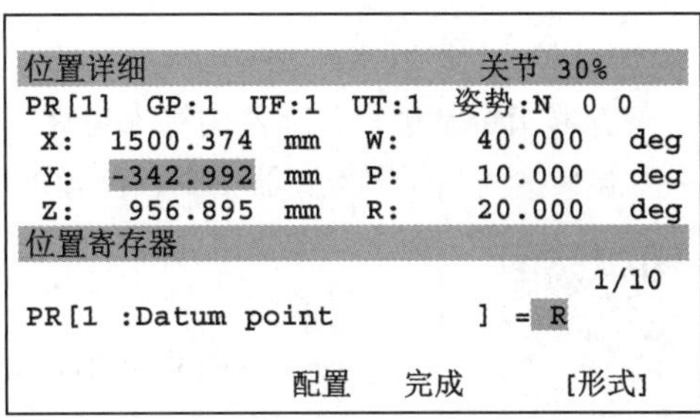

图 5-9　位置详细资料

```
位置详细                           关节 30%
PR[1]  GP:1  UF:1  UT:1  姿势:N  0  0
 X:  1500.374  mm   W:    40.000   deg
 Y:  -342.992  mm   P:    10.000   deg
 Z:   956.895  mm   R:    20.000   deg
位置寄存器
                                 1 直角
  PR[1  :Datum point             2 关节
请按上下(↑ ↓)键后,选择[FLIP(姿势)]
                 位置    完成      [形式]
```

图 5-10　直角坐标系形式

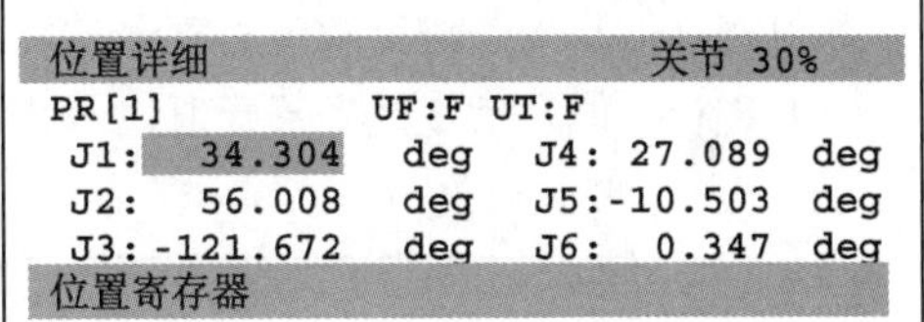

图 5-11　关节坐标系形式

3. 码垛寄存器

码垛寄存器存储码垛寄存器要素（i，j，k），在所有程序中可以使用 32 个码垛寄存器。码垛寄存器界面（见图 5-12）显示码垛寄存器的当前值。

（1）要输入注解，则将光标指向寄存器号码位置，按下“ENTER”（输入）键，选择注解的输入方法。输入完成后，按下“ENTER”键即可。

（2）要更改码垛寄存器的值，则将光标指向码垛寄存器值位置，输入数值即可。

4. 字符串寄存器

字符串寄存器用于存储包含英文、数字的字符串。每个字符串寄存器最多可以存储 254 个字符，标准情况下；字符串寄存器数为 25 个。字符串寄存器数可在控制启动时增加。字符串寄存器界面（见图 5-13）上显示各字符串寄存器的当前值。可以在字符串寄存器界面上，变更字符串寄存器的值以及追加注解。

```
数据:码垛寄存器                      关节 30%
                                       1/32
  PL[ 1:Box buildup        ] = [1 ,1 ,1]
  PL[ 2:                   ] = [1 ,1 ,1]
  PL[ 3:                   ] = [1 ,1 ,1]
  PL[ 4:                   ] = [1 ,1 ,1]
  PL[ 5:                   ] = [1 ,1 ,1]
  PL[ 6:                   ] = [1 ,1 ,1]
  PL[ 7:                   ] = [1 ,1 ,1]
  PL[ 8:                   ] = [1 ,1 ,1]
  PL[ 9:                   ] = [1 ,1 ,1]
  PL[10:                   ] = [1 ,1 ,1]
[类型]
```

图 5-12　码垛寄存器界面

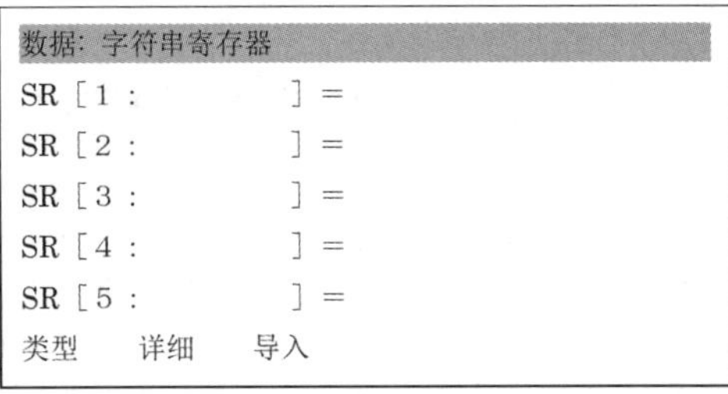

图 5-13　字符串寄存器界面

二、寄存器指令

寄存器指令是进行寄存器的算术运算的指令。寄存器指令主要分为数值寄存器指令、位置寄存器指令、位置寄存器要素指令、码垛寄存器指令和字符串指令。

微课

寄存器指令的添加与修改

寄存器运算可以进行以下所示的多项式运算。

例：

R[2]=R[3]-R[4]+R[5]-R[6]；

R[10]=R[2]*100/R[6]。

但是1行中可以记述的运算符最多为5个。运算符“+”“-”可以在相同行混合使用，“*”“/”也可以混合使用，但是，“+”“-”和“*”“/”则不可混合使用。

下面详细介绍5种寄存器指令。

1. 数值寄存器指令

数值寄存器指令是进行数值寄存器的算术运算的指令。

（1）R[i]=（值）指令：将某一值代入数值寄存器，如图5-14所示。

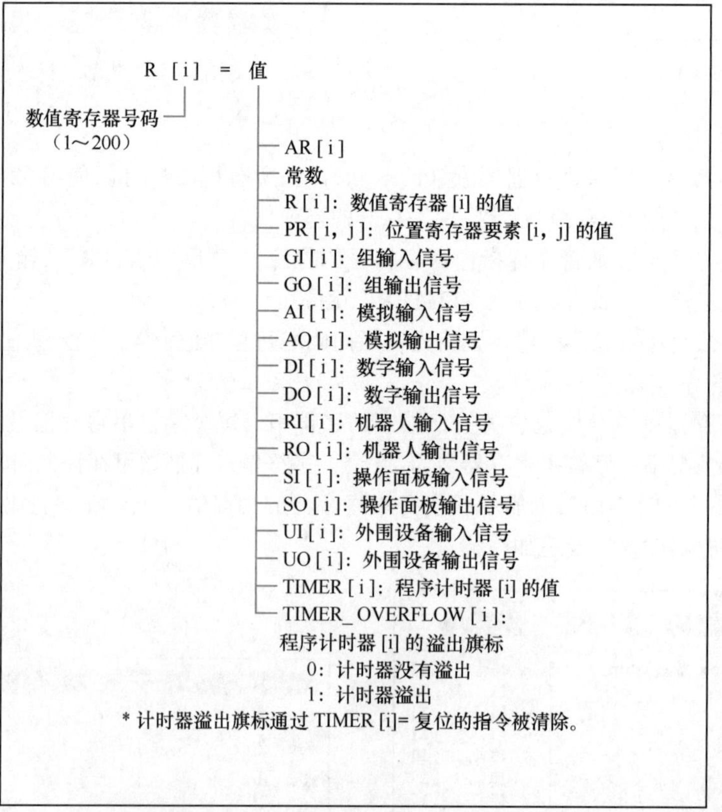

图5-14　某一值代入数值寄存器的指令

（2）R[i]=（值）-（值）指令：将2个值的差代入数值寄存器。

（3）R[i]=（值）*（值）指令：将2个值的积代入数值寄存器。

（4）R[i]=（值）/（值）指令：将 2 个值的商代入数值寄存器。

（5）R[i]=（值）MOD（值）指令：将 2 个值的余数代入数值寄存器。

（6）R[i]=（值 x）DIV（值 y）指令：将 2 个值的商的整数值部分代入数值寄存器，R[i]=(x−(x MOD y))/y。

数值寄存器的“+”“−”和“*”“/”等运算指令如图 5-15 所示。

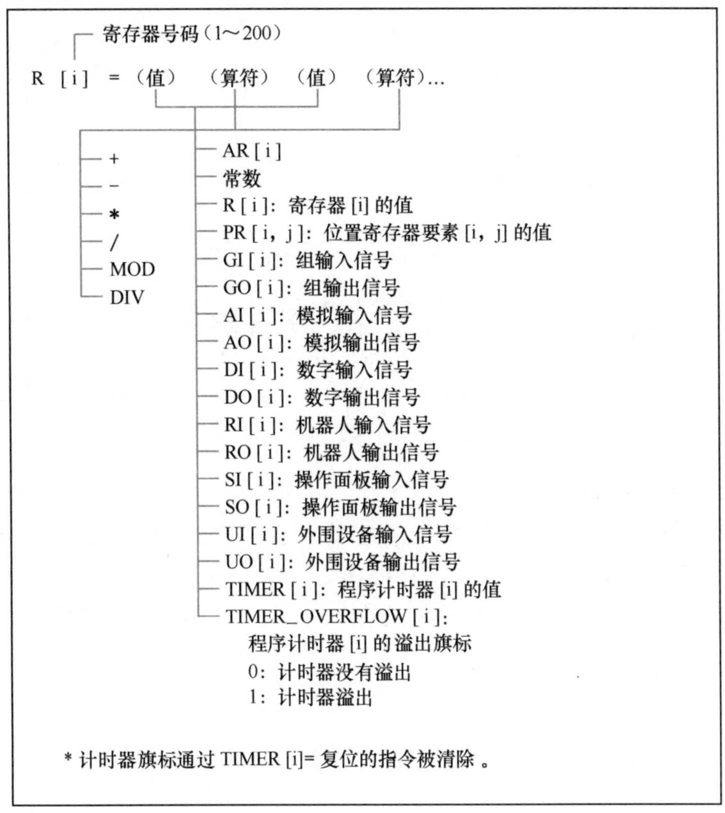

图 5-15　数值寄存器的“+”“−”和“*”“/”等运算指令

2. 位置寄存器指令

位置寄存器指令是进行位置寄存器的算术运算的指令。位置寄存器指令可进行代入、加法运算和减法运算。

（1）PR[i]=（值）指令：将位置资料代入位置寄存器，如图 5-16 所示。

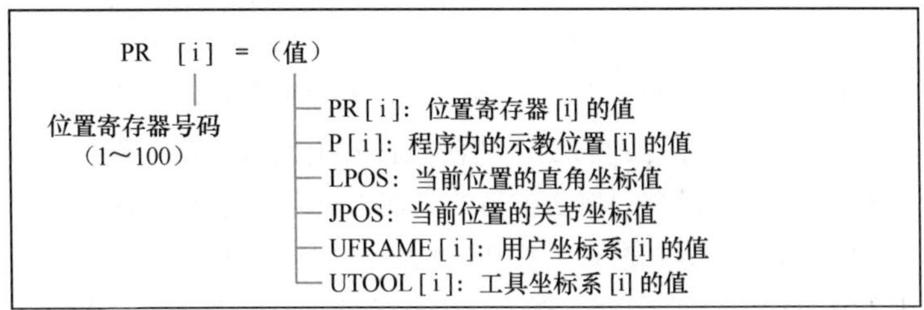

图 5-16　位置寄存器的代入运算指令

（2）PR[i]=(值)+(值) 指令：将 2 个值的和代入位置寄存器。

（3）PR[i]=(值)-(值) 指令：将 2 个值的差代入位置寄存器。

位置寄存器的“+”“-”运算指令如图 5-17 所示。

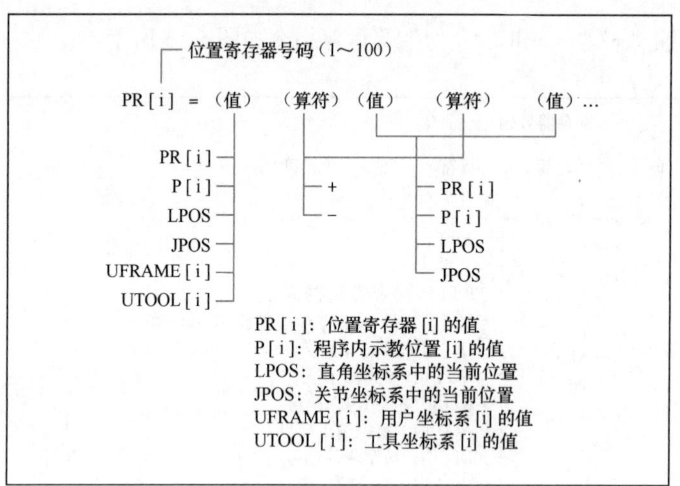

图 5-17 位置寄存器的“+”“-”运算指令

3. 位置寄存器要素指令

位置寄存器要素指令是进行位置寄存器要素的算术运算的指令。PR[i, j] 的 i 表示位置寄存器号码，j 表示位置寄存器的要素号码，如图 5-18 所示。位置寄存器要素指令可进行代入、加法运算和减法运算，以与数值寄存器指令相同的方式记述，具体位置寄存器要素指令如下所述。

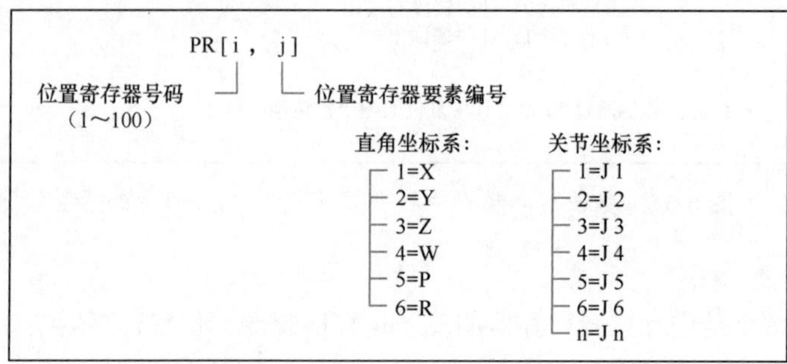

图 5-18 PR[i，j] 的构成

（1）PR[i, j]=(值) 指令：将位置资料的要素值代入位置寄存器要素，如图 5-19 所示。

（2）PR[i, j]=(值)+(值) 指令：将 2 个值的和代入位置寄存器要素。

（3）PR[i, j]=(值)-(值) 指令：将 2 个值的差代入位置寄存器要素。

（4）PR[i, j]=(值)*(值) 指令：将 2 个值的积代入位置寄存器要素。

（5）PR[i, j]=(值)/(值) 指令：将 2 个值的商代入位置寄存器要素。

（6）PR[i, j]=(值)MOD(值) 指令：将 2 个值的余数代入位置寄存器要素。

（7）PR[i, j]=(值)DIV(值) 指令：将 2 个值的商的整数值部分代入位置寄存器要素。

位置寄存器要素的“+”“-”“*”“/”“MOD”“DIV”运算指令如图 5-20 所示。

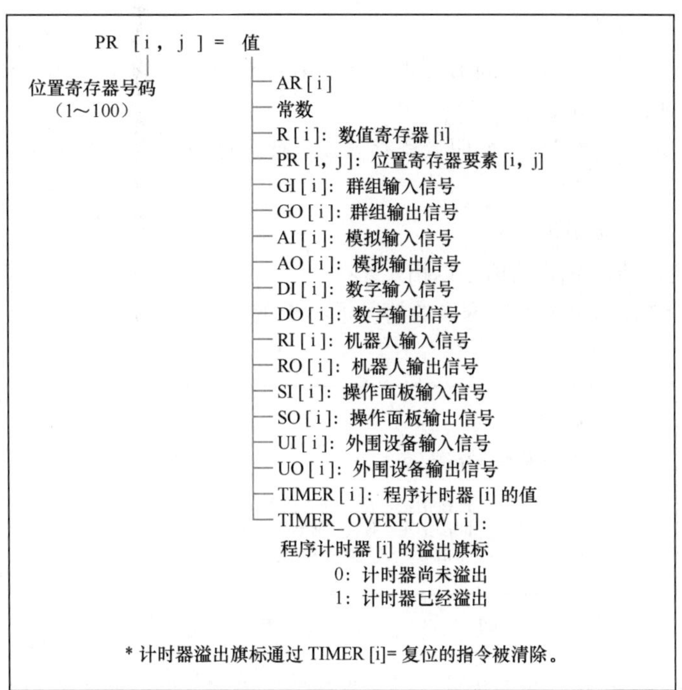

图 5-19　位置寄存器要素的代入运算指令

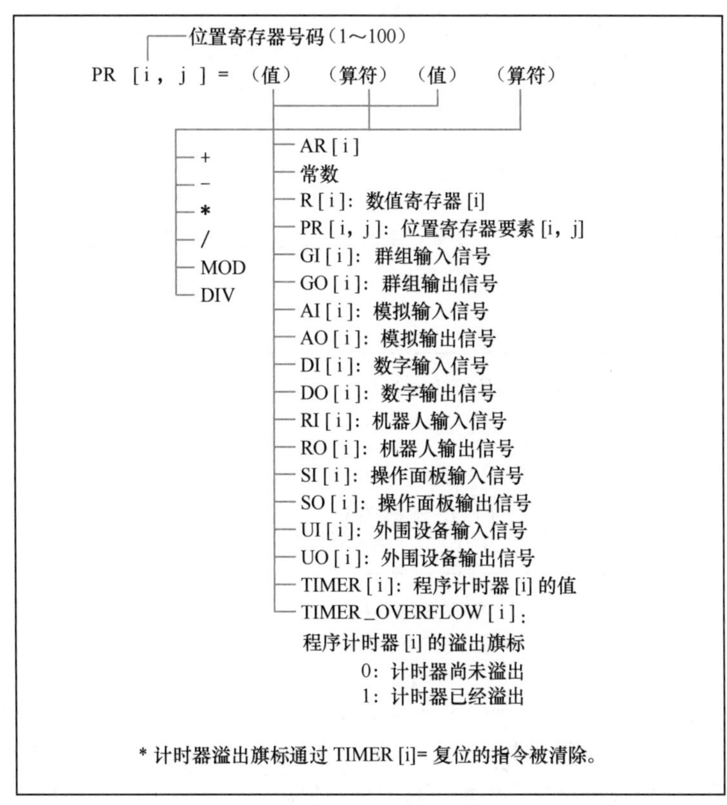

图 5-20　位置寄存器要素的“+”“-”“*”“/”等运算指令

4. 码垛寄存器指令

码垛寄存器指令是进行码垛寄存器的算术运算的指令。码垛寄存器指令可进行代入、加法运算和减法运算。

码垛寄存器要素是指定代入到码垛寄存器或进行运算的要素。如图 5-21 所示，要素的指定方式有下面 3 类。

- 直接指定：直接指定数值。
- 间接指定：通过 R[i] 的值予以指定。
- 无指定：在没有必要变更要素的情况下不予指定。

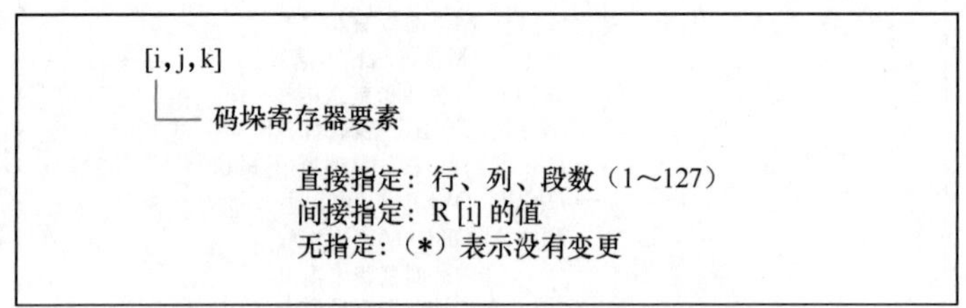

图 5-21　码垛寄存器要素格式

（1）PL[i]=（值）指令：将码垛寄存器要素代入码垛寄存器，如图 5-22 所示。

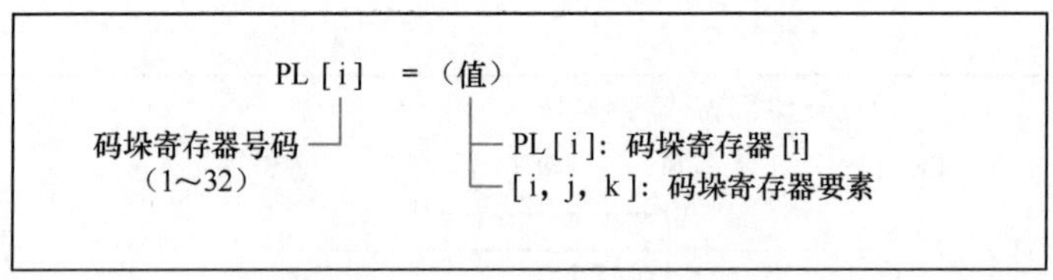

图 5-22　码垛寄存器的代入运算指令

（2）PL[i]=（值）（算符）（值）指令：进行算术运算，将该运算结果代入码垛寄存器，如图 5-23 所示。

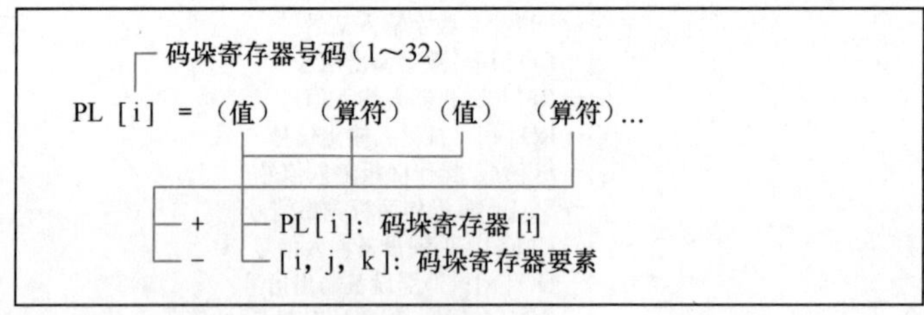

图 5-23　码垛寄存器的“+”“−”运算指令

5. 字符串指令

（1）SR[i]=（值）指令：将字符串寄存器要素代入字符串寄存器，如图 5-24 所示。

可从数值数据变换为字符串数据，小数以小数点后 6 位数四舍五入。也可从字符串数据变换为数值数据，变换为字符串中出现字符前的数值。

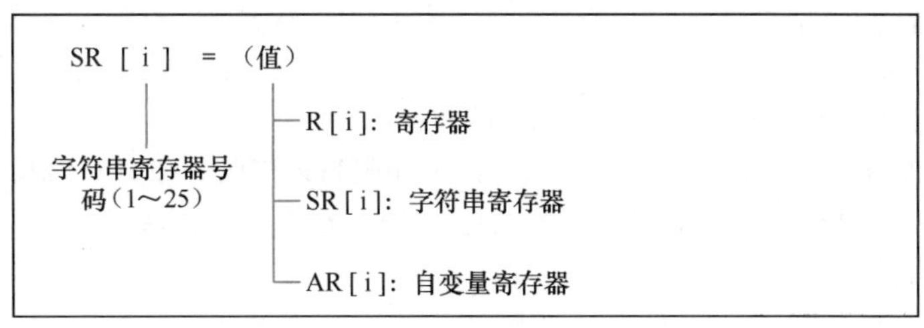

图 5-24　字符串寄存器的代入运算指令

例 1：SR[i]=R[j]

R[j]=1234　　　　SR[i]='1234'

R[j]=12.34　　　　SR[i]='12.34'

R[j]=5.123456789　　SR[i]='5.123457'

例 2：R[i]=SR[j]

SR[j]='1234'　　　　R[i]=1234

SR[j]='12.34'　　　　R[i]=12.34

SR[j]='765abc'　　　　R[i]=765

SR[j]='abc'　　　　R[i]=0

（2）SR[i]=(值)（算符）（值）指令：将 2 个值结合起来，并将该运算结果代入字符串寄存器。数据类型在各运算中，依赖于算符左侧的值，如图 5-25 所示。使用该指令时需注意以下几点。

① 左侧的值若是字符串数据，则将字符串相互结合起来。

② 左侧的值若是数值数据，则进行算术运算。此时，右侧的（值）若是字符串，最初出现字符之前的数值用于运算。

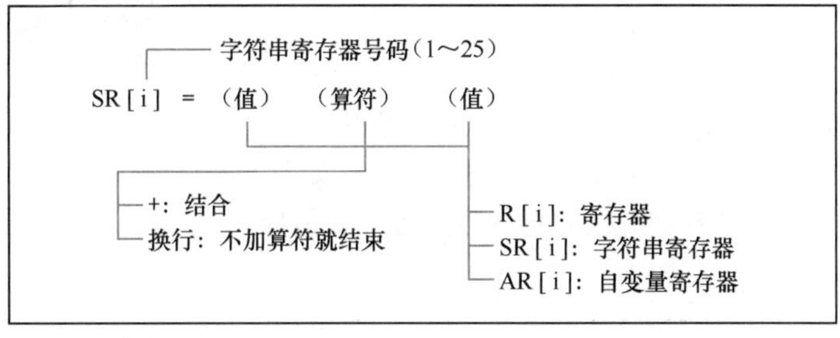

图 5-25　字符串寄存器的"+""换行"运算指令

例 1：SR[i]=R[j]+SR[k]

R[j]=123.456/SR[k]='345.678'　　　　SR[i]='469.134'

R[j]=456/SR[k]='1abc2'　　　　SR[i]='457'

例 2：SR[i]=SR[j]+R[k]

SR[j]='123.'/R[k]=456　　　　SR[i]='123.456'

SR[j]='def'/R[k]=81573　　　　SR[i]='def81573'

字符串相互之间的连结结果，在超过 254 个字符时，输出"INTP-323 数值溢出"。

【思考与练习】

1. R[2]=R[3]-R[4]+R[5]/R[6] 是否正确？为什么？

2. PR[10]=（500，252，100，-10°，5°，-7°），PR[11]=（500，-252，100，10°，-5°，7°）。若 PR[12]=PR[10]，PR[12, 6]=PR[12, 6]+PR[11, 6]，则 PR[12] 的最终结果是什么？

任务五　码垛现场编程

【任务描述】

经过前面的知识学习，终于迎来了码垛的应用。本任务中，我们将会学习码垛的相关指令，并完成一项码垛任务。

这对于我们来说是一项挑战，更是锻炼，让我们开始这一段学习吧。

【任务学习】

一、码垛堆积功能

码垛堆积是指一种只要对几个具有代表性的点进行示教，即可从下层到上层按照顺序堆上工件的作业，如图 5-26 所示。

图 5-26　正在进行码垛作业的机器人

通过对堆上点的代表点进行示教，即可简单创建堆上式样；通过对路径点（接近点、逃点）进行示教，即可创建经路式样；通过设定多个经路式样，即可进行多种多样的码垛堆积。

码垛堆积由以下 2 种式样构成：堆上式样，确定工件的堆上方法；经路式样，确定堆上工件时的路径，如图 5-27 所示。

码垛堆积根据堆上式样和经路式样的设定方法的差异，分为码垛堆积 B、码垛堆积 BX、码垛堆积 E 和码垛堆积 EX 4 种。

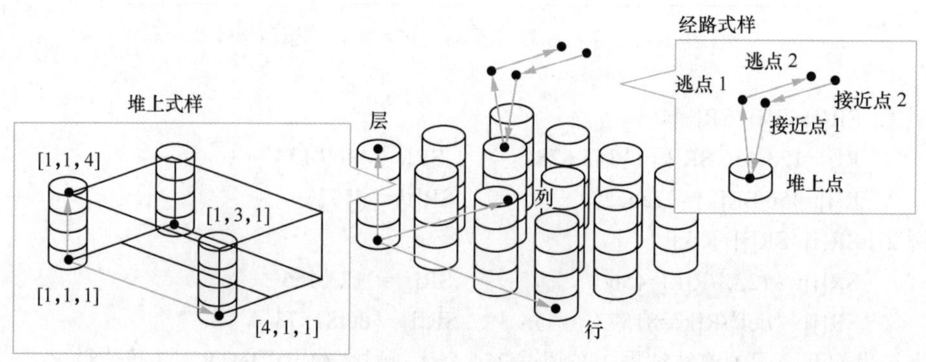

图 5-27　码垛堆积式样

1. 码垛堆积 B

码垛堆积 B 对应所有工件的姿态一定、堆上时的底面形状为直线或者平行四边形的情形，如图 5-28 所示。

2. 码垛堆积 E

码垛堆积 E 对应更为复杂的堆上式样的情形，如希望改变工件的姿态的情形、堆上时的底面形状不是平行四边形的情形等，如图 5-29 所示。

3. 码垛堆积 BX、码垛堆积 EX

码垛堆积 B 和码垛堆积 E 只能设定一个经路式样，无法满足部分复杂情况下的实际需求。此时可以使用码垛堆积 BX 和码垛堆积 EX，设定多个经路式样，如图 5-30 所示。

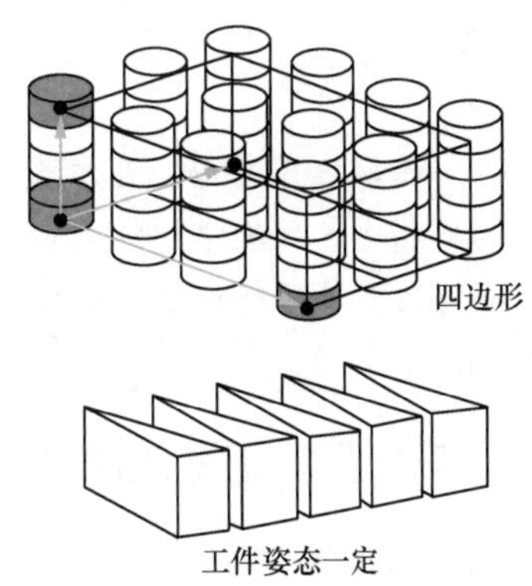

图 5-28　码垛堆积 B

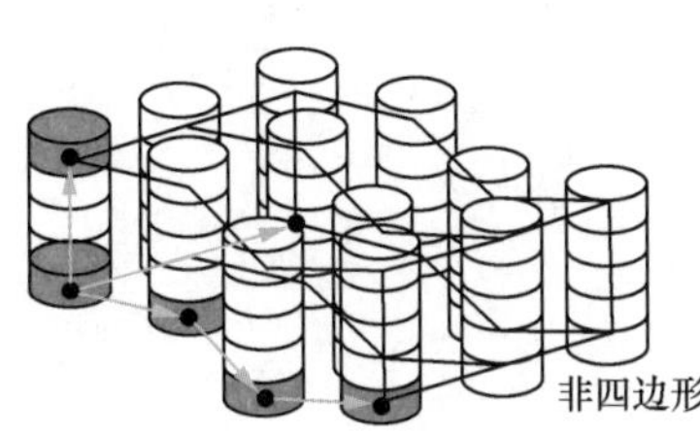

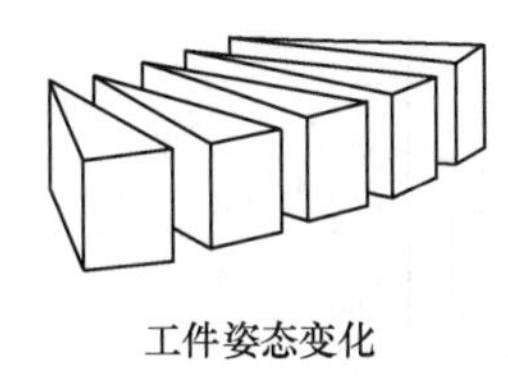

图 5-29　码垛堆积 E

经路式样 1　　经路式样 2

图 5-30　码垛堆积 BX 和码垛堆积 EX

二、码垛指令

1. 码垛堆积指令

基于码垛寄存器的值，码垛堆积指令根据堆上式样计算当前的堆上点位置，并根据经路式样计算当前的路径，改写码垛堆积动作指令的位置数据，如图 5-31 所示。

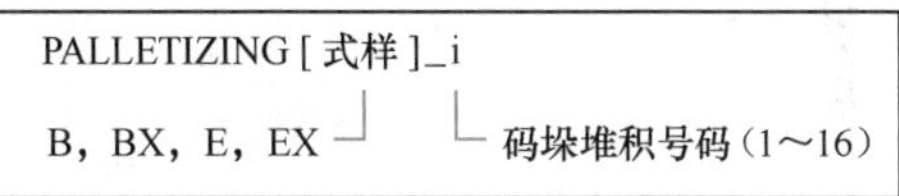

图 5-31　码垛堆积指令

2. 码垛堆积动作指令

码垛堆积动作指令是以使用具有接近点、堆上点、逃点的路径点作为位置数据的动作指令，如图 5-32 所示。它是码垛堆积专用的动作指令。通过码垛堆积指令，该位置数据每次都被改写。

3. 码垛堆积结束指令

码垛堆积结束后，码垛堆积结束指令计算下一个堆上点，改写码垛寄存器的值，如图 5-33 所示。

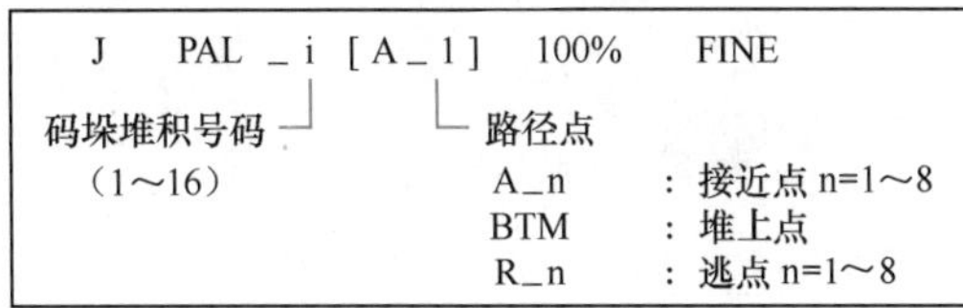

图 5-32　码垛堆积动作指令

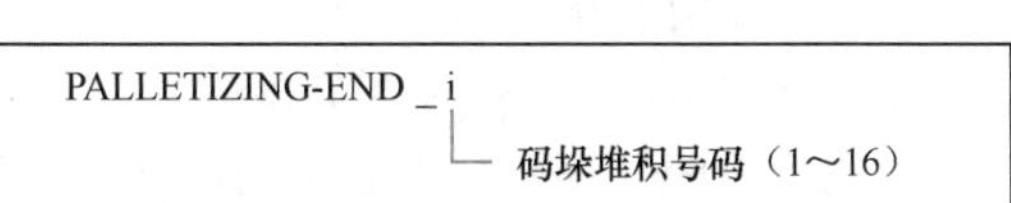

图 5-33　码垛堆积结束指令

注意

码垛堆积号码，在示教完码垛堆积的数据后，随同指令（码垛堆积指令、码垛堆积动作指令、码垛堆积结束指令）一起被自动写入。此外，在对新的码垛堆积进行示教时，码垛堆积号码将被自动更新。

三、码垛指令的添加和示教

应用码垛堆积功能，其相关指令的示教流程如图 5-34 所示。

1. 码垛指令的添加与修改

（1）在程序编辑界面，按下“F1”键选择界面下方的“指令”菜单，出现指令菜单界面，选择“7 码垛”，如图 5-35 所示。

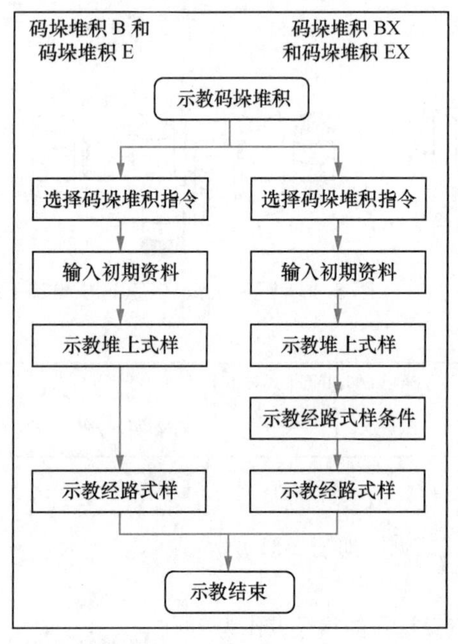

图 5-34　码垛堆积示教流程

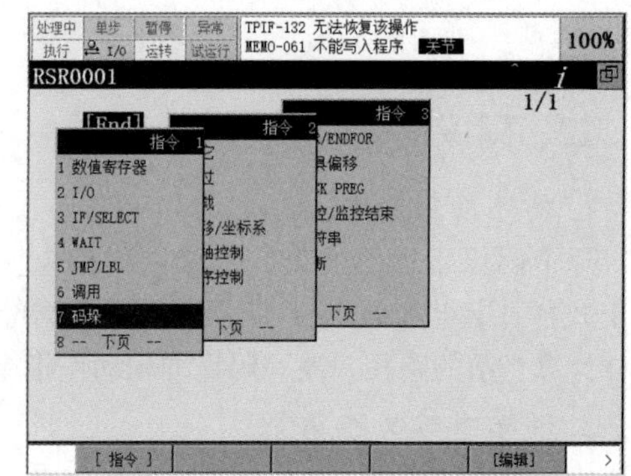

图 5-35　码垛指令菜单界面

（2）确定后，会自动进入到码垛指令的设置界面，然后可按照图 5-34 所示的步骤进行示教。

（3）如果是修改已经存在的码垛指令，将光标移动至码垛堆积号处，按下“F1”键选择界面下方的“修改”菜单，在弹出的菜单中选择要修改的项目，如图 5-36 所示。

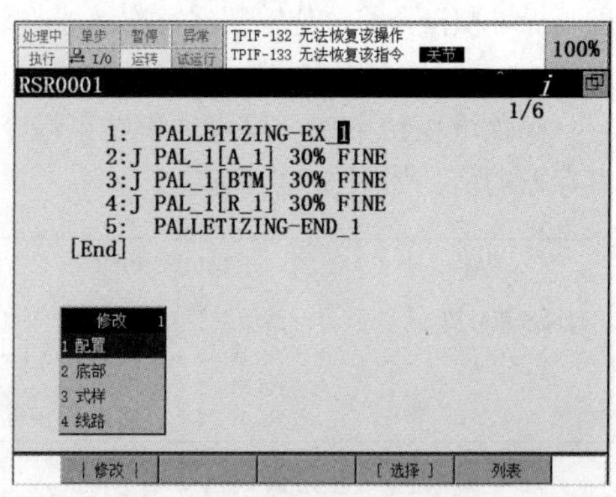

图 5-36　修改码垛指令界面

2. 码垛指令初期资料的示教

在码垛堆积初期资料输入界面，设定进行什么样的码垛堆积。根据码垛堆积的种类，初期资料输入界面有 4 类显示，如图 5-37 所示。

```
PROGRAM1
码垛配置
    PALLETIING 4   [PALLET          ]
    类型 = [ 堆上   ]      增加 = [      1]
    码垛寄存器  = [  1]    顺序   =[RCL]
      行        = [  5]
      列        = [  4]
      层        = [  3]
      辅助位置             = [ 否        ]
    接近点 = [ 2]  RTRT = [ 2]
  按下 ENTER 键
  中断                                 前进
```

(a) 码垛堆积 B 的情形

```
PROGRAM1
码垛配置
    PALLETIING 4   [PALLET          ]
    类型 = [ 堆上   ]      增加 = [      1]
    码垛寄存器  = [  1]    顺序   =[RCL]
      行        = [  5]
      列        = [  4]
      层        = [  3]
      辅助位置             = [ 否        ]
    接近点 = [ 2]  RTRT = [ 2]  式样 = [ 2]
  按下 ENTER 键
  中断                                 前进
```

(b) 码垛堆积 BX 的情形

```
PROGRAM1
码垛配置
    PALLETIING 4   [PALLET          ]
    类型 = [ 堆上   ]      增加 = [      1]
    码垛寄存器  = [  1]    顺序   =[RCL]
      行        = [  5    直线    固定 ]
      列        = [  4    直线    固定 ]
      层        = [  3    直线    固定  1 ]
      辅助位置             = [ 否        ]
    接近点 = [ 2]  RTRT = [ 2]
  按下 ENTER 键
  中断                                 前进
```

(c) 码垛堆积 E 的情形

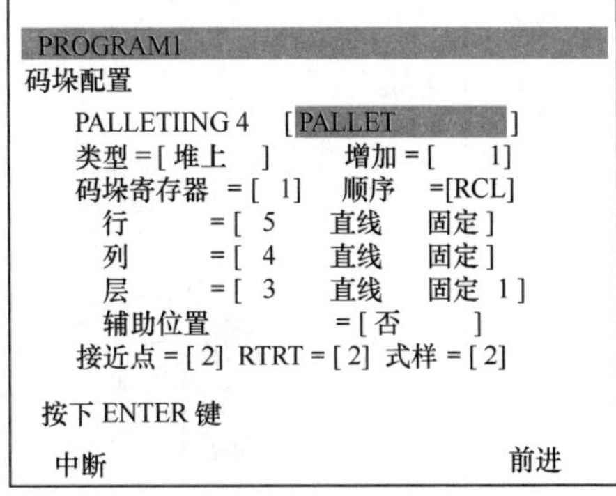

```
PROGRAM1
码垛配置
    PALLETIING 4   [PALLET          ]
    类型 = [ 堆上   ]      增加 = [      1]
    码垛寄存器  = [  1]    顺序   =[RCL]
      行        = [  5    直线    固定 ]
      列        = [  4    直线    固定 ]
      层        = [  3    直线    固定  1 ]
      辅助位置             = [ 否        ]
    接近点 = [ 2]  RTRT = [ 2]  式样 = [ 2]
  按下 ENTER 键
  中断                                 前进
```

(d) 码垛堆积 EX 的情形

图 5-37　4 类码垛堆积的初期资料输入界面

码垛堆积 EX 可以指定码垛堆积的所有功能，码垛堆积 B、码垛堆积 BX 和码垛堆积 E 具有的功能则可以理解为码垛堆积 EX 部分受到限制的结果。后续将会以码垛堆积 EX 进行描述。

(1) 堆上方法

堆上方法的设定主要包含种类、增加、码垛寄存器和顺序 4 部分内容，如图 5-38 所示。

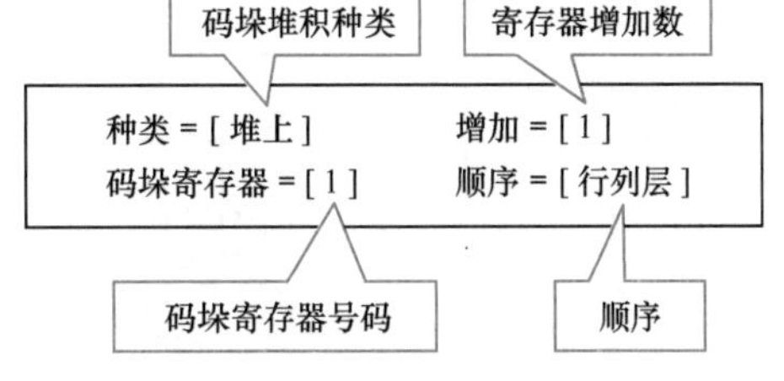

图 5-38　堆上方法的设定

① 种类：指定堆上 / 堆下（标准堆上）。

② 增加数：指定每隔几个堆上（堆下），也可通过码垛堆积结束指令，指定加法运算或减法运算几个码垛寄存器，标准值为 1。

③ 码垛寄存器号码：指定上述进行的与堆上方法有关的控制码垛寄存器的寄存器号码。

④ 顺序：表示堆上 / 堆下顺序，按照行→列→层的顺序堆上，如图 5-39 所示。

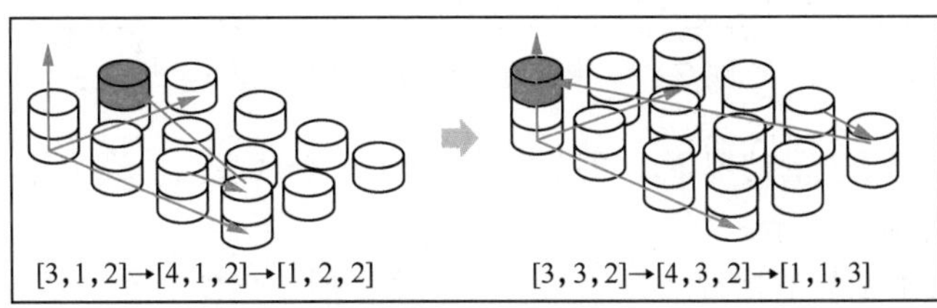

图 5-39　堆上 / 堆下顺序

（2）堆上式样

堆上式样设定排列（行、列、层）数、排列方法、姿态控制、层式样数和补助点的有 / 无，如图 5-40 所示。

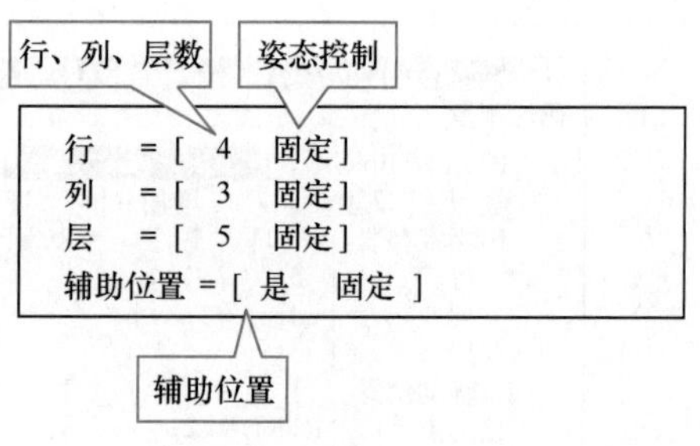

图 5-40 堆上式样的设定

① 在无补助点的堆上式样下，分别对堆上式样的四边形的 4 个顶点进行示教，如图 5-41 所示。

② 在有补助点的堆上式样下，以第 1 层的形状为梯形时所使用的功能，对四边形的第 5 个顶点进行示教，如图 5-42 所示。

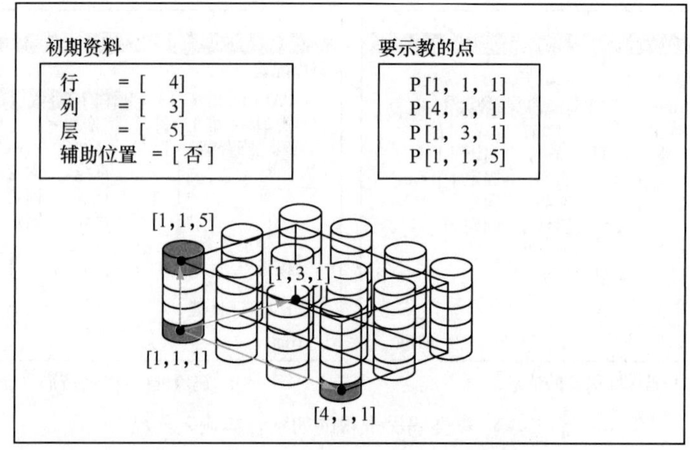

图 5-41 无补助点的堆上式样示教

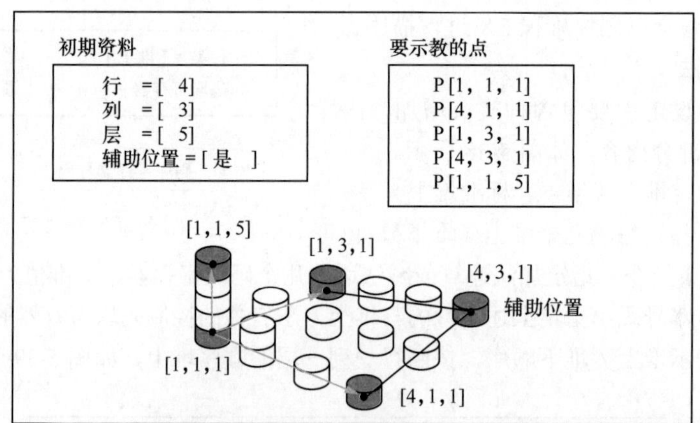

图 5-42 有补助点的堆上式样示教

③ 在选择了直线示教的情况下，通过示教端缘的 2 个代表点，设定行、列和层方向的所有点（标准），如图 5-42 所示。

④ 在选择了自由示教的情况下，直接对行、列和层方向的所有点进行示教，如图 5-43 所示。

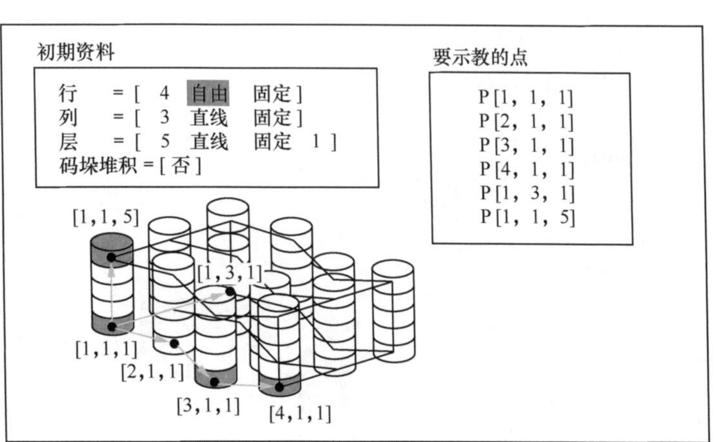

图 5-43　自由示教的堆上式样

⑤ 在选择了指定间隔的情况下，通过指定行、列和层方向的直线和其间的距离，设定所有点，如图 5-44 所示。

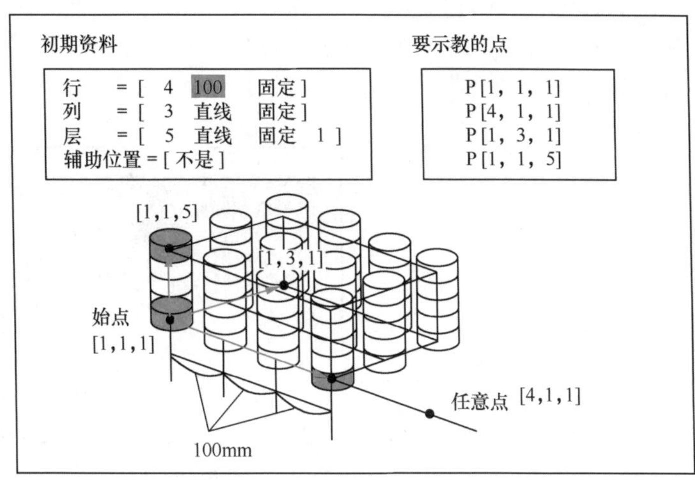

图 5-44　指定间隔的堆上式样

⑥ 固定姿态，在所有堆上点始终取 [1，1，1] 中所示教的姿态（标准），如图 5-45 所示。

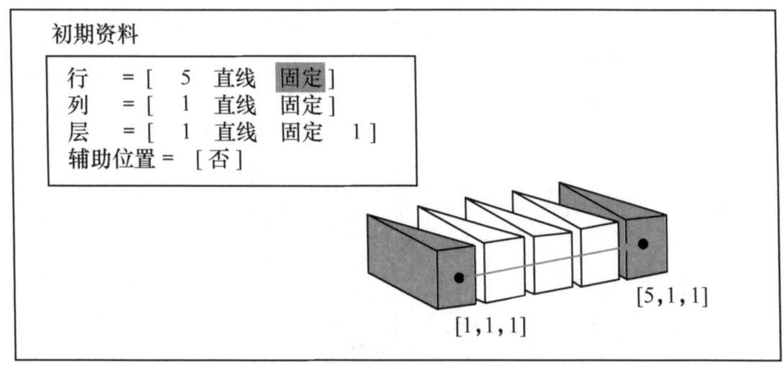

图 5-45　固定姿态的堆上式样

⑦ 分割姿态，在进行直线示教时，分割后取决于直线两端缘所示教的姿态而进行规律变化，如图 5-46 所示。若是自由示教，应示教所有点的姿态。

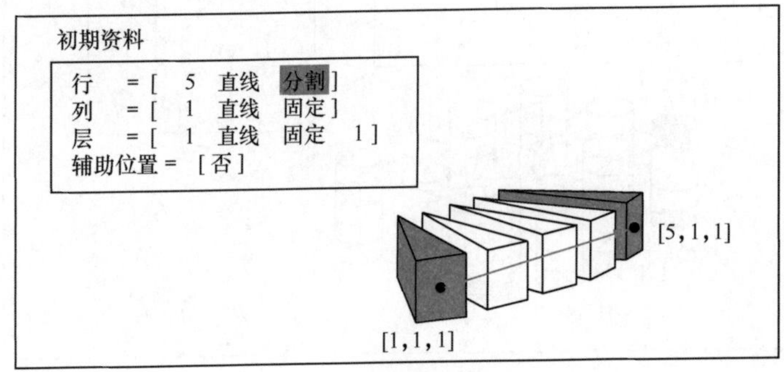

图 5-46 分割姿态的堆上式样

（3）经路式样

经路式样设定接近点数、逃点数和经路式样数，如图 5-47 所示。

码垛堆积 BX 和码垛堆积 EX 可根据堆上点分别设定多种经路式样。如果式样设置为 3，则经路式样的界面如图 5-48 所示。码垛堆积 B 和码垛堆积 E 只可以设定一个经路式样，所以不会显示该界面。每个式样中 3 个数字分别代表行、列和层。

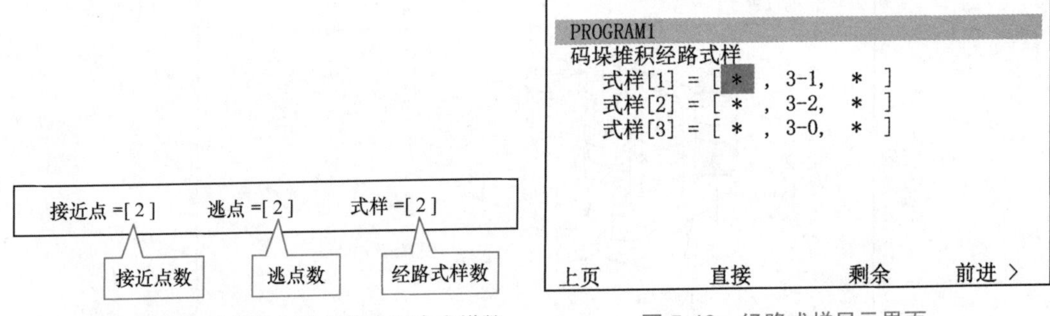

图 5-47 设定接近点数、逃点数和经路式样数

图 5-48 经路式样显示界面

在图 5-48 所示的示例中，堆上点的第 1 列使用式样 1，第 2 列使用式样 2，第 3 列使用式样 3，如图 5-49 所示。

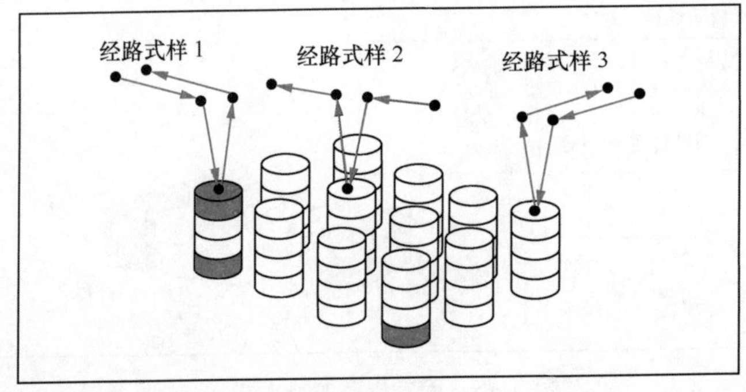

图 5-49 不同列使用不同堆上式样

在设定码垛功能时，可以根据现场的实际情况为不同的行、列和层，甚至是某一具体的堆上点设定不同的经路样式。其指定的形式主要分为下面几种。

① 不指定：默认为“*”，表示适用任意的堆上点。

② 直接指定：在 1 ～ 127 的范围内指定堆上点。

③ 余数指定：经路式样条件的要素“m-n”，根据余数系统来指定堆上点。

3. 码垛指令的位置示教

（1）示教堆上点

① 按照初期设定的资料，显示器显示应该示教的堆上点，如图 5-50 所示。

② 将机器人点动进给到希望示教的代表堆上点，将光标指向相应行，按住“SHIFT”键的同时按下“F4”键选择界面下方的“位置记录”菜单，当前的机器人位置即被记录下来，如图 5-51 所示。

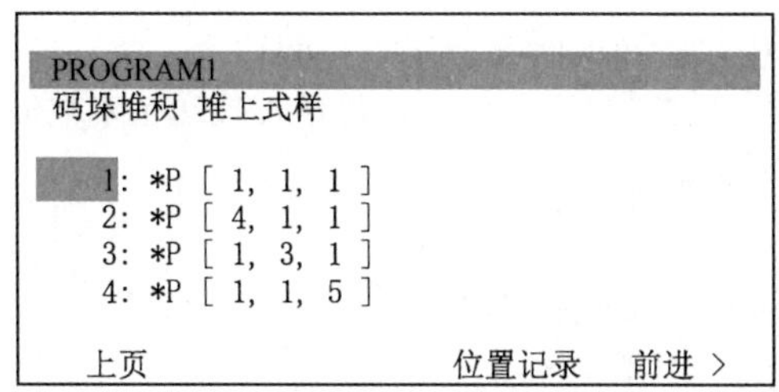

图 5-50　应该示教的堆上点

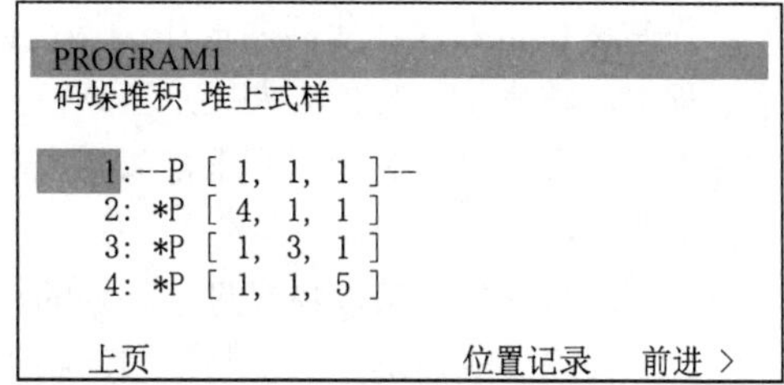

图 5-51　机器人位置记录界面

未示教的位置显示“*”，已示教的位置显示“--”。

③ 要显示所示教的代表堆上点的详细位置数据，则将光标指向堆上点号码，按下“F5”键选择界面下方的“位置”菜单，显示出详细位置数据，如图 5-52 所示。

④ 重复前面相同的步骤，对所有代表堆上点进行示教。

（2）示教经路路线

在码垛堆积经路式样示教界面（见图 5-53）上，设定向堆上点堆上工件或从堆上点堆下工件前后通过的几个路径点，如图 5-54 所示。路径点会随着堆上点的位置改变。

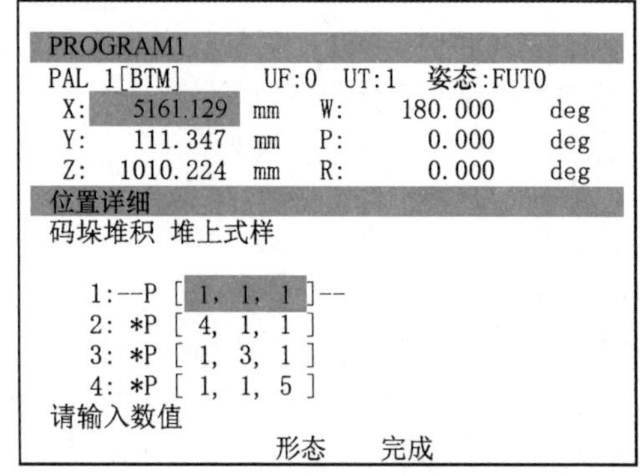

图 5-52　直接输入位置数据

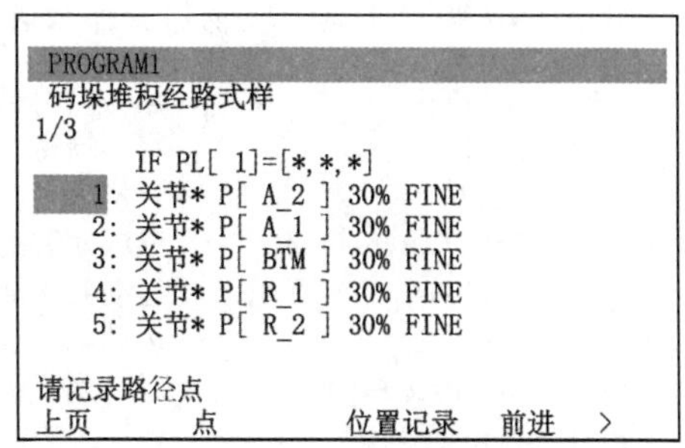

图 5-53　码垛堆积经路式样示教界面

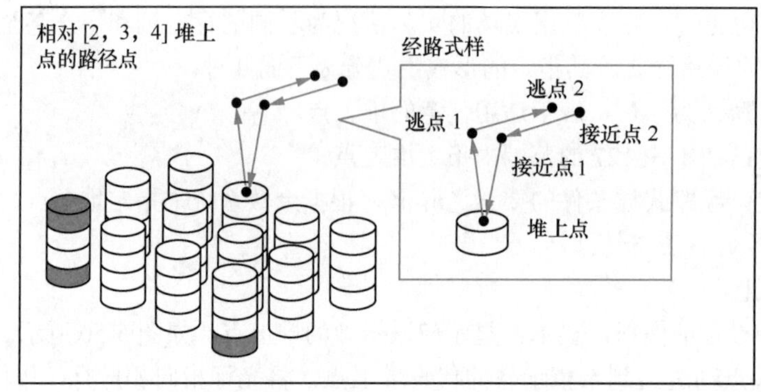

图 5-54　码垛堆积的路径点

四、码垛编程应用

工作站模拟机器人在实际生产中的搬运码垛作业，完成码垛两层物料的任务。在运行的整个过程中，首先是安装机器人夹爪工具，然后拾取物料，通过料井及传送带传送至末端后，由吸盘工具吸取物料按照相应要求摆放到成品平面料盘上。

任务要求：

（1）完成吸盘工具拾取物料进行码垛的这一部分的机器人编程。

（2）工件摆放成两层，上层与下层形状不一致，如图 5-55 所示。

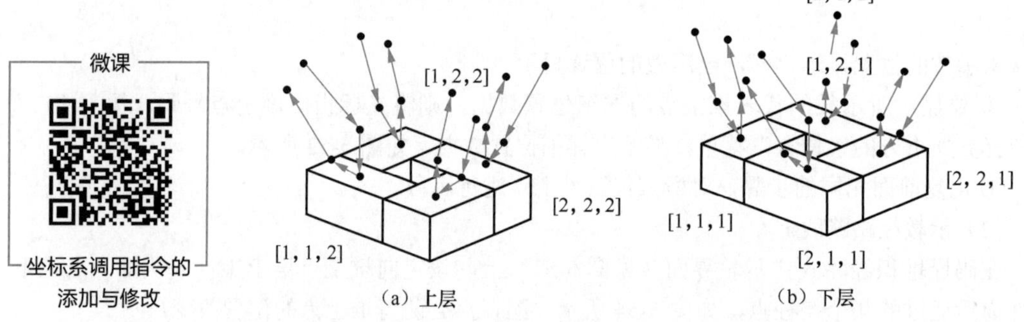

图 5-55　两层物料摆放示意图

假设机器人控制柜通过 DO[101] 控制吸盘的动作：DO[101]=OFF，复位吸盘吸取信号；DO[101]=ON，吸盘工具吸取物料。那么进行搬运并完成码垛的完整程序如下：

```
J P[1] 20% FINE              运动到料盘上方的安全点
PL[1]=[1,1,1]                将码垛寄存器 1 初始化
DO[101]=OFF                  复位吸盘吸取信号
FOR R[1]=1 TO 8              FOR 循环指令，循环 8 次
J P[2] 20% FINE              运动到平面料盘与传送带之间
J P[6] 20% FINE              运动到上层过渡点
L P[5] 100mm/sec FINE        运动到下层过渡点
L P[3] 50mm/sec FINE         运动到成品物料吸取点
WAIT    .50(sec)
DO[101]=ON                   吸盘工具吸取物料
WAIT    .50(sec)
```

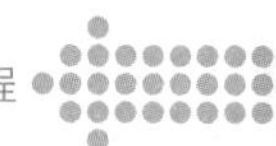

```
L P[5] 50mm/sec FINE              运动到下层过渡点
L P[6] 100mm/sec FINE             运动到上层过渡点
J P[2] 20% FINE                   运动到平面料盘与传送带之间
PALLETIZING-EX_1                  码垛堆积指令
J PAL_1[A_1] 30% FINE             接近点 1
J PAL_1[A_2] 30% FINE             接近点 2
L PAL_1[BTM] 30mm/sec FINE        放置物料点
WAIT    .50(sec)
DO[101]=OFF                       复位吸盘吸取信号，放下物料
WAIT    0.00(sec)
L PAL_1[R_1] 30mm/sec FINE        逃点 1
L PAL_1[R_2] 30mm/sec FINE        逃点 2
PALLETIZING-END_1                 码垛结束指令
ENDFOR                            循环指令结束
J P[1] 20% FINE                   运动到料盘上方安全点
```

其中涉及的循环指令详见项目七的任务四。

循环指令的添加与修改

【思考与练习】

1. 4 种码垛功能的差异是什么？
2. 请写出 3 行 2 列两层所有堆上点在默认状态下的堆叠顺序。

【项目总结】

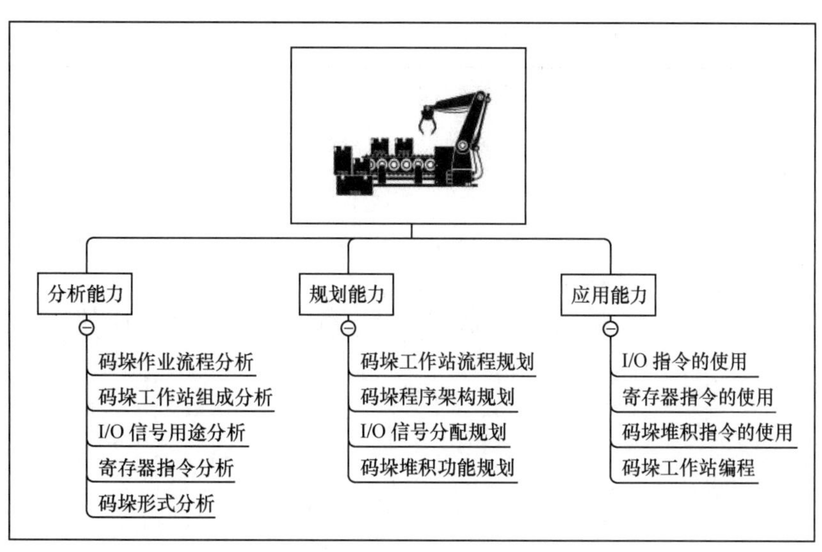

【拓展训练】

【5*5*1 跳过码垛】实际生产中的码垛形式可能会因为任务需求或者一些环境的限制而千差万别，那么如何针对特定的需求实现对应的码垛任务呢？

任务要求：完成一个 5 行 5 列 1 层码垛的堆积，其中偶数列不进行第 5 个物料的堆积（奇数列 5 个，偶数列 4 个）。设夹爪闭合的信号为 RO[3]=ON，夹爪打开的信号 RO[3]=OFF，物料来源位置固定，无须考虑，请写出码垛的整个程序。

考核方式：采用分组的方式（每组 4~6 人），提交最终程序，并运行展示。

将拓展训练情况填入表 5-15 中。

表 5-15　　拓展训练评估表

项目名称： 5*5*1跳过码垛	项目承接人姓名：	日期：
项目要求	**评分标准**	**得分情况**
码垛指令的添加（20分）		
码垛指令的示教（30分）	1. 初期资料的示教（10分） 2. 堆上点的示教（10分） 3. 路径点的示教（10分）	
寄存器指令的使用（20分）	1. 码垛寄存器（10分） 2. 数值寄存器（10分）	
程序及运行报告（30分）	1. 程序（20分） 2. 运行报告（10分）	
评价人	**评价说明**	**备注**
个人		
老师		

高级篇

连接外部设备

项目六 带外部轴焊接工作站操作编程

【项目引入】

今天，师傅要召集我们开生产会议，不知道是什么情况。

“经过前面几个项目的锻炼，想必大家已经进步了许多吧。最近焊接车间里的工人普遍反映，虽然用上了焊接机器人，但是有的工件焊缝多而复杂，有的分布位置不利于施焊，大家想想有什么解决方案？”师傅用期盼的眼神看着我们。

小李：“我觉得目前的机器人每个轴都是有位置限制的，不可能让它像人手一样灵活，机器人本身也有局限性，能不能让工件也动起来。”

我：“师傅，我知道变位机可以让工件变换位置和姿态，还有我经常看到机器人下边装一个导轨，机器人可以移动起来。”

“你俩说的都没错，这些设备对于机器人来说可谓是如虎添翼，可你们知道它们都有一个统一的称号吗，它们都属于外部轴。从现在开始，我们就得学习如何利用外部轴去配合机器人完成我厂的特殊焊接工作。”

【知识图谱】

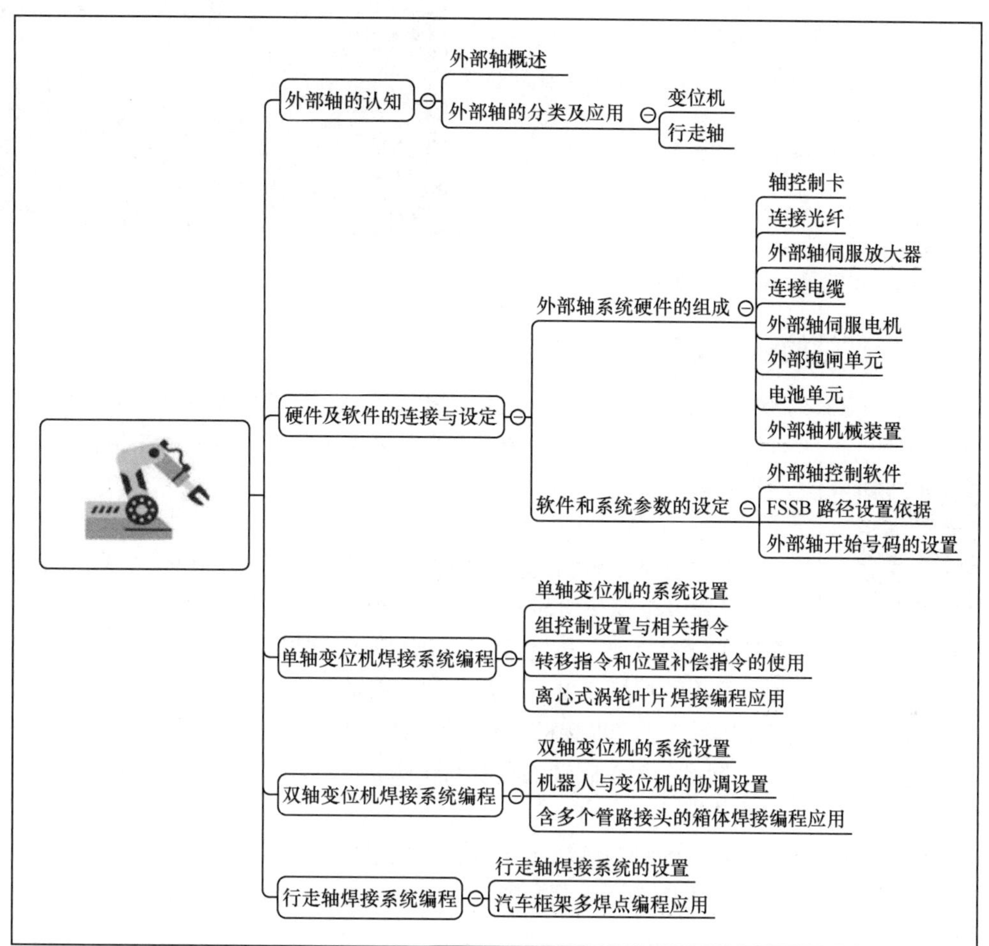

任务一　外部轴的认知

【任务描述】

今天师傅给我派了个任务，就是要熟悉外部轴的类型和主要应用，以及了解外部轴对于实际生产的重要意义。

【任务学习】

一、外部轴概述

在焊接、零部件加工、货物分类码垛等复杂的工作环境下，机器人通常并不是独立工作的，而是和自身控制的导轨、变位机、转台等外部附加的运动机构配合工作的。这类能产生一定自由度，并且接受机器人伺服控制的运动机构被称为机器人的外部附加轴，简称外部轴或附加轴。

机器人与外部轴组成的工作站在焊接、搬运、码垛、喷涂等领域应用广泛，尤其是在焊接领域，外部轴的应用不仅提高了机器人焊接的效率，而且对复杂焊接工艺和施焊操作的实现起到了决定性的作用。图 6-1 所示为一种典型的应用外部轴的焊接工作站，图中下方用于夹持工件的可旋转的机械装置就是一种外部轴——变位机。

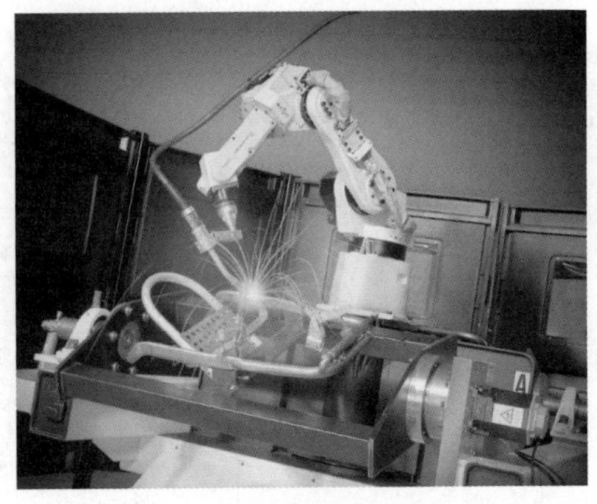
图 6-1　外部轴焊接工作站

二、外部轴的分类及应用

按照运动方式的不同，外部轴可以分为旋转轴和直线轴；按照能实现功能的不同，外部轴可分为变位机和行走轴。在实际运用中，变位机一般是旋转轴，而行走轴一般是直线轴。

微课

外部轴的分类及应用

1. 变位机

变位机是专用的焊接辅助设备，适用于回转工作的焊接变位，包含 1 个或者多个变位机轴。变位机在焊接过程中使工件发生平移、旋转、翻转等位置变动，与机器人同步运动或者非同步运动，从而得到理想的加工位置和焊接速度。在复杂的焊接场景中，变位机还可实现与机器人之间的协调运动。图 6-2 所示为 1 个焊接机器人和单回转式的变位机组成的焊接工作站。

变位机按照自由度不同可分为单回转式和双回转式变位机，同种类型的变位机会根据不同的加工需求产生外形的差异。

单回转式变位机只能绕 1 个轴向旋转，该旋转轴的位置和方向固定不变，如图 6-3 所示；双回转式变位机有 2 个旋转轴，回转轴的位置和轴向随着翻转轴的转动而发生变化，如图 6-4 所示。

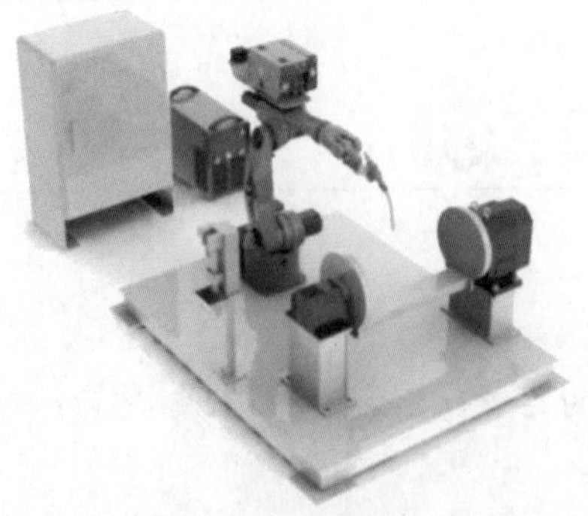
图 6-2　机器人与变位机组成的工作站

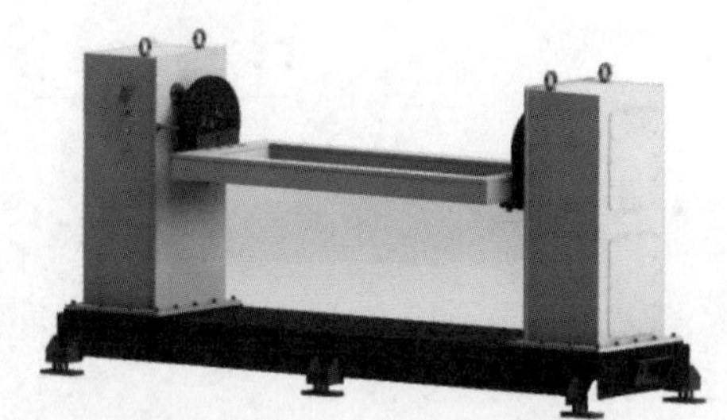
图 6-3　单回转式变位机

2. 行走轴

工业机器人本身的工作范围是有限的，而有些作业要求机器人拥有更大的工作空间。为了解决这一问题，需要让机器人本体的位置发生改变，即为其安装行走系统。行走轴可以使机器人整体在其世界坐标系的某一轴上做平移运动，安装单个行走轴的机器人通常被称作七轴机器人，在运动的直角坐标系中，7 个轴共同合成 TCP 的运动。

图 6-4　双回转式变位机

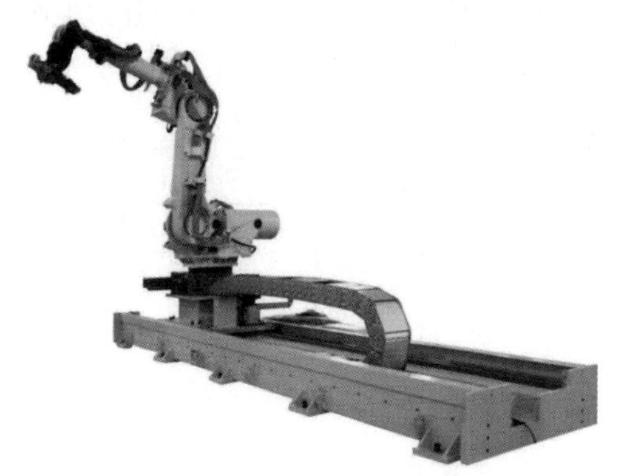

图 6-5　机器人与行走轴

行走轴广泛应用于机床工件上下料、焊接、装配、喷涂、搬运、码垛等需要机器人做较大范围移动的作业场景。图 6-5 所示的机器人被安装在有行走轴的滑动小车上，使其在世界坐标系的 *Y* 轴方向上获得了非常大的活动空间。

【思考与练习】

1. 变位机除了在焊接方面，还在什么领域有所应用？
2. 如果给 M-10*i*A 机器人安装一个行走轴，那么该轴是第几轴？

任务二　硬件及软件的连接与设置

【任务描述】

我厂从机器人厂家购买了外部轴及组件，但是因为还没有和机器人连接，所以无法配合使用。

看着满地的组件，真是无从下手啊。不过越是困难越能激发我们的斗志。师傅交给我们的任务就是将这些变位机、行走导轨和机器人进行硬件和软件上的连接。我相信我们一定能完成。

【任务学习】

工业机器人外部轴系统由专用的硬件和软件作为支撑，并通过一系列的系统设置才能构建起来。外部轴不仅可以是变位机和行走轴，在 FANUC 机器人中也可以为控制器添加另外一台机器人（见图 6-6 中的组 2）作为本体的外部轴。

为了对所有的轴进行合理控制，控制系统将机器人本体轴与外部轴进行分组（每组最多 9 个轴）。这些轴组称为动作组或者运动组，每个动作组都拥有自己的组坐标系，而且操作相互独立。整个系统在运行时，不同动作组之间可进行同步或者非同步运动。

一、外部轴系统硬件的组成

外部轴系统硬件由连接光纤、外部轴伺服放大器、连接电缆、外部轴伺服电机、外部抱闸单元、电池单元和外部轴机械装置组成。机器人与外部轴组成的多动作组系统如图 6-6 所示，单个外部轴的硬件连接如图 6-7 所示。

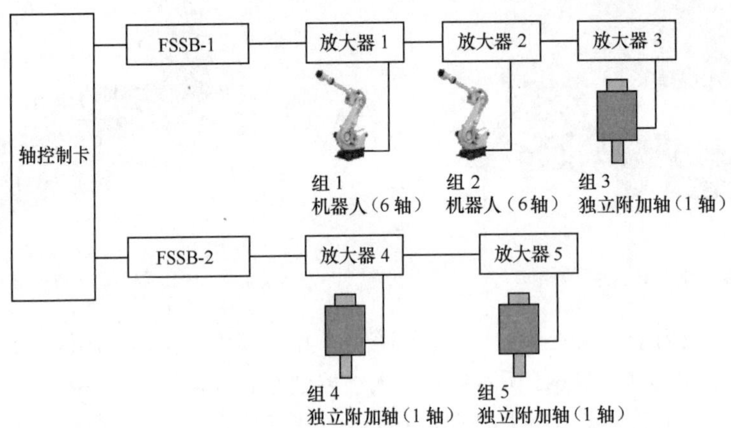

图 6-6　多动作组系统

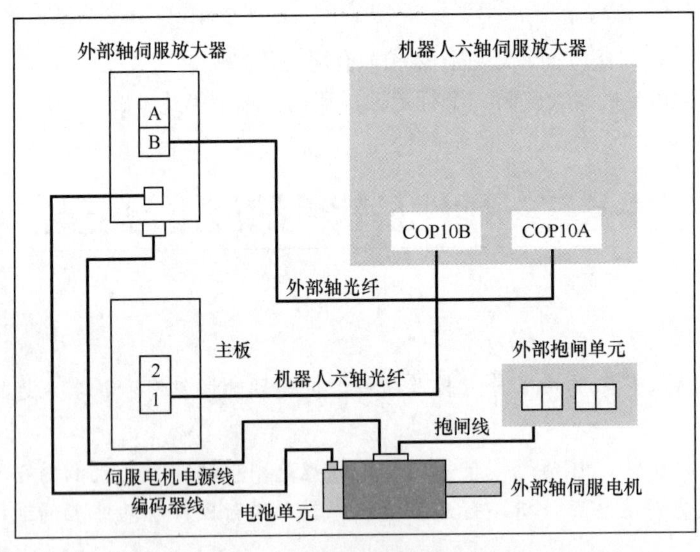

图 6-7　外部轴硬件连接示意图

FSSB 路径是为串联主板与各轴组（包括机器人轴组与外部轴组）而建立的一条伺服控制总线。

1. 轴控制卡

轴控制卡位于机器人控制柜的主板上，是建立 FSSB 路径的起始端。轴控制卡自带 2 个

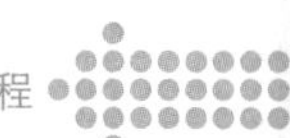

光纤接口，可建立 2 条 FSSB 路径（FSSB-1 和 FSSB-2）。FSSB-3 和 FSSB-5 这 2 条 FSSB 路径则可通过在主板上添加附加轴卡的方式建立。

2. 连接光纤

光纤连接机器人控制柜主板和外部轴伺服放大器，并建立 FSSB 路径。机器人通过 FSSB 路径与外部轴通信，传递控制信号及获取外部轴的位置信息。

3. 外部轴伺服放大器

伺服放大器也叫伺服驱动器，按照其在光纤上的连接顺序自动编号。外部轴伺服放大器的主要作用是接收来自机器人的控制信号，控制和驱动伺服电机。按照能同时驱动电机的数量不同，外部伺服放大器有单轴、双轴和三轴之分。

4. 连接电缆

连接电缆包括编码器线、伺服电机电源线和抱闸线。

5. 外部轴伺服电机

外部轴伺服电机将电压信号转化为转矩和转速，以驱动控制对象，能够控制速度和精确定位。伺服电机中安装有脉冲编码器，随时向机器人反馈自身的转速和位置信息。

6. 外部抱闸单元

外部抱闸单元是为外部轴伺服电机提供抱闸的模块。每个抱闸模块有 2 个抱闸号，每个抱闸号有 2 个抱闸口，每个抱闸口可控制 1 台伺服电机。机器人本身的抱闸号为 1，并提供 2 个外部轴抱闸号，分别是 2 和 3。

7. 电池单元

电池单元是为外部轴编码器供电的装置。

8. 外部轴机械装置

外部轴机械装置是外部轴的表现形式，主要有行走滑轨和变位机。

二、软件和系统参数的设置

1. 外部轴控制软件

外部轴需要专用控制软件的支持，否则将不能添加到机器人系统中进行控制。根据外部轴的类型及用途，需安装与之相对应的软件。表 6-1 列举了常用外部轴软件及功能。

表 6-1　常用外部轴软件及功能

软件名称	软件代码	用途说明
Basic Positioner	H896	用于变位机（能与机器人协调）
Independent Auxiliary Axis	H851	用于变位机（不能与机器人协调）
Extended Axis Control	J518	用于行走轴直线导轨
Multi-group Motion	J601	多组动作控制（必须安装）
Coord Motion Package	J686	协调运动控制（可选配）
Multi-robot Control	J605	多机器人控制

2. FSSB 路径设置

如图 6-8 所示，FSSB 中存在有 1、2、3、5 共 4 个路径，只要不是轴数较多的系统和多手臂系统（有 2 台以上机器人的系统），通常使用 FSSB 的第 1 路径。只有在将外部轴连接于

FSSB 第 2 路径的情况下才需要设定连接于 FSSB 路径 1 的总轴数（轴数中也包含机器人的本体轴）。

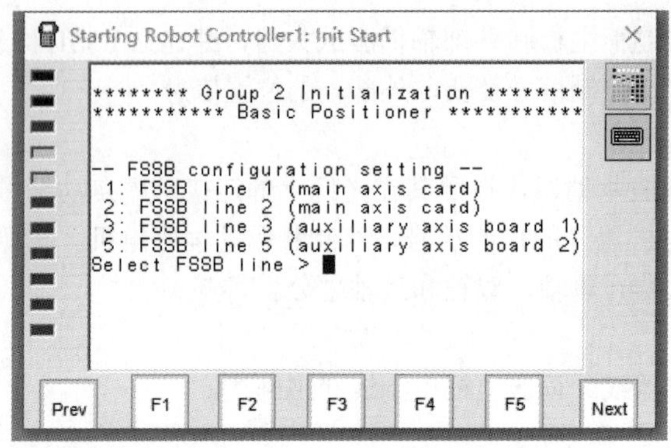

图 6-8 FSSB 路径系统设置

3. 外部轴起始轴号码的设置

起始轴号码设定标准如表 6-2 所示。

表 6-2 起始轴号码设定标准

FSSB路径	有效的硬件起始轴号码
1	7～32（※1）
2	*～36（※2）
3	37～60（※3）
5	61～84（※4）

（1）机器人的轴数不到 6 轴时，也可以使用 6 以下的值。

（2）FSSB 第 2 路径的硬件起始轴号码的下限根据连接在 FSSB 第 1 路径的轴数而变化。其中，* 等于连接于 FSSB 第 1 路径的轴数加 1。

（3）与连接于 FSSB 第 1、2 路径的轴数无关，FSSB 第 3 路径的硬件起始轴号码的下限为 37。

（4）与连接于 FSSB 第 1、2、3 路径的轴数无关，FSSB 第 5 路径的硬件起始轴号码的下限为 61。

例如，图 6-6 所示系统中各主要参数的设定如表 6-3 所示。

表 6-3 示例设定参考

运动组	FSSB路径	硬件开始轴号	放大器号	FSSB第1路径的总轴数
1	1	1	1	无需设定
2	1	7	2	无需设定
3	1	13	3	无需设定
4	2	14	4	13
5	2	15	5	13

【思考与练习】

1. FSSB 路径的起点位置是____________。
2. H896 和 H851 这 2 个变位机的控制软件有什么不同？

任务三　单轴变位机焊接系统编程

【任务描述】

我们刚刚将变位机的硬件和软件安装完毕，师傅就给我们一个工件。然后对我们语重心长地说："是时候展示你们真正的实力了。这不算是一个简单的焊接工件，你们自己选择适合的工作站去完成这个工件的焊接。"

这次的任务不仅是对我们机器人操作水平的考验，更是对我们综合能力的一次检验。

【任务学习】

单轴变位机常见的主要形式有焊接回转台和焊接翻转机，它们都只有 1 个回转轴或者翻转轴。焊接回转台是将工件绕垂直轴回转或者固定某一倾斜角度回转，主要用于回转体工件的焊接、堆焊与切割；焊接翻转台将工件绕水平轴转动，使之处于有利的焊接位置，主要用于梁柱、框架的焊接。机器人与单轴变位机组成的系统如图 6-9 所示。

轴控制卡
FSSB-1
放大器 1
放大器 2
组 1
机器人（6 轴）
组 2
附加轴（1 轴）

图 6-9　机器人与单轴变位机组成的系统

一、单轴变位机的系统设置

微课

变位机的系统设置

根据系统分析，变位机应属于不同的机器人（默认组 1 的运动组）。必须安装的软件是 Basic Positioner[H896] 和 Multi-group Motion[J601]，安装完成后系统中将产生第 2 个运动组。如果要实现变位机与机器人的协调动作可再追加 Coord Motion Package[J686]。软件安装完毕后，单轴变位机系统配置按照表 6-4 所示的内容进行设定。单轴变位机系统的设置步骤如表 6-5 所示。

表 6-4　单轴变位机系统配置

运动组	FSSB路径	硬件开始轴号	放大器号	FSSB第1路径的总轴数
1	1	1	1	无需设定
2	1	7	2	无需设定

注意

运动组 2 的抱闸号取决于抱闸线连接的抱闸口，一般为 2 号抱闸。

表 6-5　　单轴变位机系统的设置步骤

操作步骤	TP设定窗口
1. 执行控制开机启动操作。在按住“PREV”（返回）和“NEXT”（翻页）键的同时，接通电源，然后选择“3. Controlled start”控制开机。 2. 按下TP的“MENU”（菜单）键，选择“9. MAINTENANCE”，出现轴组界面。将光标指向Basic Positioner，按下“F4”键选择界面下方的“MANUAL”菜单	Starting Robot Controller1: Controlled Start AUTO ROBOT MAINTENANCE　CTRL START 2/10 Setup Robot System Variables Group　Robot Library/Option　Ext Axes 1　LR Mate 200iD/4S　0 2　Basic Positioner　0 [TYPE]ORD NO　AUTO　MANUAL Prev F1 F2 F3 F4 F5 Next
3. 进入FSSB路径设置界面，由于GROUP 2位于FSSB1，所以输入“1”，按下“Enter”键确认	Starting Robot Controller1: Init Start ******** Group 2 Initialization ******** *********** Basic Positioner *********** -- FSSB configuration setting -- 1: FSSB line 1 (main axis card) 2: FSSB line 2 (main axis card) 3: FSSB line 3 (auxiliary axis board 1) 5: FSSB line 5 (auxiliary axis board 2) Select FSSB line > Prev F1 F2 F3 F4 F5 Next
4. 起始轴号取决于机器人轴数，以六轴机器人为例，所以第2组的定位器从第7轴开始。输入“7”，按下“Enter”键确认	Starting Robot Controller1: Init Start ******** Group 2 Initialization ******** *********** Basic Positioner *********** -- Hardware start axis setting -- Enter hardware start axis (Valid range: 1 - 32) Prev F1 F2 F3 F4 F5 Next
5. 设置轴运动学类型。在清楚定位器在各轴间的偏置量的情况下，选择“1:Known Kinematics”（运动学已知）；不清楚该偏置量的情况下，选择“2:Unknown Kinematics”（运动学未知）。一般选择2，按下“Enter”键确认	Starting Robot Controller1: Init Start ******** Group 2 Initialization ******** *********** Basic Positioner *********** -- Kinematics Type Setting -- 1: Known Kinematics 2: Unknown Kinematics Select Kinematics Type? Prev F1 F2 F3 F4 F5 Next

续表

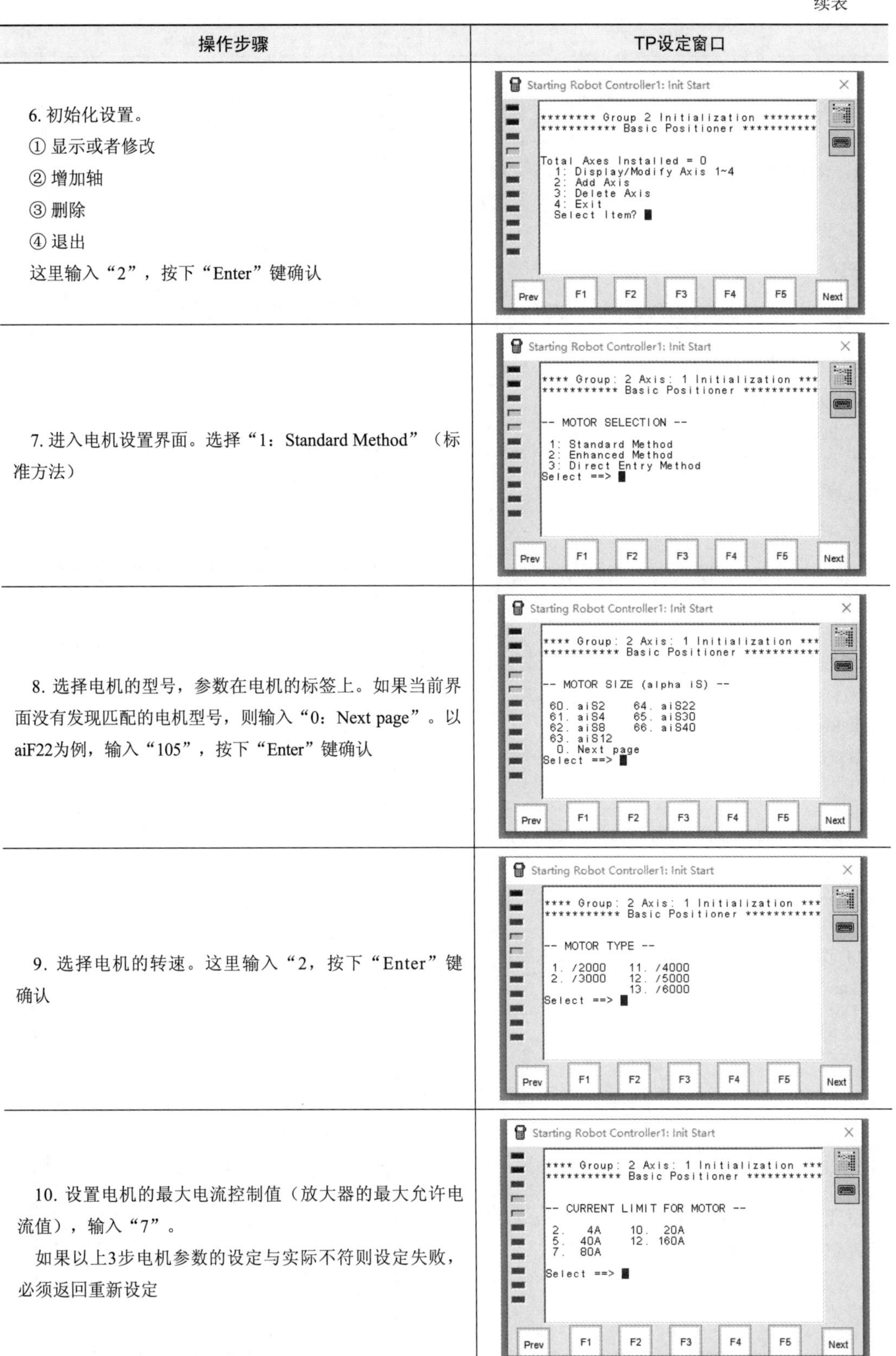

操作步骤	TP设定窗口
6. 初始化设置。 ① 显示或者修改 ② 增加轴 ③ 删除 ④ 退出 这里输入“2”，按下“Enter”键确认	Starting Robot Controller1: Init Start ******** Group 2 Initialization ******** *********** Basic Positioner *********** Total Axes Installed = 0 1: Display/Modify Axis 1~4 2: Add Axis 3: Delete Axis 4: Exit Select Item? Prev F1 F2 F3 F4 F5 Next
7. 进入电机设置界面。选择“1：Standard Method”（标准方法）	Starting Robot Controller1: Init Start **** Group: 2 Axis: 1 Initialization *** *********** Basic Positioner *********** -- MOTOR SELECTION -- 1: Standard Method 2: Enhanced Method 3: Direct Entry Method Select ==> Prev F1 F2 F3 F4 F5 Next
8. 选择电机的型号，参数在电机的标签上。如果当前界面没有发现匹配的电机型号，则输入“0：Next page”。以aiF22为例，输入“105”，按下“Enter”键确认	Starting Robot Controller1: Init Start **** Group: 2 Axis: 1 Initialization *** *********** Basic Positioner *********** -- MOTOR SIZE (alpha iS) -- 60. aiS2 64. aiS22 61. aiS4 65. aiS30 62. aiS8 66. aiS40 63. aiS12 0. Next page Select ==> Prev F1 F2 F3 F4 F5 Next
9. 选择电机的转速。这里输入“2，按下“Enter”键确认	Starting Robot Controller1: Init Start **** Group: 2 Axis: 1 Initialization *** *********** Basic Positioner *********** -- MOTOR TYPE -- 1. /2000 11. /4000 2. /3000 12. /5000 13. /6000 Select ==> Prev F1 F2 F3 F4 F5 Next
10. 设置电机的最大电流控制值（放大器的最大允许电流值），输入“7”。 如果以上3步电机参数的设定与实际不符则设定失败，必须返回重新设定	Starting Robot Controller1: Init Start **** Group: 2 Axis: 1 Initialization *** *********** Basic Positioner *********** -- CURRENT LIMIT FOR MOTOR -- 2. 4A 10. 20A 5. 40A 12. 160A 7. 80A Select ==> Prev F1 F2 F3 F4 F5 Next

续表

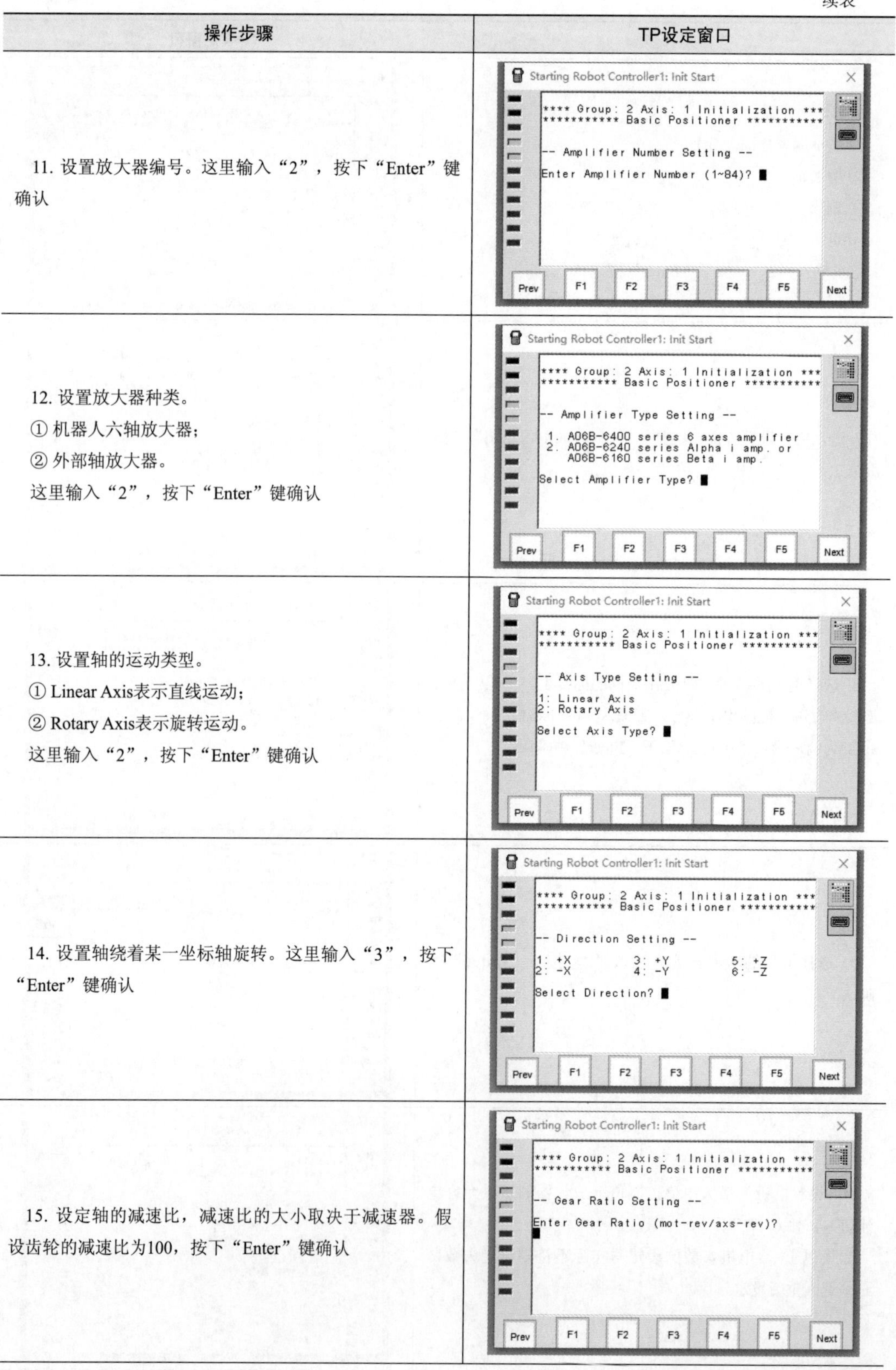

操作步骤	TP设定窗口
11. 设置放大器编号。这里输入“2”，按下“Enter”键确认	Starting Robot Controller1: Init Start **** Group: 2 Axis: 1 Initialization *** *********** Basic Positioner *********** -- Amplifier Number Setting -- Enter Amplifier Number (1~84)? Prev F1 F2 F3 F4 F5 Next
12. 设置放大器种类。 ① 机器人六轴放大器； ② 外部轴放大器。 这里输入“2”，按下“Enter”键确认	Starting Robot Controller1: Init Start **** Group: 2 Axis: 1 Initialization *** *********** Basic Positioner *********** -- Amplifier Type Setting -- 1. A06B-6400 series 6 axes amplifier 2. A06B-6240 series Alpha i amp. or A06B-6160 series Beta i amp. Select Amplifier Type? Prev F1 F2 F3 F4 F5 Next
13. 设置轴的运动类型。 ① Linear Axis表示直线运动； ② Rotary Axis表示旋转运动。 这里输入“2”，按下“Enter”键确认	Starting Robot Controller1: Init Start **** Group: 2 Axis: 1 Initialization *** *********** Basic Positioner *********** -- Axis Type Setting -- 1: Linear Axis 2: Rotary Axis Select Axis Type? Prev F1 F2 F3 F4 F5 Next
14. 设置轴绕着某一坐标轴旋转。这里输入“3”，按下“Enter”键确认	Starting Robot Controller1: Init Start **** Group: 2 Axis: 1 Initialization *** *********** Basic Positioner *********** -- Direction Setting -- 1: +X 3: +Y 5: +Z 2: -X 4: -Y 6: -Z Select Direction? Prev F1 F2 F3 F4 F5 Next
15. 设定轴的减速比，减速比的大小取决于减速器。假设齿轮的减速比为100，按下“Enter”键确认	Starting Robot Controller1: Init Start **** Group: 2 Axis: 1 Initialization *** *********** Basic Positioner *********** -- Gear Ratio Setting -- Enter Gear Ratio (mot-rev/axs-rev)? Prev F1 F2 F3 F4 F5 Next

续表

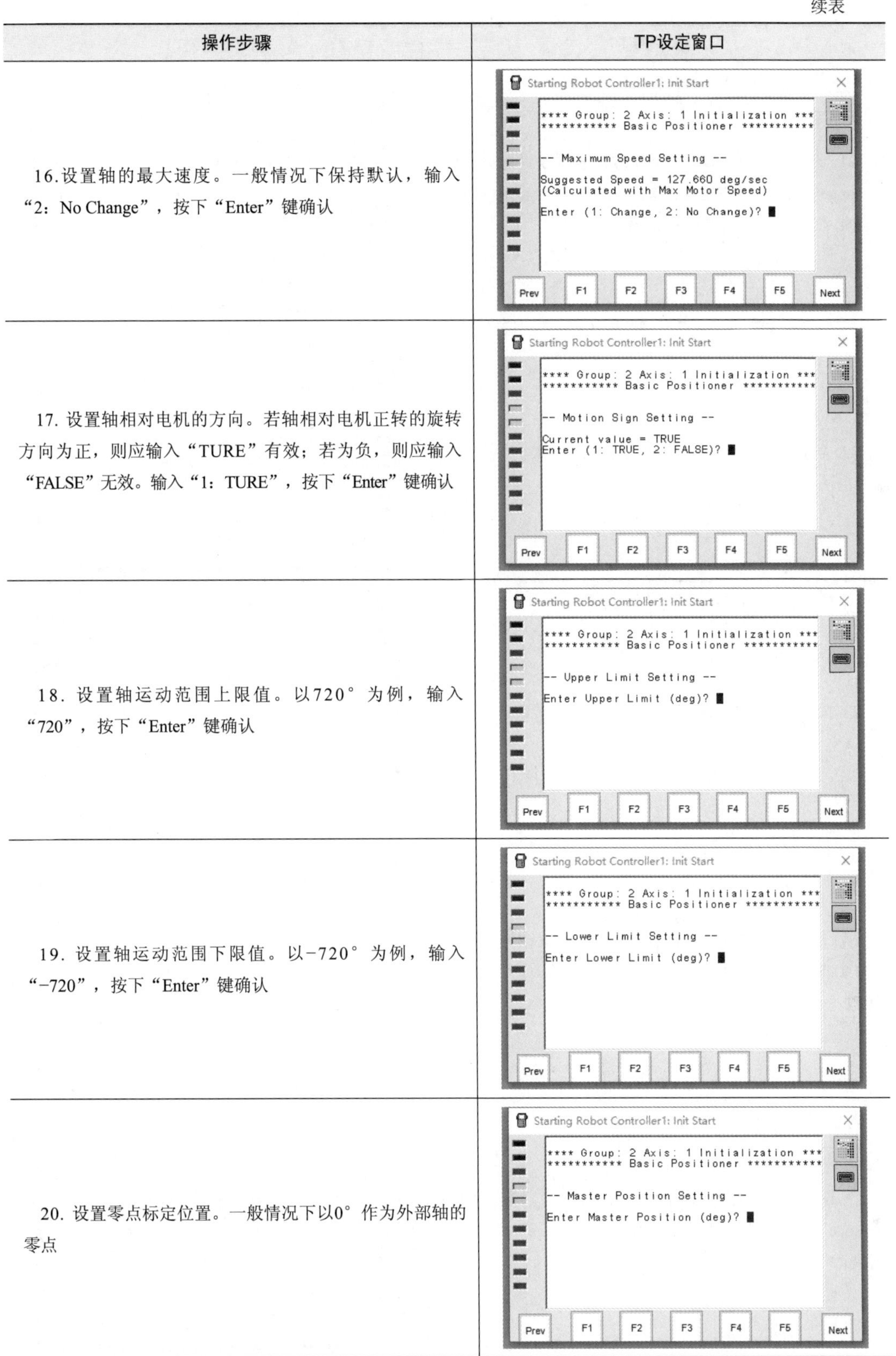

操作步骤	TP设定窗口
16.设置轴的最大速度。一般情况下保持默认，输入“2：No Change”，按下“Enter”键确认	Starting Robot Controller1: Init Start **** Group: 2 Axis: 1 Initialization *** *********** Basic Positioner *********** -- Maximum Speed Setting -- Suggested Speed = 127.660 deg/sec (Calculated with Max Motor Speed) Enter (1: Change, 2: No Change)? Prev F1 F2 F3 F4 F5 Next
17. 设置轴相对电机的方向。若轴相对电机正转的旋转方向为正，则应输入“TURE”有效；若为负，则应输入“FALSE”无效。输入“1：TURE”，按下“Enter”键确认	Starting Robot Controller1: Init Start **** Group: 2 Axis: 1 Initialization *** *********** Basic Positioner *********** -- Motion Sign Setting -- Current value = TRUE Enter (1: TRUE, 2: FALSE)? Prev F1 F2 F3 F4 F5 Next
18. 设置轴运动范围上限值。以720°为例，输入“720”，按下“Enter”键确认	Starting Robot Controller1: Init Start **** Group: 2 Axis: 1 Initialization *** *********** Basic Positioner *********** -- Upper Limit Setting -- Enter Upper Limit (deg)? Prev F1 F2 F3 F4 F5 Next
19. 设置轴运动范围下限值。以−720°为例，输入“−720”，按下“Enter”键确认	Starting Robot Controller1: Init Start **** Group: 2 Axis: 1 Initialization *** *********** Basic Positioner *********** -- Lower Limit Setting -- Enter Lower Limit (deg)? Prev F1 F2 F3 F4 F5 Next
20. 设置零点标定位置。一般情况下以0°作为外部轴的零点	Starting Robot Controller1: Init Start **** Group: 2 Axis: 1 Initialization *** *********** Basic Positioner *********** -- Master Position Setting -- Enter Master Position (deg)? Prev F1 F2 F3 F4 F5 Next

续表

操作步骤	TP设定窗口
21. 设定轴第一加减速时间常数。修改设置选择“1：Change”，使用当前建议值选择“2：No Change”。增加值的大小可使电机的加减速更平稳	Starting Robot Controller1: Init Start **** Group: 2 Axis: 1 Initialization *** *********** Basic Positioner *********** -- Accel Time 1 Setting -- Current value = 384 msec Enter (1: Change, 2: No Change)? Prev F1 F2 F3 F4 F5 Next
22. 若选择“1：Change”，则应输入值的大小	Starting Robot Controller1: Init Start **** Group: 2 Axis: 1 Initialization *** *********** Basic Positioner *********** -- Accel Time 1 Setting -- Current value = 384 msec Enter (1: Change, 2: No Change)? 1 Enter Accel Time 1 (msec)? Prev F1 F2 F3 F4 F5 Next
23. 按照以上的方法设置轴第2加减速时间常数	Starting Robot Controller1: Init Start **** Group: 2 Axis: 1 Initialization *** *********** Basic Positioner *********** -- Accel Time 2 Setting -- Current value = 192 msec Enter (1: Change, 2: No Change)? 1 Enter Accel Time 2 (msec)? Prev F1 F2 F3 F4 F5 Next
24. 设置指数加减速时间常数。需要更改时，输入“1.TURE”；不予更改时，输入“2.FALSE”。一般不予更改	Starting Robot Controller1: Init Start **** Group: 2 Axis: 1 Initialization *** *********** Basic Positioner *********** -- Exponential Filter Setting -- Exp Filter Valid = FALSE Enter (1: TRUE, 2: FALSE)? Prev F1 F2 F3 F4 F5 Next
25. 设置最小加减速时间常数。需要更改时，输入“1：Change”；不予更改时，输入“2：No Change”。一般不予更改	Starting Robot Controller1: Init Start **** Group: 2 Axis: 1 Initialization *** *********** Basic Positioner *********** -- Minimum Accel Time Setting -- Current value = 384 msec Enter (1: Change, 2: No Change)? Prev F1 F2 F3 F4 F5 Next

续表

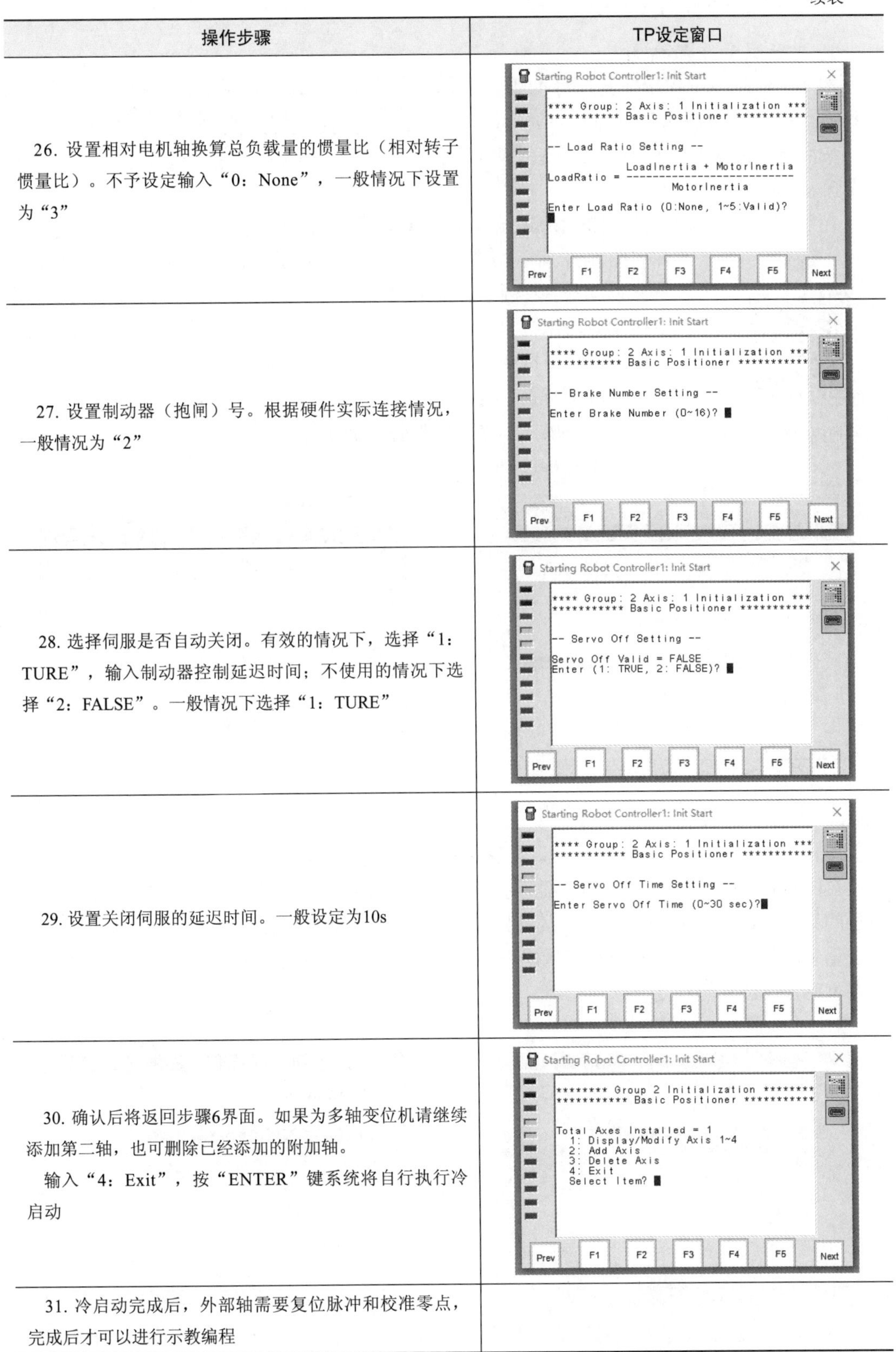

操作步骤	TP设定窗口
26. 设置相对电机轴换算总负载量的惯量比（相对转子惯量比）。不予设定输入“0：None”，一般情况下设置为“3”	Starting Robot Controller1: Init Start **** Group: 2 Axis: 1 Initialization *** *********** Basic Positioner *********** -- Load Ratio Setting -- LoadInertia + MotorInertia LoadRatio = -------------------------- MotorInertia Enter Load Ratio (0:None, 1~5:Valid)? Prev F1 F2 F3 F4 F5 Next
27. 设置制动器（抱闸）号。根据硬件实际连接情况，一般情况为“2”	Starting Robot Controller1: Init Start **** Group: 2 Axis: 1 Initialization *** *********** Basic Positioner *********** -- Brake Number Setting -- Enter Brake Number (0~16)? Prev F1 F2 F3 F4 F5 Next
28. 选择伺服是否自动关闭。有效的情况下，选择“1：TURE”，输入制动器控制延迟时间；不使用的情况下选择“2：FALSE”。一般情况下选择“1：TURE”	Starting Robot Controller1: Init Start **** Group: 2 Axis: 1 Initialization *** *********** Basic Positioner *********** -- Servo Off Setting -- Servo Off Valid = FALSE Enter (1: TRUE, 2: FALSE)? Prev F1 F2 F3 F4 F5 Next
29. 设置关闭伺服的延迟时间。一般设定为10s	Starting Robot Controller1: Init Start **** Group: 2 Axis: 1 Initialization *** *********** Basic Positioner *********** -- Servo Off Time Setting -- Enter Servo Off Time (0~30 sec)? Prev F1 F2 F3 F4 F5 Next
30. 确认后将返回步骤6界面。如果为多轴变位机请继续添加第二轴，也可删除已经添加的附加轴。 输入“4：Exit”，按“ENTER”键系统将自行执行冷启动	Starting Robot Controller1: Init Start ******** Group 2 Initialization ******** *********** Basic Positioner *********** Total Axes Installed = 1 1: Display/Modify Axis 1~4 2: Add Axis 3: Delete Axis 4: Exit Select Item? Prev F1 F2 F3 F4 F5 Next
31. 冷启动完成后，外部轴需要复位脉冲和校准零点，完成后才可以进行示教编程	

二、组控制设置与相关指令

1. 变位机的手动控制

按 TP 上的“GROUP”键，将机器人手动坐标系切换至“G2 关节”，如图 6-10 所示。

按照点动机器人的方法，点动变位机即可。

ARC -121 Weld not performed(Sim mode)
PROG1 行0 自动 中止TED G2 关节

图 6-10　点动坐标系切换

2. 组掩码设置

在包含 2 个及以上动作组的系统中创建程序时，输入程序名称，然后按下“Enter”键，会弹出图 6-11 所示的“程序详细”设置界面。组掩码中“1”的位置代表该程序以动作指令能控制的动作组，“*”的位置表示该程序不能以动作指令控制的动作组，可自定义程序控制的组号。图中表示的是“TEST001”这个程序以动作指令同时控制 1 组和 2 组运动。

微课

组掩码的设置和意义

为了方便理解，可以在“TEST001”程序中任意示教记录一个点的位置 P[1]，并按下“F5”键选择界面下方的“位置 HUP”菜单查看其位置信息，如图 6-12 所示。

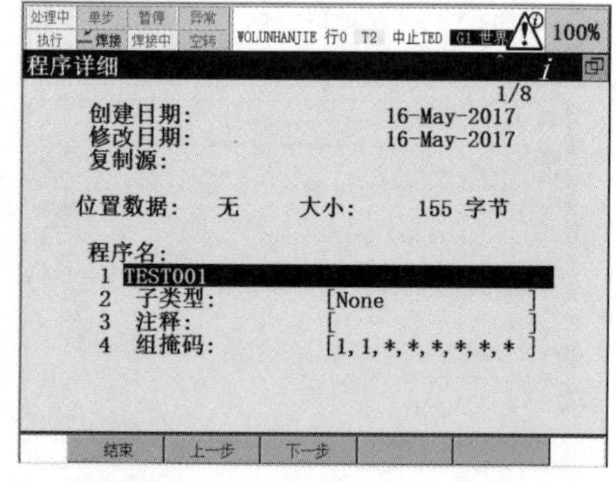

图 6-11　“程序详细”设置界面

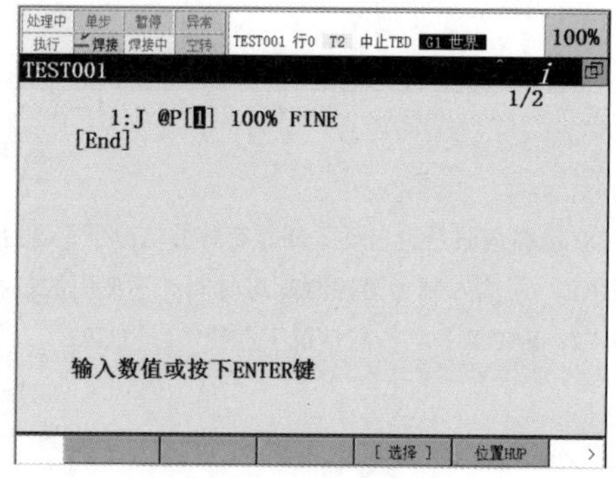

图 6-12　程序编辑界面

图 6-13 所示为组 1（机器人）在世界坐标系下 TCP 的位置。

在图 6-13 所示界面中按“F1”键选择界面下方的组菜单并输入“2”，会进入到组 2 位置信息的界面。图 6-14 所示为组 2（变位机）的位置信息，因为变位机的运动形式为回转运动，所以记录的是角度信息。假设在组掩码设置中，该程序只控制机器人组，那么 P[1] 的位置信息将不包含变位机的角度信息。

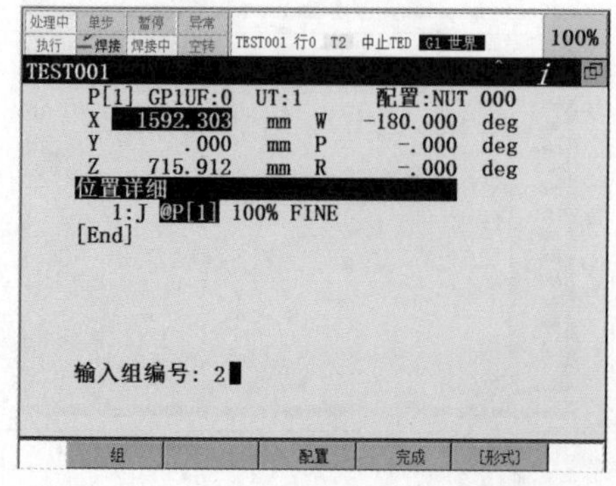

图 6-13　记录点动作组 1 的位置信息

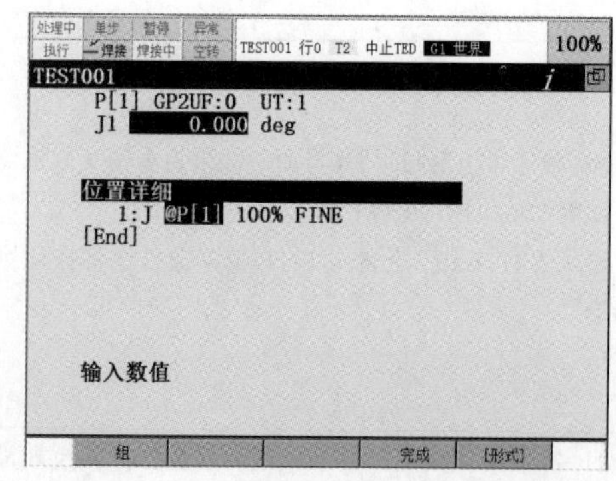

图 6-14　记录点动作组 2 的位置信息

以图 6-11 所示设置的程序为例，在组 1 世界坐标系下记录点 P[1] 的位置，点动机器人移动一个位置，切换至组 2 坐标系下，并点动变位机转动一个角度，示教记录点 P[2] 的位置，两点确定一条轨迹。运行该程序，将会看到机器人和变位机先同时到达 P[1] 的位置，再同时到达 P[2] 的位置，最后同步停止。需要注意的是，同步运行的速度是以同步组中最慢的一个组的最大限速为基准。

3. 多轴控制指令

要求在机器人与外部轴的运动各自独立并且互不干扰时，可以使用多轴控制指令。多轴控制指令又叫作程序执行指令，是用来控制多任务程序执行的指令，在程序执行中同时开始其他程序执行，如图 6-15 所示。

在使用多轴控制指令时要注意组掩码的设置。含有 RUN 指令的程序控制的动作组与被执行的程序控制的动作组不能有组掩码的交集，如图 6-16 所示。使用寄存器以及寄存器条件等待指令，可以使同时被执行的程序同步。

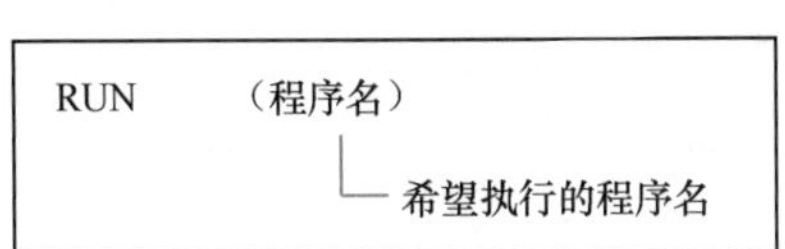

图 6-15　程序执行指令

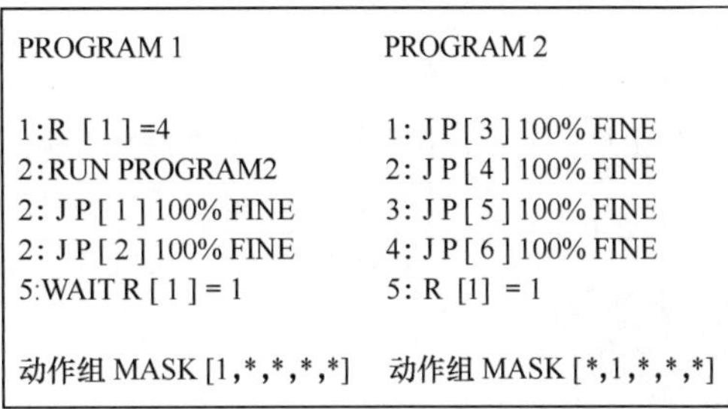

图 6-16　程序执行指令应用

三、转移指令与位置补偿指令的使用

1. 转移指令

转移指令使程序的执行从某一行转移到其他行或者其他程序。转移指令有 4 类，分别是标签指令、程序结束指令、无条件转移指令和条件转移指令。

（1）标签指令

标签指令（LBL[i]）是用来表示程序转移目的地的指令，如图 6-17 所示。标签可通过标签定义指令来定义。

图 6-17　标签指令

微课

跳转 / 标签指令的添加与修改

为了说明标签，还可以追加注解。标签一旦被定义，就可以在条件转移和无条件转移中使用。标签指令中的标签号码，不能间接指定。将光标指向标签号码后按下“ENTER”键，即可输入注解。

（2）程序结束指令

程序结束指令（END）是用来结束程序执行的指令。若程序是由其他程序呼叫执行的，执行程序结束指令时，程序将返回呼叫源的程序。

（3）无条件转移指令

无条件转移指令一旦被执行，程序的执行必定会从程序的某一行转移到其他行或者其他程序。无条件转移指令有下面 2 类。

① 跳跃指令，转移到指定的标签；

② 程序呼叫指令，转移到其他程序。

（a）跳跃指令

JMP LBL[i] 指令使程序的执行转移到相同程序内指定的标签处，如图 6-18 所示。

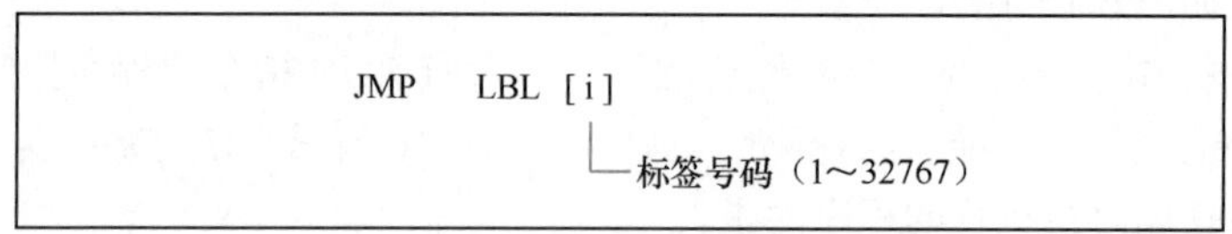

图 6-18　JMP LBL[i] 指令

（b）程序呼叫指令

CALL（程序名）指令使程序的执行转移到其他程序（子程序）的第 1 行，然后执行该程序。被呼叫的程序执行结束时，返回到呼叫源程序（主程序）中呼叫指令下一行的指令处继续执行，如图 6-19 所示。

微课

CALL 指令的添加与修改

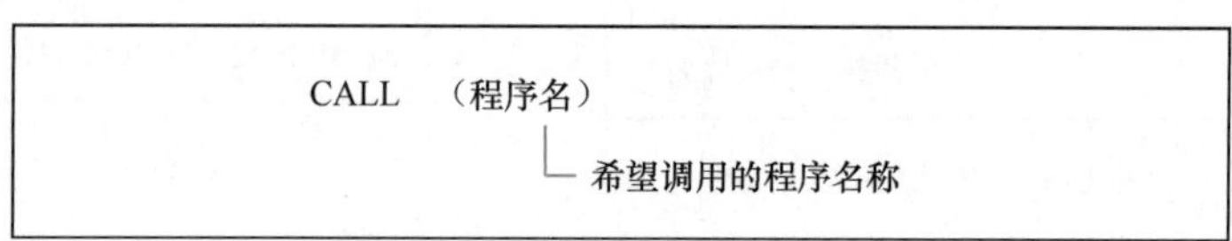

图 6-19　CALL（程序名）指令

（4）条件转移指令

条件转移指令是一种逻辑判断指令。根据某一条件是否满足，决定程序的执行位置是否转移到指定行或其他指定程序。它包括条件比较指令和条件选择指令。

微课

IF 指令的添加与修改

微课

SELECT 指令的添加与修改

① 条件比较指令

条件比较指令将寄存器的值、I/O 的值等和另外一方的值进行比较，若比较正确，就执行处理，如图 6-20 ～图 6-23 所示。

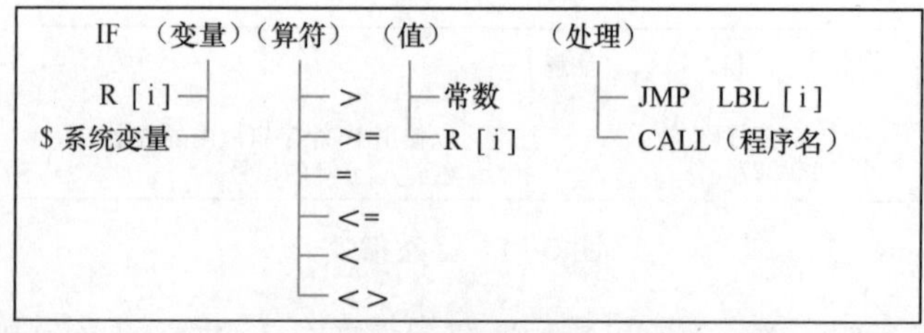

图 6-20　寄存器条件比较指令

② 条件选择指令

条件选择指令由多个寄存器比较指令构成。条件选择指令将寄存器的值与几个值进行比较，选择正确的语句行，执行处理，如图 6-24 所示。

```
IF （变量）（算符）（值）　　（处理）
AO [i] ─┐   ├─ >    ├─ 常数   ├─ JMP LBL [i]
AI [i] ─┤   ├─ >=   └─ R [i]  └─ CALL（程序名）
GO [i] ─┤   ├─ =
GI [i] ─┘   ├─ <=
            ├─ <
            └─ <>
```

图 6-21　I/O 条件比较指令 1

```
IF （变量）（算符）（值）　　（处理）
DO [i] ─┐   ├─ =    ├─ ON     ├─ JMP LBL [i]
DI [i] ─┤   └─ <>   ├─ OFF    └─ CALL（程序名称）
RO [i] ─┤           ├─ DO [i]
RI [i] ─┤           ├─ DI [i]
SO [i] ─┤           ├─ RO [i]
SI [i] ─┤           ├─ RI [i]
UO [i] ─┤           ├─ SO [i]
UI [i] ─┘           ├─ SI [i]
                    ├─ UO [i]
                    ├─ UI [i]
                    └─ R [i]: 0 OFF、1 ON
```

图 6-22　I/O 条件比较指令 2

```
IF PL [i]（算符）（值）—（处理）
叠栈号码 ─┘  ├─ =   │    ├─ JMP LBL [i]
（1～16）    └─ <>  │    └─ CALL（程序名）
                    ├─ PL [i]
                    └─ [i, j, k]
```

图 6-23　码垛寄存器条件比较指令

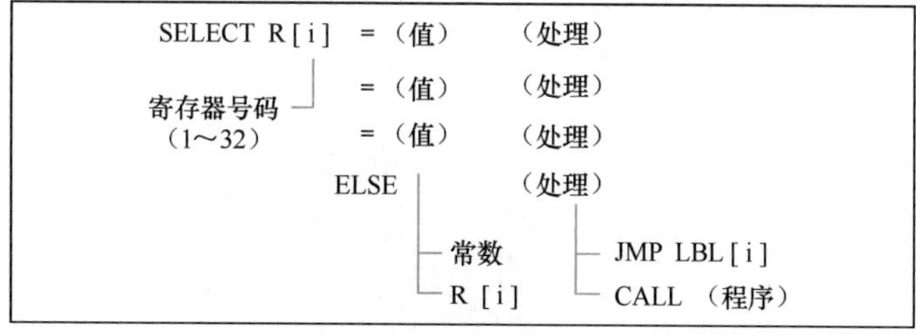

图 6-24　条件选择指令

注意

➢ 如果寄存器的值与其中一个值一致，则执行与该值相对应的跳跃指令或者子程序呼叫指令。

➢ 如果寄存器的值与任何一个值都不一致，则执行与 ELSE（其他）相对应的跳跃指令或者子程序呼叫指令

2. 位置补偿指令

如图 6-25 所示，位置补偿条件指令预先指定在该指令处所使用的位置补偿条件。位置补偿条件指令需要在执行位置偏移指令前执行。曾被指定的位置补偿条件，在程序执行结束，或者执行下一个位置补偿条件指令之前有效。

微课

偏移指令的添加与修改

微课

坐标系偏移指令的添加与修改

OFFSET CONDITION PR[i], (UFRAME[j])

位置寄存器编号（1～100）　用户坐标系编号（1～9）

图 6-25　位置补偿条件指令

例如，

1: OFFSET CONDITION PR[1]

2: J P[1] 100% FINE

3: L P[2] 500mm/sec FINE OFFSET

注意

- 位置寄存器指定偏移的方向和偏移量。
- 在位置资料为关节坐标值的情况下，使用关节的偏移量。
- 在位置资料为直角坐标值的情况下，指定作为基准的用户坐标系的用户坐标系号码；在没有指定的情况下，使用当前所选的用户坐标系号码。

四、离心式涡轮叶片焊接编程应用

离心式涡轮［见图 6-26（a）］多用在离心泵、空气压缩机等设备中。叶片与涡轮盘的焊缝轨迹为弧线并且具有重复性。在没有变位机的情况下，机器人行走的轨迹为弧线，并且需要示教所有的关键点以保证轨迹与焊缝的吻合度。但在焊接不同叶片时，机器人的姿态都会发生改变，故无法保证焊接的均一性。

微课

机器人与变位机系统的编程

实际上，叶片的曲线可以看作是直线运动与圆周运动和合成，如图 6-26（b）所示，即机器人 TCP 从距离圆心的某一点向外匀速直线运动，同时涡轮绕自身轴心做匀速圆周运动。单轴变位机不仅可以实现工件的伺服旋转与机器人同步运动合成叶片轨迹，还可以将待焊接的叶片转动到统一位置，使机器人焊接不同叶片时能始终保持相同的焊接姿态，这既简化了编程，又提高了机器人的工作效率。图 6-27 所示为软件模拟的仿真工作站。

（a）离心式涡轮

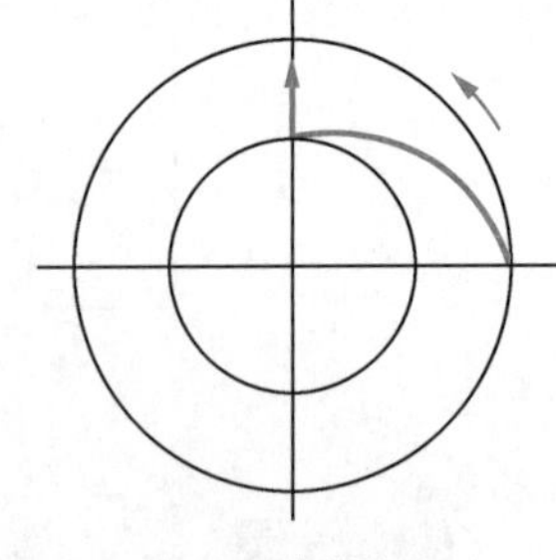

（b）叶片轨迹

图 6-26　离心式涡轮及叶片轨迹

机器人需要循环执行的 4 个位置如图 6-28 所示。

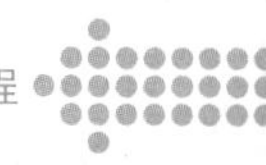

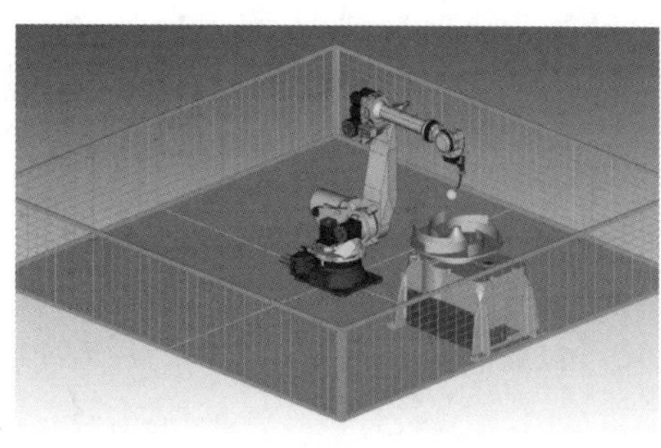

图 6-27　单轴变位机仿真工作站

图 6-28　机器人需要循环执行的 4 个位置

创建机器人变位机联动程序（程序组掩码设置为双群组控制），完成的焊接程序如下：

1:J P[1:HOME] 50% FINE	机器人与变位机同时回到“HOME”位置
2: PR[GP2:10]=JPOS	将变位机当前位置赋予位置寄存器 PR[10]
3: PR[10]=PR[10]-PR[10]	位置寄存器数据清零，但是保留了记录对象及坐标形式
4: OFFSET CONDITION PR[10]	为偏移设置位置补偿条件 PR[10]
5: R[1]=0	初始化数值寄存器 R[1]
6: LBL[1]	设置标签，作为循环区间的起始位置
7:J P[2] 100% FINE Offset	焊接接近点，第 1 次执行时位置补偿条件为 0°，所以变位机的位置为初始示教位置
8:L P[3] 300mm/sec FINE Offset	焊接开始点
9: Weld Start[1,1]	弧焊开始
10:L P[4] 200cm/min FINE Offset	弧焊末端点
11: Weld End[1,1]	弧焊结束
12:L P[5] 500mm/sec FINE Offset	焊接逃离点
13: PR[GP2:10,1]=PR[GP2:10,1]+60	每完成一次焊接，位置寄存器将变位机一轴的偏移条件增加 60°
14: R[1]=R[1]+1	每完成一次焊接，数值寄存器将增加 1
15: IF R[1]<6,JMP LBL[1]	判断焊接次数是否完成 6 次，没有跳回执行下一次焊接完成则不再执行循环
16:J P[1:HOME] 100% FINE	机器人与变位机回到“HOME”位置

【思考与练习】

1. 在什么情况下可以使用 RUN 指令？
2. 一个程序的组掩码设置成 [*，1，1，*，*，*，*，*]，它表示的意义是什么？
3. CALL 指令与 RUN 指令有何相同和不同之处？

任务四　双轴变位机焊接系统编程

【任务描述】

“小明，变位机的知识你掌握得还不错吧？”

"师傅，这变位机的功能还真是强大，有了它，机器人的性能就获得了巨大的提升！"

"想不想学点更高级的？"师傅一脸神秘。

"还有比这个更厉害的？"

"当然了，没有最高，只有更高！"

"好！"紧接着师傅追问道："知道什么是机器人与变位机协调运动吗？"

"协调运动不仅动作时间同步，而且二者的运行具有相关性。之前单轴变位机使用的是一般的同步运动，时间虽然同步，但二者运动没什么关联。"我胸有成竹地回答到。

"不错！"师傅夸赞道："下面交给你的任务就是用协调运动的功能完成一个工件的焊接。你先把协调功能调试出来，我再给你工件。"

【任务学习】

双轴变位机较单轴变位机多了一个自由度，使得工件可以在不同的姿态下做翻转和回转运动。翻转和回转分别由 2 根轴驱动，夹持工件的工作台除能绕自身轴线回转外，还能绕另一根轴做倾斜或翻转运动。它可以将焊件上各种位置的焊缝调整到水平或易焊位置。双轴变位机的常见的形式主要有 U 型变位机、C 型变位机、L 型变位机等，用于焊缝路径与焊缝分布复杂的工件的焊接。

一、双轴变位机的系统设置

机器人与双轴变位机组成的系统如图 6-29 所示。双轴变位机的 2 个轴同属于运动组 2，系统必须安装的软件是 Basic Positioner[H896] 和 Multi-group Motion[J601]，如果要实现变位机与机器人的协调动作可再追加软件 Coord Motion Package[J686]。软件安装完毕后，系统参数设置可按照表 6-6 所示的内容进行。

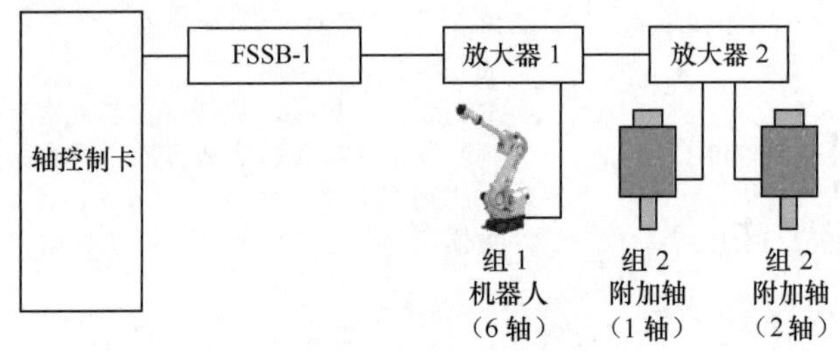

图 6-29　机器人与双轴变位机组成的系统

表 6-6　双轴变位机的系统设置

运动组	FSSB路径	硬件开始轴号	放大器号	FSSB第1路径的总轴数
1	1	1	1	无需设定
2	1	7	2	无需设定

注意

运动组 2 的抱闸号取决于抱闸线连接的抱闸口，一般为 2 号抱闸，2 号抱闸有 2 个抱闸口可控制双轴变位机的 2 台电机。

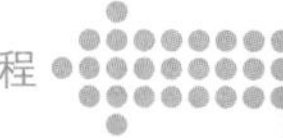

双轴变位机的设定步骤与单轴变位机相同，需要注意的是在添加完 1 轴后不要退出，应该在初始化界面中选择继续添加 2 轴，重复整个步骤设置 2 轴的参数。

二、机器人与变位机的协调设置

协调运动指的是机器人与变位机自始至终保持恒定的相对速度运动，它自动规划工件与焊枪（机器人 TCP）同步运动的路径，自动调整工件的位置使机器人始终保持良好的焊接姿态。相比传统的同步运动，协调运动是在运动过程中使机器人与变位机保持恒定的相对速度，而不只是在起始点和终点同步。协调控制的应用，大大简化了繁杂的编程记录工作，提高了机器人的工作效率。

1. 设置协调

按 TP 上的“GROUP”键，将当前的活动群组坐标系切换至“G2 关节”。创建一个辅助程序（控制组 1 和组 2，组掩码设置保持默认），直接添加 3 条动作指令记录 3 个点，如图 6-30 所示。

直接设置变位机的位置，点 P[1] 的坐标为（−31°，0°），点 P[2] 的坐标（0°，0°），点 P[3] 的坐标为（31°，0°）。

注意

角度差必须大于 30°。

（1）按 TP 上的“MENU”键，选择“设置”-“协调”，出现“设置协调”界面，如图 6-31 所示。

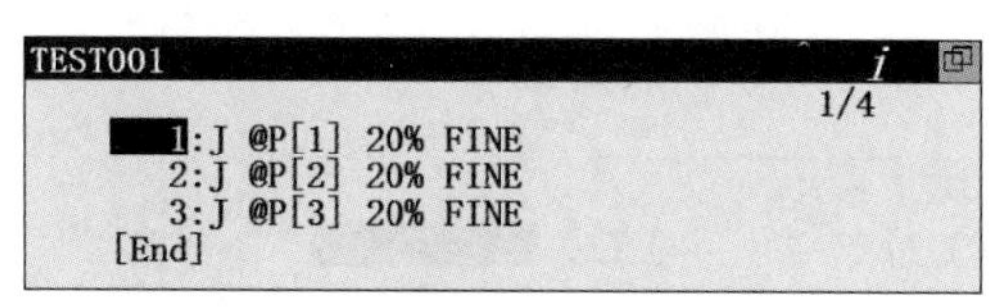

图 6-30　动作指令记录 3 个点

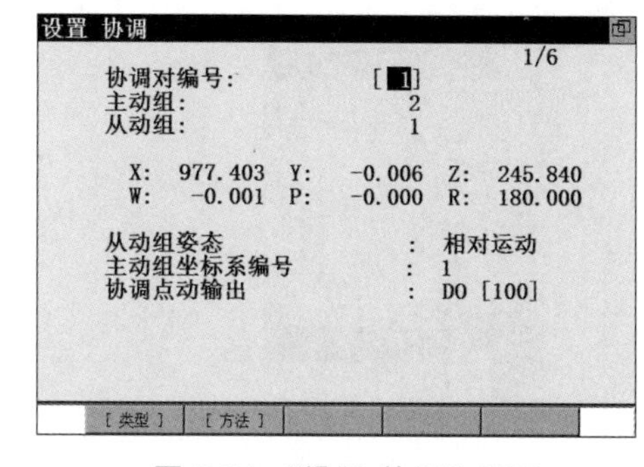

图 6-31　“设置 协调”界面

（2）将主动组设置为组 2，从动组设置为组 1，从动组姿态设置为相对运动，即机器人配合变位机进行耦合运动。

（3）按下“F2”键选择界面下方的“方法”菜单，选择“变位机类型”，进入图 6-32 所示的界面。当前轴编号为 1，即校准的是变位轴的 1 轴。

（4）在变位机的工件夹具托盘上做一个合适的尖点记号，执行辅助程序，使变位机运行到 P[1] 点。

（5）切换活动组，点动机器人，使 TCP 对准尖点记号，在图 6-32 所示的界面中按“Shift+F5”组合键进行记录。

（6）使变位机分别运动到剩余两个点，按照上述方法进行记录。变位机一轴便校准完毕。

（7）将轴编号改为 2，如图 6-33 所示，开始校准变位机 2 轴。

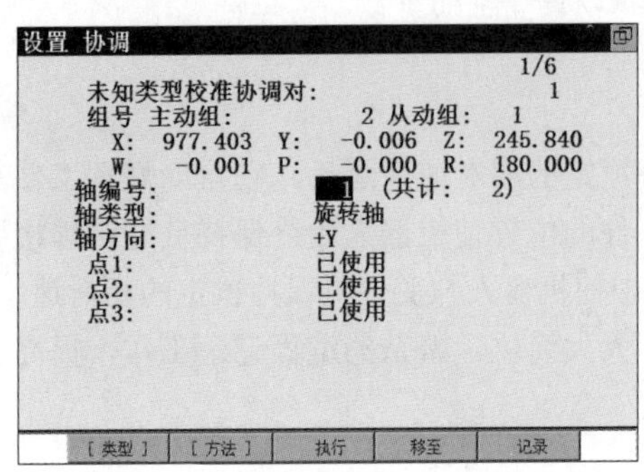

图 6-32　变位机 1 轴设置界面

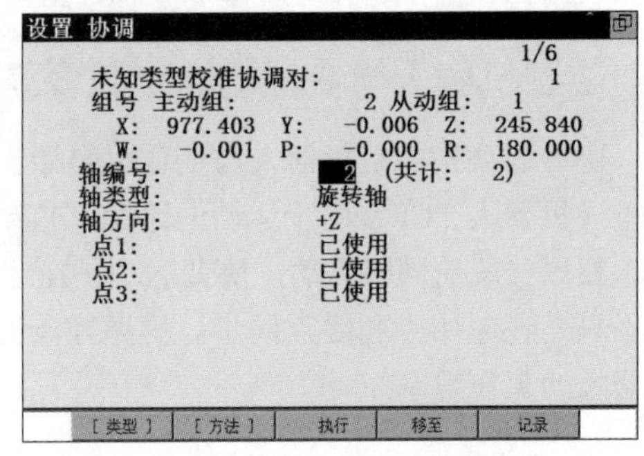

图 6-33　变位机 2 轴设置界面

（8）将辅助程序的 3 个点位置坐标数据修改为 P[1]（0°，-31°），P[2]（0°，0°），P[3]（0°，31°）。

（9）按照校准 1 轴的方法校准 2 轴。

（10）记录完两个轴共 6 个参照点后，按下“F3”键选择界面下方的“执行”菜单，完成协调设置，系统重新启动后会自动生效。

2. 协调控制检验

（1）将机器人的 TCP 对准变位机 2 轴夹具托盘上任意一点。

（2）按 TP 上的“GROUP”键，切换当前活动组为组 2。再按“FCTN”键，选择“8 切换协调点动方式”，如图 6-34 所示。

此时 TP 状态栏坐标系显示内容如图 6-35 所示，活动坐标系为“C21 关节”。

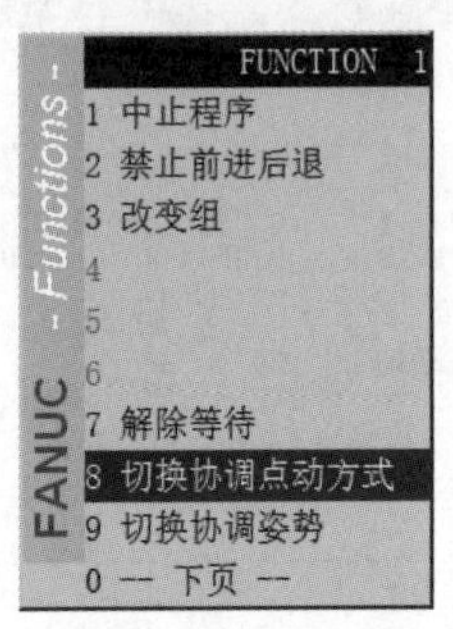

图 6-34　切换协调点动方式界面

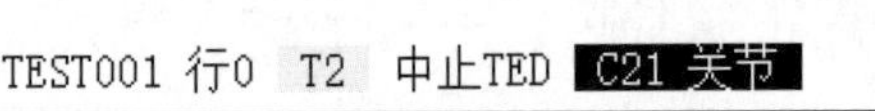

图 6-35　TP 状态栏显示界面

（3）点动变位机的 1 轴或者 2 轴，观察机器人是否与变位机一起进行协调运动（TCP 的姿势和位置相对于变位机 2 轴始终不变），如果符合，则证明设置成功。

三、含多个管路接头的箱体焊接编程应用

如图 6-36 所示，工件的箱体拥有 4 条连接外部的管路，每个接头与箱体之间的圆形结合处需要焊接。

图 6-37 所示的虚拟仿真工作站将工件固定在变位机 2 轴的回转托盘上。

从图 6-37 所示可知，每条焊缝虽然是圆形，但是并不与变位机任何一个回转中心重合，所以不能单单依靠变位机某一轴回转完成焊接。此时，就需要使用机器人与变位机的协调运

动机制，使二者运动发生耦合，合成焊缝轨迹。

图 6-36　箱体工件

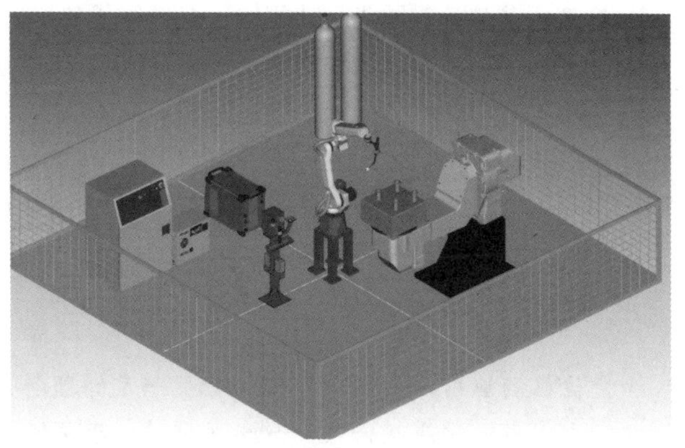

图 6-37　双轴变位机仿真焊接工作站

在协调运动模式下的编程与在一般情况下的编程基本相同，可以假设成机器人的用户坐标系跟随变位机的运动而变化。机器人相对变位机的关系可以用人在高铁上的情形进行类比：虽然列车在高速行驶，但是人要走直线或者走曲线并不会受到列车运动的影响，如图 6-38 所示。

图 6-38　高铁车厢里嬉戏打闹的小孩子

其中 1 条焊缝的焊接程序如下：

```
1:CALL HOME                                                机器人与变位机回到“HOME”位置；
2:L P[1] 500mm/sec FINE COORD[2]                           机器人到达焊接接近点；
3:L P[2] 200mm/sec FINE COORD[2]: Weld Start[1,1]          焊接开始点；
4:C P[3]: P[4] 100mm/sec CNT10 COORD[2]                    焊接中间点；
5:C P[5]: P[6] 100mm/sec CNT10 COORD[2]
6:C P[7]: P[8] 100mm/sec CNT10 COORD[2]
7:C P[9]: P[10] 100mm/sec FINE COORD[2]: Weld End[1,1]     P[10] 为焊接结束点；
8:L P[11] 500mm/sec FINE COORD[2]                          机器人到达焊接逃离点；
9: CALL HOME                                               机器人与变位机回到“HOME”位置。
```

在动作指令的后方加入附加协调指令“COORD”或者协调先导指令“COORD[...]”，目的是让机器人 TCP 与变位机进行协调运动。

按照相同的方法示教其他 3 条焊缝的焊接程序。

【思考与练习】

1. 协调运动与一般同步运动相比，有哪些优势？
2. 简述如何检验协调运动功能是否设置成功。

任务五　行走轴焊接系统编程

【任务描述】

变位机的应用让我们对外部轴有了一定的理解，我和小李决定尝试使用行走系统协助机器人完成一项焊接任务——车架焊接。车架需要焊接的地方分布广、焊点多，机器人本身的臂展肯定不够，所以行走轴可以帮助我们完成这项任务。

【任务学习】

行走系统主要由地面固定直线导轨和安装机器人的行走车 2 部分构成。行走系统的运动方向可以设置为机器人世界坐标系 *X*、*Y*、*Z* 轴的任意一个方向。带有行走系统的焊接机器人适用于大型工件超长焊缝、大型工件焊缝分布范围广以及一机多工作台焊接等场景。

一、行走轴焊接系统的设置

行走系统（见图 6-39）不同于变位机的地方是行走系统属于机器人动作组，需要安装的软件是 Extended Axis Control[J51]，安装完成后就可以进行系统的设置。其主要配置参数按照表 6-7 所示的内容进行设置。

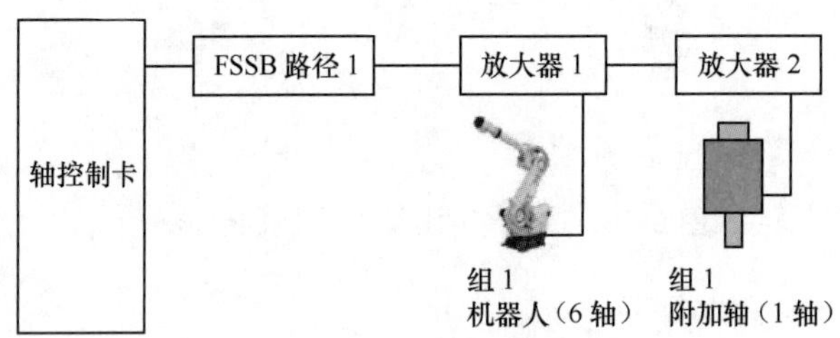

图 6-39　行走系统

表 6-7　行走系统配置参数的设置

运动组	FSSB路径	硬件开始轴号	放大器号	FSSB第1路径的总轴数
1	1	7	2	无需设定

注意

运动组 2 的抱闸号取决于抱闸线连接的抱闸口，一般为 2 号抱闸。

行走系统设置步骤如表 6-8 所示。

表 6-8　　行走系统的设置步骤

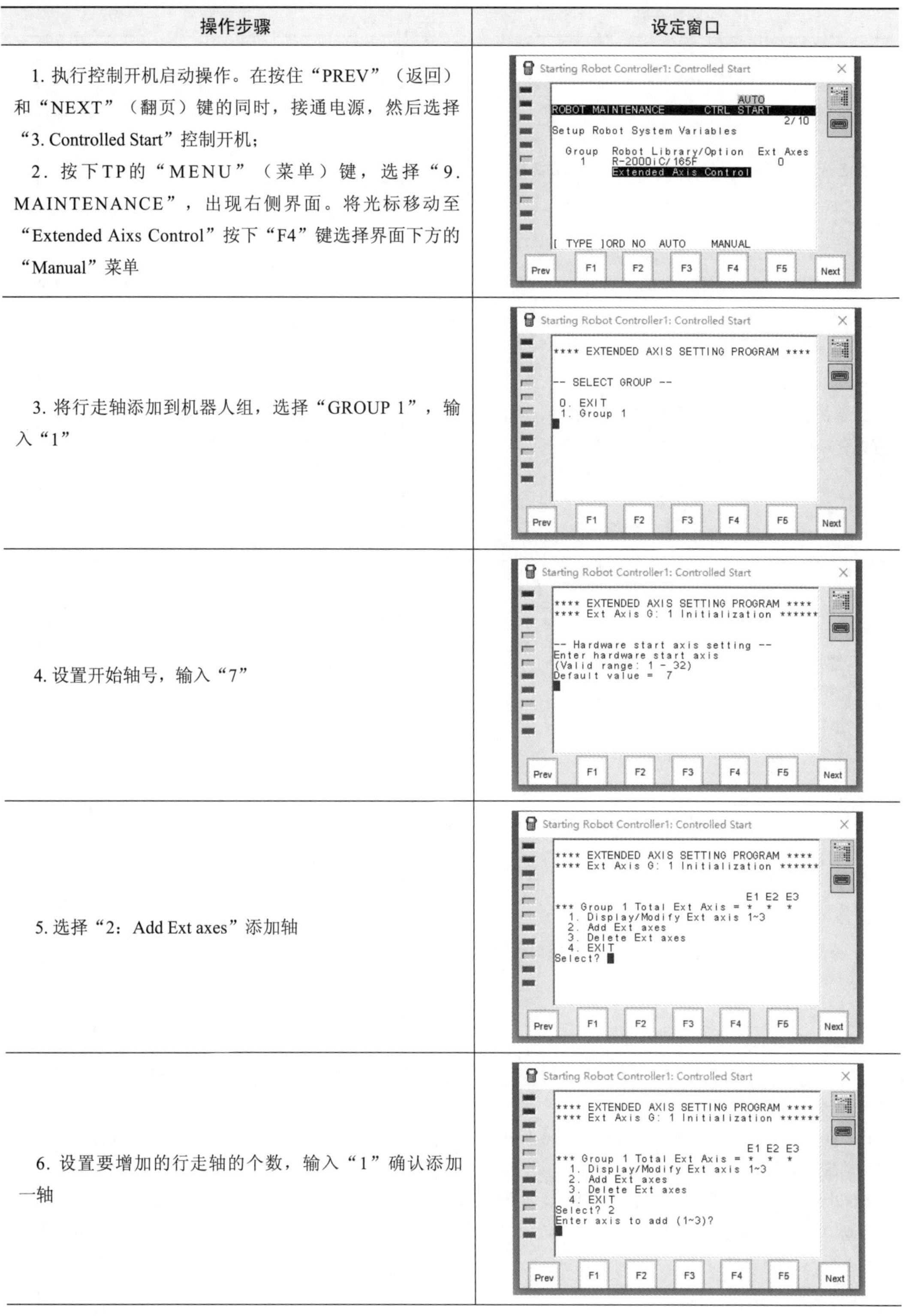

操作步骤	设定窗口
1. 执行控制开机启动操作。在按住“PREV”（返回）和“NEXT”（翻页）键的同时，接通电源，然后选择“3. Controlled Start”控制开机； 2. 按下TP的“MENU”（菜单）键，选择“9. MAINTENANCE”，出现右侧界面。将光标移动至“Extended Aixs Control”按下“F4”键选择界面下方的“Manual”菜单	Starting Robot Controller1: Controlled Start AUTO ROBOT MAINTENANCE CTRL START 2/10 Setup Robot System Variables Group Robot Library/Option Ext Axes 1 R-2000iC/165F 0 Extended Axis Control [TYPE]ORD NO AUTO MANUAL Prev F1 F2 F3 F4 F5 Next
3. 将行走轴添加到机器人组，选择“GROUP 1”，输入“1”	Starting Robot Controller1: Controlled Start **** EXTENDED AXIS SETTING PROGRAM **** -- SELECT GROUP -- 0. EXIT 1. Group 1 Prev F1 F2 F3 F4 F5 Next
4. 设置开始轴号，输入“7”	Starting Robot Controller1: Controlled Start **** EXTENDED AXIS SETTING PROGRAM **** **** Ext Axis G: 1 Initialization ****** -- Hardware start axis setting -- Enter hardware start axis (Valid range: 1 - 32) Default value = 7 Prev F1 F2 F3 F4 F5 Next
5. 选择“2：Add Ext axes”添加轴	Starting Robot Controller1: Controlled Start **** EXTENDED AXIS SETTING PROGRAM **** **** Ext Axis G: 1 Initialization ****** E1 E2 E3 *** Group 1 Total Ext Axis = * * * 1. Display/Modify Ext axis 1~3 2. Add Ext axes 3. Delete Ext axes 4. EXIT Select? Prev F1 F2 F3 F4 F5 Next
6. 设置要增加的行走轴的个数，输入“1”确认添加一轴	Starting Robot Controller1: Controlled Start **** EXTENDED AXIS SETTING PROGRAM **** **** Ext Axis G: 1 Initialization ****** E1 E2 E3 *** Group 1 Total Ext Axis = * * * 1. Display/Modify Ext axis 1~3 2. Add Ext axes 3. Delete Ext axes 4. EXIT Select? 2 Enter axis to add (1~3)? Prev F1 F2 F3 F4 F5 Next

续表

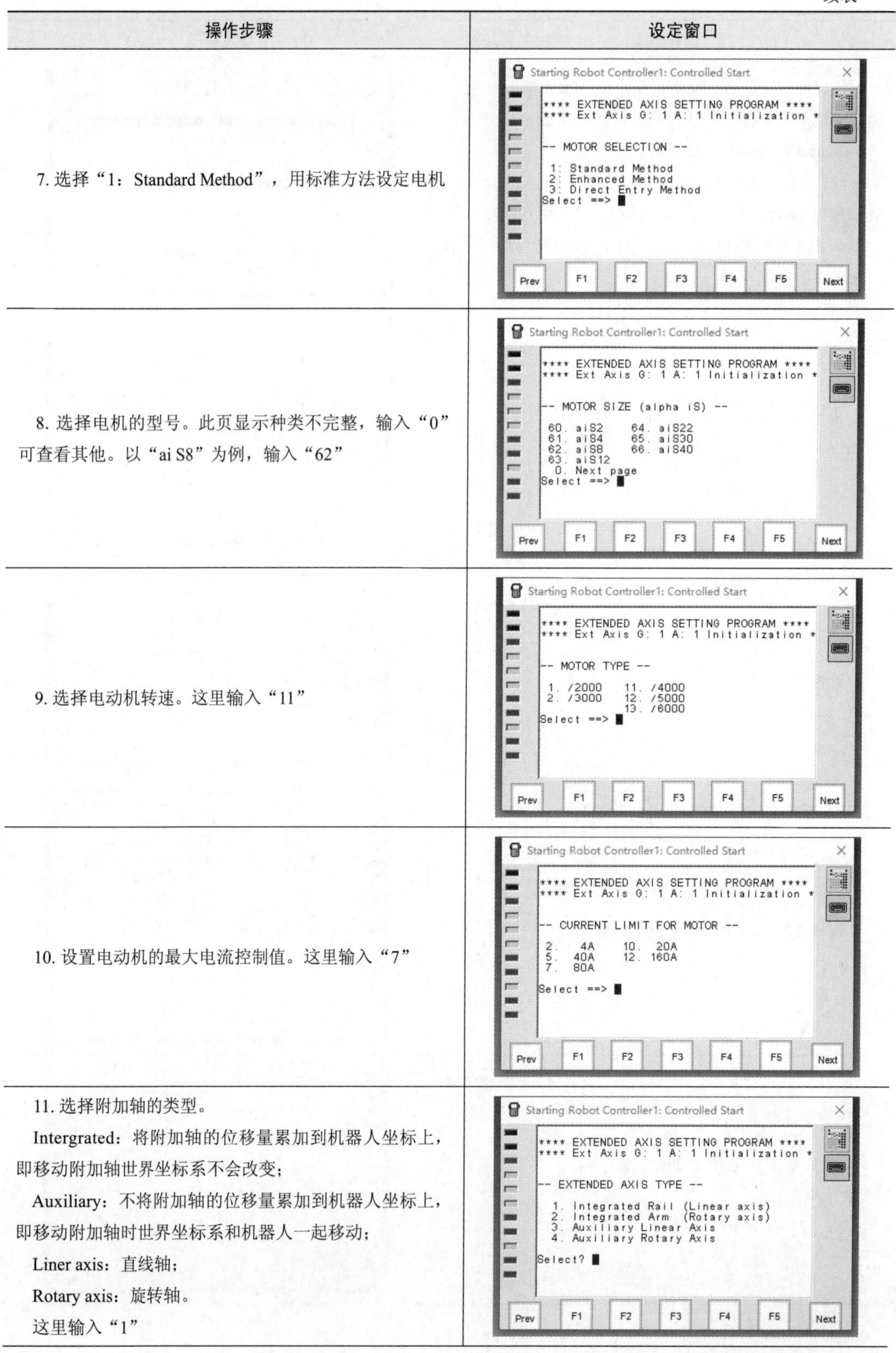

操作步骤	设定窗口
7. 选择“1：Standard Method”，用标准方法设定电机	Starting Robot Controller1: Controlled Start **** EXTENDED AXIS SETTING PROGRAM **** **** Ext Axis G: 1 A: 1 Initialization * -- MOTOR SELECTION -- 1: Standard Method 2: Enhanced Method 3: Direct Entry Method Select ==> Prev F1 F2 F3 F4 F5 Next
8. 选择电机的型号。此页显示种类不完整，输入“0”可查看其他。以“ai S8”为例，输入“62”	Starting Robot Controller1: Controlled Start **** EXTENDED AXIS SETTING PROGRAM **** **** Ext Axis G: 1 A: 1 Initialization * -- MOTOR SIZE (alpha iS) -- 60. aiS2 64. aiS22 61. aiS4 65. aiS30 62. aiS8 66. aiS40 63. aiS12 0. Next page Select ==> Prev F1 F2 F3 F4 F5 Next
9. 选择电动机转速。这里输入“11”	Starting Robot Controller1: Controlled Start **** EXTENDED AXIS SETTING PROGRAM **** **** Ext Axis G: 1 A: 1 Initialization * -- MOTOR TYPE -- 1. /2000 11. /4000 2. /3000 12. /5000 13. /6000 Select ==> Prev F1 F2 F3 F4 F5 Next
10. 设置电动机的最大电流控制值。这里输入“7”	Starting Robot Controller1: Controlled Start **** EXTENDED AXIS SETTING PROGRAM **** **** Ext Axis G: 1 A: 1 Initialization * -- CURRENT LIMIT FOR MOTOR -- 2. 4A 10. 20A 5. 40A 12. 160A 7. 80A Select ==> Prev F1 F2 F3 F4 F5 Next
11. 选择附加轴的类型。 Intergrated：将附加轴的位移量累加到机器人坐标上，即移动附加轴世界坐标系不会改变； Auxiliary：不将附加轴的位移量累加到机器人坐标上，即移动附加轴时世界坐标系和机器人一起移动； Liner axis：直线轴； Rotary axis：旋转轴。 这里输入“1”	Starting Robot Controller1: Controlled Start **** EXTENDED AXIS SETTING PROGRAM **** **** Ext Axis G: 1 A: 1 Initialization * -- EXTENDED AXIS TYPE -- 1. Integrated Rail (Linear axis) 2. Integrated Arm (Rotary axis) 3. Auxiliary Linear Axis 4. Auxiliary Rotary Axis Select? Prev F1 F2 F3 F4 F5 Next

续表

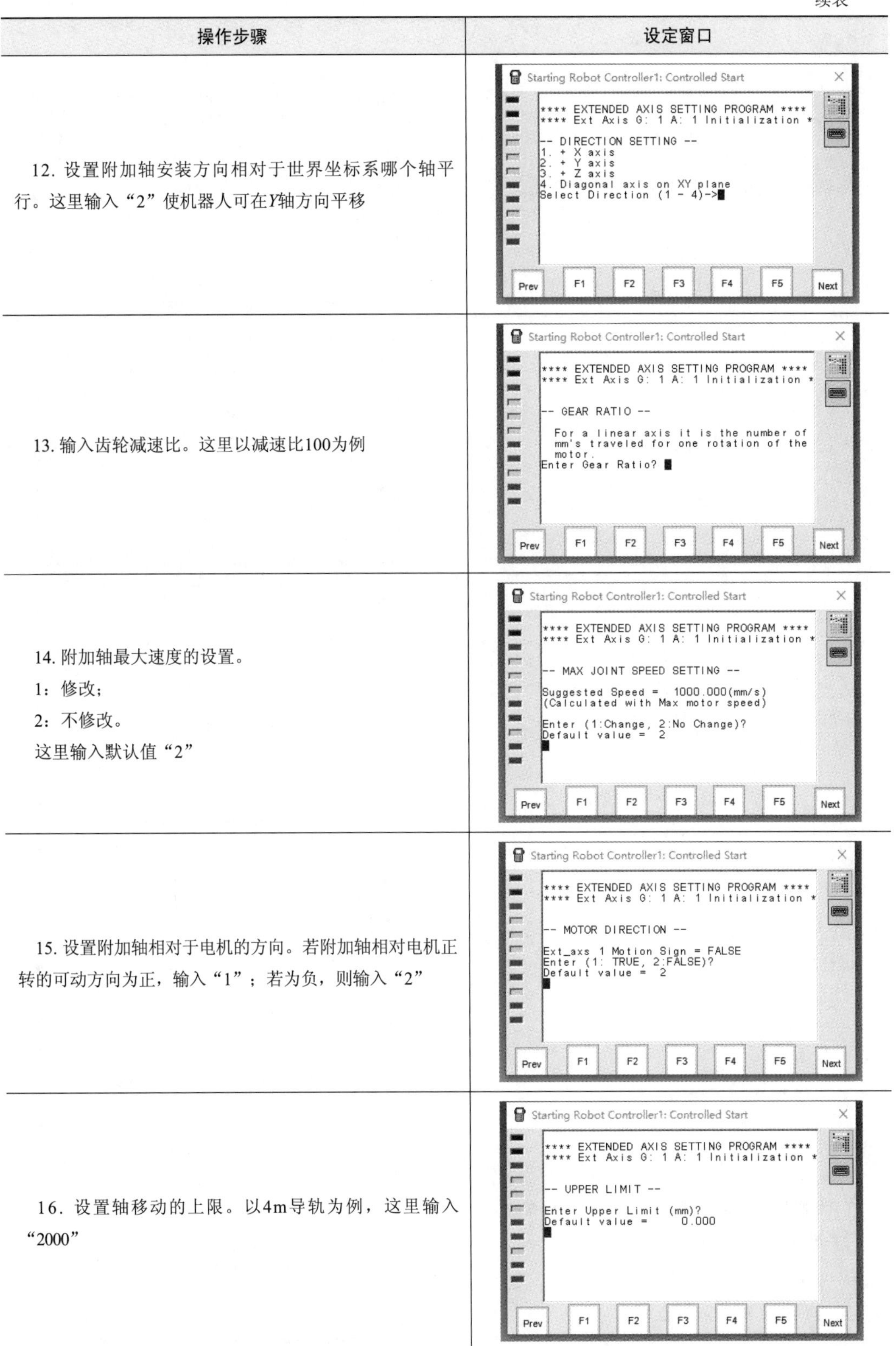

操作步骤	设定窗口
12. 设置附加轴安装方向相对于世界坐标系哪个轴平行。这里输入“2”使机器人可在*Y*轴方向平移	Starting Robot Controller1: Controlled Start **** EXTENDED AXIS SETTING PROGRAM **** **** Ext Axis G: 1 A: 1 Initialization * -- DIRECTION SETTING -- 1. + X axis 2. + Y axis 3. + Z axis 4. Diagonal axis on XY plane Select Direction (1 - 4)-> Prev F1 F2 F3 F4 F5 Next
13. 输入齿轮减速比。这里以减速比100为例	Starting Robot Controller1: Controlled Start **** EXTENDED AXIS SETTING PROGRAM **** **** Ext Axis G: 1 A: 1 Initialization * -- GEAR RATIO -- For a linear axis it is the number of mm's traveled for one rotation of the motor. Enter Gear Ratio? Prev F1 F2 F3 F4 F5 Next
14. 附加轴最大速度的设置。 1：修改； 2：不修改。 这里输入默认值“2”	Starting Robot Controller1: Controlled Start **** EXTENDED AXIS SETTING PROGRAM **** **** Ext Axis G: 1 A: 1 Initialization * -- MAX JOINT SPEED SETTING -- Suggested Speed = 1000.000(mm/s) (Calculated with Max motor speed) Enter (1:Change, 2:No Change)? Default value = 2 Prev F1 F2 F3 F4 F5 Next
15. 设置附加轴相对于电机的方向。若附加轴相对电机正转的可动方向为正，输入“1”；若为负，则输入“2”	Starting Robot Controller1: Controlled Start **** EXTENDED AXIS SETTING PROGRAM **** **** Ext Axis G: 1 A: 1 Initialization * -- MOTOR DIRECTION -- Ext_axs 1 Motion Sign = FALSE Enter (1: TRUE, 2:FALSE)? Default value = 2 Prev F1 F2 F3 F4 F5 Next
16. 设置轴移动的上限。以4m导轨为例，这里输入“2000”	Starting Robot Controller1: Controlled Start **** EXTENDED AXIS SETTING PROGRAM **** **** Ext Axis G: 1 A: 1 Initialization * -- UPPER LIMIT -- Enter Upper Limit (mm)? Default value = 0.000 Prev F1 F2 F3 F4 F5 Next

续表

操作步骤	设定窗口
17. 设置轴移动的下限。这里输入“-2000”	
18. 设置轴的零点。这里输入“0”	
19. 设置轴的第1、第2加减速时间常数，可自行设置或使用建议值。这里输入“2”，不修改	
20. 设置最小加减速时间常数，输入“2”，不修改	
21. 设置相对电机转子的惯量比。不设置时，输入“0”，若设置，则请输入1~5之间的数	

续表

操作步骤	设定窗口
22. 设置放大器号码。这里输入“2”	Starting Robot Controller1: Controlled Start **** EXTENDED AXIS SETTING PROGRAM **** **** Ext Axis G: 1 A: 1 Initialization * -- SELECT AMP NUMBER -- Enter amplifier number (1~84)? Default value = 2 Prev F1 F2 F3 F4 F5 Next
23. 设置放大器种类。这里输入“2”	Starting Robot Controller1: Controlled Start **** EXTENDED AXIS SETTING PROGRAM **** **** Ext Axis G: 1 A: 1 Initialization * -- SELECT AMP TYPE -- 1. A06B-6400 series 6 axes amplifier 2. A06B-6240 series Alpha i amp. or A06B-6160 series Beta i amp. Select? Default value = 2 Prev F1 F2 F3 F4 F5 Next
24. 设置抱闸号。这里输入“2”	Starting Robot Controller1: Controlled Start **** EXTENDED AXIS SETTING PROGRAM **** **** Ext Axis G: 1 A: 1 Initialization * -- BRAKE SETTING -- Enter Brake Number (0~32)? Default value = 2 Prev F1 F2 F3 F4 F5 Next
25. 选择伺服自动关启用。有效的情况下，选择“1：TURE”，输入自动关闭延迟时间；不使用的情况下选择“2：FALSE”	Starting Robot Controller1: Controlled Start **** EXTENDED AXIS SETTING PROGRAM **** **** Ext Axis G: 1 A: 1 Initialization * -- SERVO TIMEOUT -- Servo Off is Disable Enter (1: Enable 2: Disable)? Default value = 2 Prev F1 F2 F3 F4 F5 Next
26. 输入“4”，退出	Starting Robot Controller1: Controlled Start **** EXTENDED AXIS SETTING PROGRAM **** **** Ext Axis G: 1 Initialization ****** E1 E2 E3 *** Group 1 Total Ext Axis = I * * 1. Display/Modify Ext axis 1~3 2. Add Ext axes 3. Delete Ext axes 4. EXIT Select? Prev F1 F2 F3 F4 F5 Next

续表

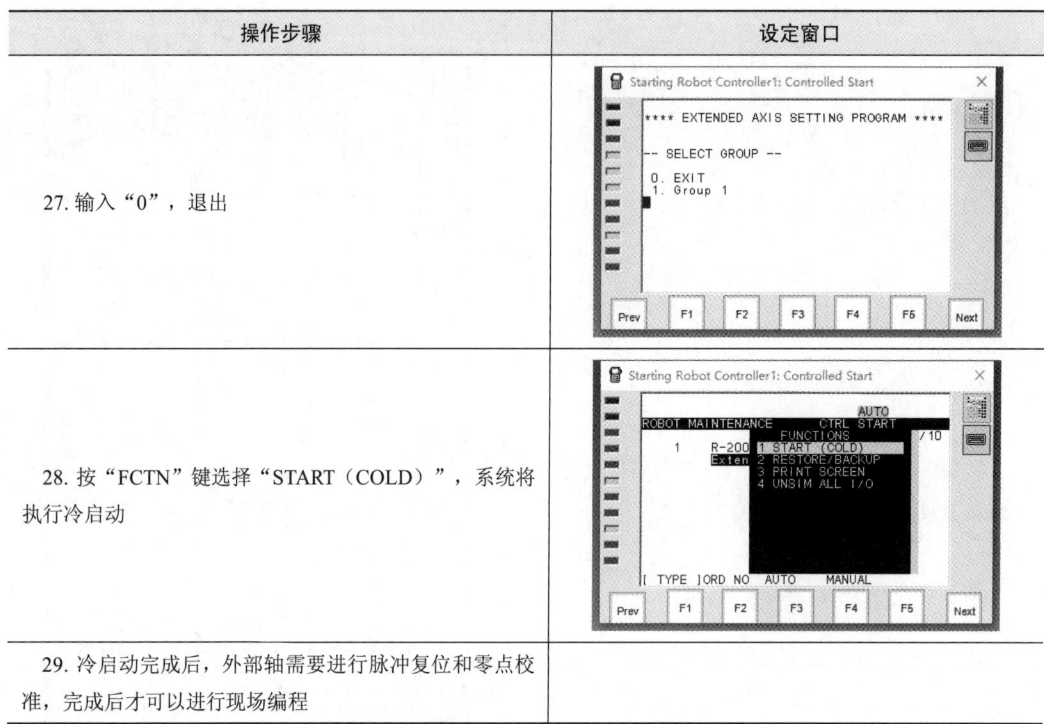

操作步骤	设定窗口
27. 输入“0”，退出	Starting Robot Controller1: Controlled Start **** EXTENDED AXIS SETTING PROGRAM **** -- SELECT GROUP -- 0. EXIT 1. Group 1 Prev F1 F2 F3 F4 F5 Next
28. 按“FCTN”键选择“START（COLD）”，系统将执行冷启动	Starting Robot Controller1: Controlled Start AUTO ROBOT MAINTENANCE CTRL START FUNCTIONS /10 1 R-200 1 START (COLD) Exten 2 RESTORE/BACKUP 3 PRINT SCREEN 4 UNSIM ALL I/O [TYPE]ORD NO AUTO MANUAL Prev F1 F2 F3 F4 F5 Next
29. 冷启动完成后，外部轴需要进行脉冲复位和零点校准，完成后才可以进行现场编程	

二、汽车框架多焊点编程应用

汽车制造是工业机器人应用最为广泛的领域之一，整车制造流水线中使用的机器人类型包括焊接、喷涂、组装等。汽车某些整体框架较大，焊点分布较广，在焊接机器人数量不足的情况下，行走系统的应用解决了使用单机器人难以对整体框架进行焊接作业的难题。图 6-40 为行走系统焊接仿真工作站。

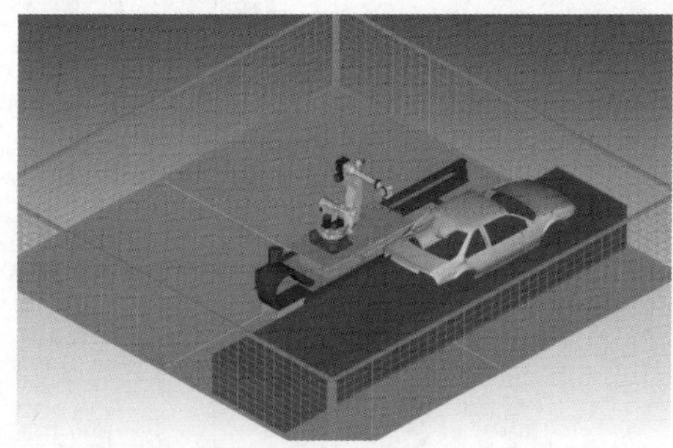

图 6-40　行走系统焊接仿真工作站

1. 点动行走轴

当前活动坐标系为“G1”时，如图 6-41 所示，按 TP 的“-J7”或者“+J7”键左右移动行走轴。

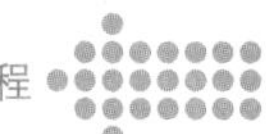

当前活动坐标系为“G1 S”时，如图 6-42 所示，按 TP 的“-J1”或者“+J1”键左右移动行走轴。

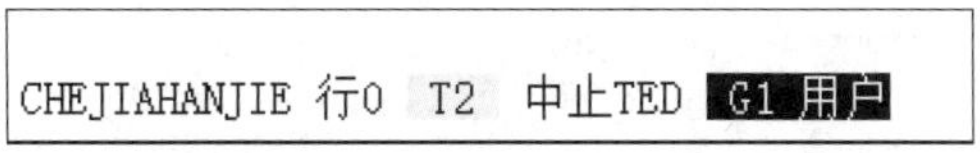

CHEJIAHANJIE 行0 T2 中止TED G1 用户

图 6-41 当前活动坐标系为“G1”

CHEJIAHANJIE 行0 T2 中止TED G1 S 用户

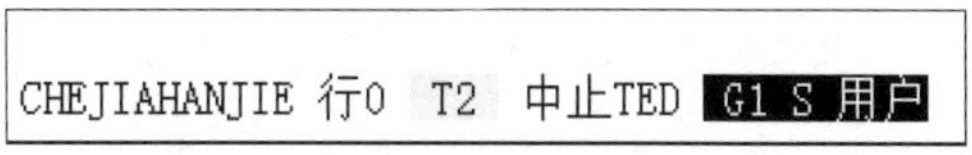

图 6-42 当前活动坐标系为“G1 S”

2. 查看和修改记录点中行走轴的位置数据

在图 6-43 所示的记录点位置信息界面中，按下“F2”键选择界面下方的“页面”菜单，则会显示行走轴的当前位置，直接输入数值可进行修改，如图 6-44 所示。

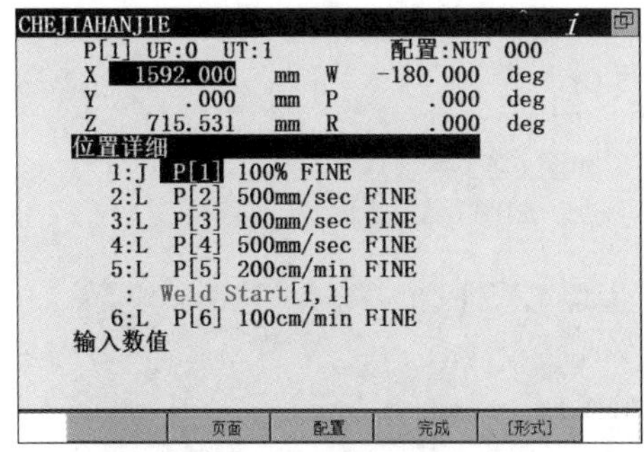

图 6-43 记录点位置信息界面

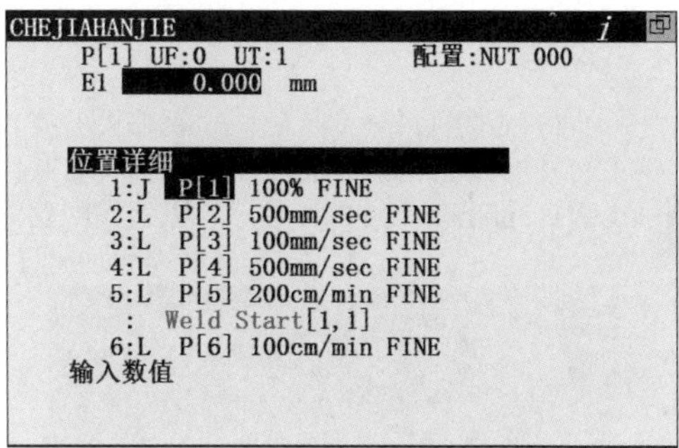

图 6-44 行走轴位置数据界面

3. 机器人行走轴联动焊接的示教编程

具体程序如下。

1:J P[1] 100% FINE　　机器人处于“HOME”位置，如图 6-45 所示

2:L P[2] 500mm/sec FINE　　机器人开始趋近焊接位置，如图 6-46 所示

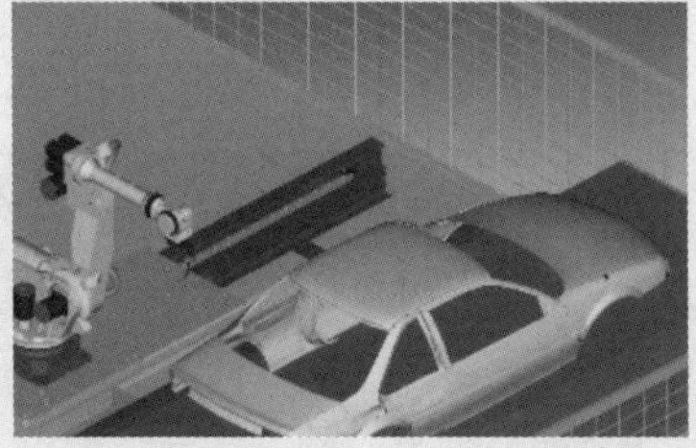

图 6-45 机器人处于“HOME”位置

图 6-46 机器人开始趋近焊接位置

3:L P[3] 100mm/sec FINE　　机器人调整焊枪姿态，如图 6-47 所示

4:L P[4] 500mm/sec FINE　　机器人到达焊接位置的接近点，如图 6-48 所示

图 6-47 机器人调整焊枪姿态

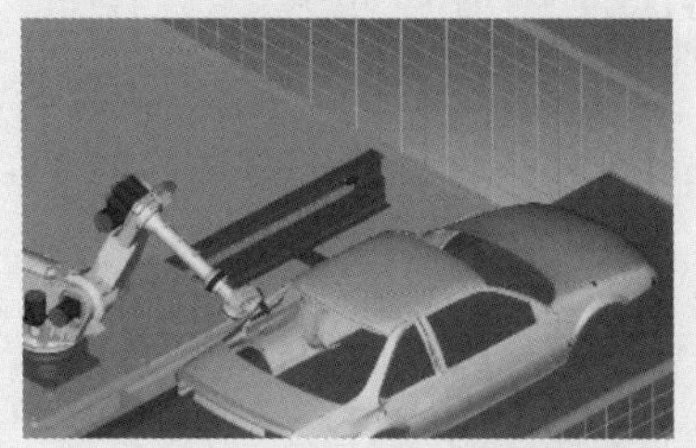

图 6-48 机器人到达焊接位置的接近点

```
5:L P[5] 200cm/min FINE        机器人到达焊接位置，如图 6-49 所示
:  Weld Start[1,1]             机器人开始焊接
6:L P[6] 100cm/min FINE        机器人到达焊缝末端，如图 6-50 所示
```

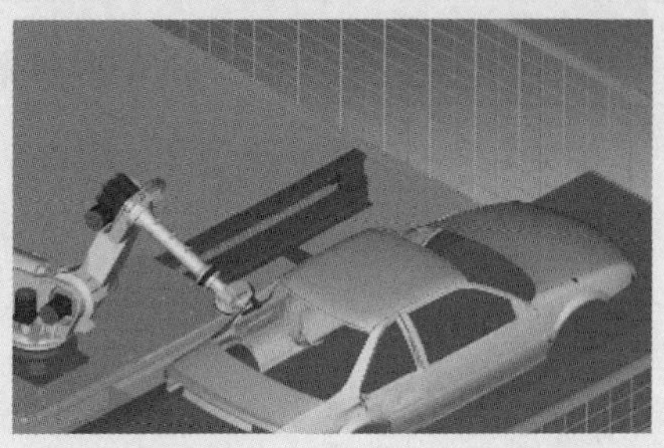

图 6-49　机器人到达焊接位置

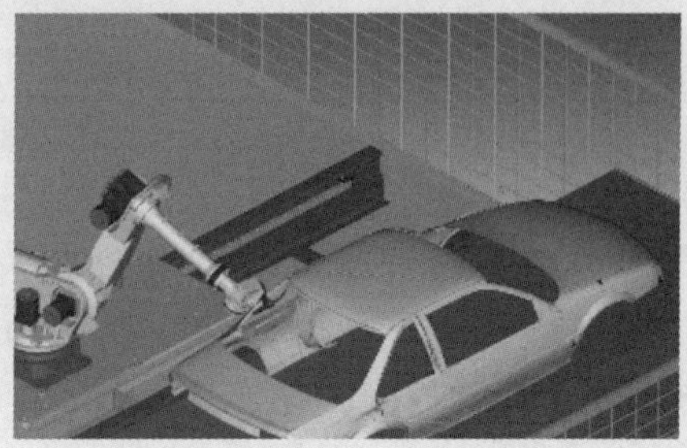

图 6-50　机器人到达焊缝末端

```
:  Weld End[1,1]               机器人结束焊接
7:L P[7] 500mm/sec FINE        机器人离开焊接位置，如图 6-51 所示
8:L P[1] 500mm/sec FINE        机器人回到“HOME”点，如图 6-52 所示
```

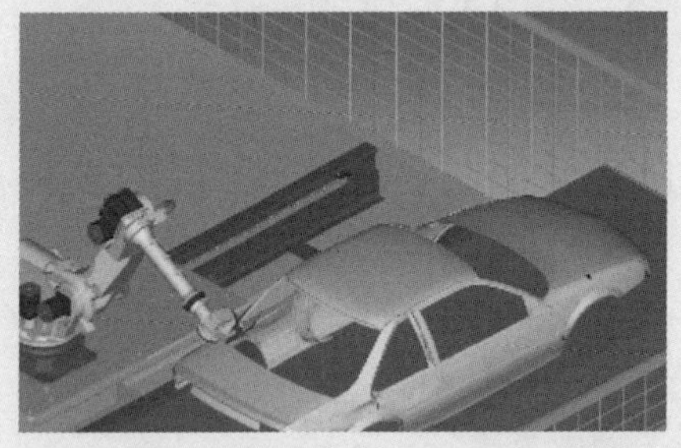

图 6-51　机器人离开焊接位置

图 6-52　机器人回到“HOME”点

```
9:J P[14] 100% FINE            导轨运动使机器人整体移动到下一个方便焊接的位置，如图 6-53
                               所示
```

下面过程与上面类似，只是位置发生了变动。

```
10:L P[8] 500mm/sec FINE
11:L P[9] 100mm/sec FINE
12:L P[10] 500mm/sec FINE
13:L P[11] 200cm/min FINE
  :  Weld Start[1,1]
14:L P[12] 100cm/min FINE
  :  Weld End[1,1]
15:L P[13] 500mm/sec FINE
16:L P[14] 500mm/sec FINE
17:J P[1] 100% FINE
```

图 6-53　机器人移动到下一个位置

【思考与练习】

1. 行走轴能不能单独成一个群组，为什么？
2. 点动行走轴的步骤是什么？

【项目总结】

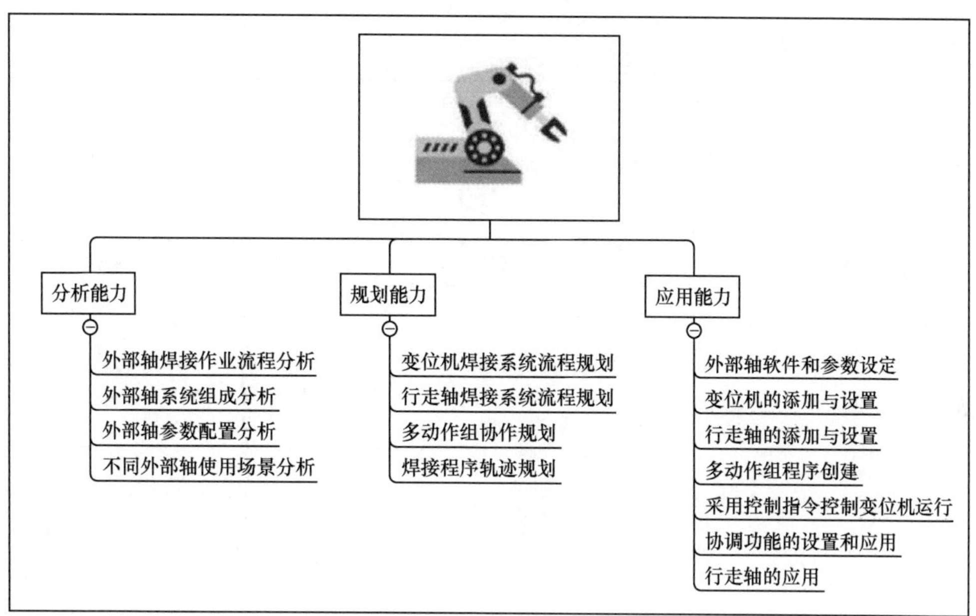

【拓展训练】

【多手臂协调运动的实现】协调功能不仅适用于机器人与变位机之间，而且适用于机器人与机器人之间组成多手臂的协调控制系统。

任务要求：选择合适的 M-10*i*A 系列机器人（2 组机器人的型号最好相同），设置机器人的协调功能，以第 2 组为主导。在第 2 组手臂末端安装一个篮球，用第 1 组机器人的末端 TCP 刻画篮球线。

考核标准：可以用 ROBOGUIDE 进行仿真，采用分组的方式（每组 2 人），提交设置的步骤和最终程序，并展示运行过程。

将拓展训练情况填入表 6-9 中。

表 6-9　　拓展训练评估表

项目名称： 多手臂协调运动的实现	项目承接人姓名：	日期：
项目要求	**评分标准**	**得分情况**
协调软件安装（10分）		

续表

协调功能的设置（30分）	1. 主导组的设置（10分） 2. 参考坐标系（10分） 3. 参考位置（10分）	
协调功能的验证（20分）	1. 坐标系选择（10分） 2. 点动验证（10分）	
协调程序编程（20分）		
运行演示（20分）		
评价人	**评价说明**	**备注**
个人		
老师		

项目七
视觉分拣工作站操作编程

【项目引入】

王工："如今，各项高新科技都在快速发展，不知道大家对机器视觉技术有没有了解，如果应用在工业机器人上会产生什么样的效果？我们来看下面这个工作站。"

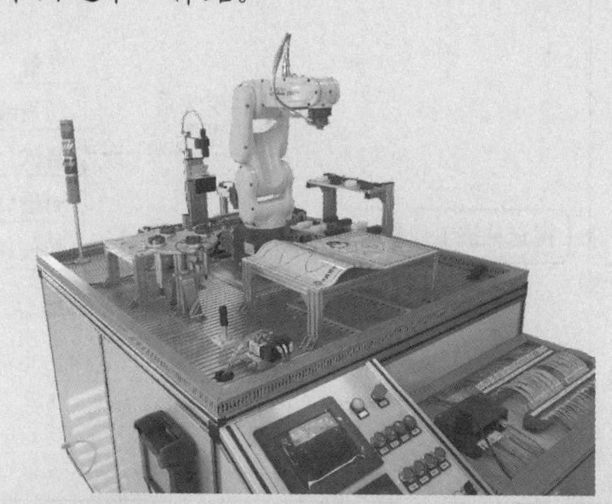

王工：“机器人的任务就是将双层料架上的物料块按照类别不同摆放到托盘上对应的位置，其中物料要经过传送带的运输，传送带上有视觉扫描设备。借助机器视觉技术来实现它，是我交给你们的任务。”

小李：“师傅，我们应该从什么地方开始着手？”

王工：“我会给你们学习机器视觉技术所需的资料，学会使用它，配合机器人完成程序的编写。”

小明：“明白，师傅。”

【知识图谱】

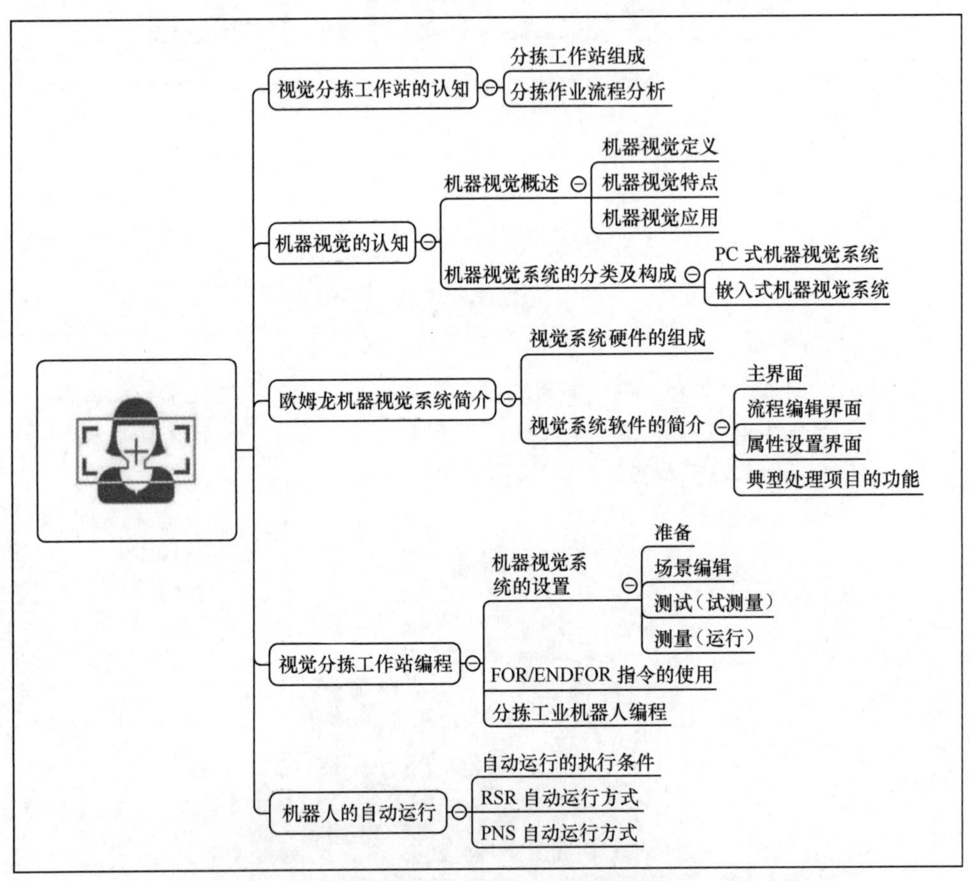

任务一　视觉分拣工作站的认知

【任务描述】

我来到现场，想从这些经验丰富的工人师傅手里学到平时学不到的知识，毕竟这些

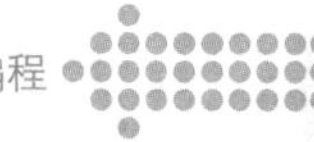

集成的平台是在他们手中组装并完成调试的。经过和一些现场师傅的探讨，我了解了视觉分拣工作站的组成以及整个工作流程。

【任务学习】

传统的分拣工作是靠人工完成的，人眼能准确识别不同物体间的差异，按照不同的要求分拣、归类以及剔除残次品。但是随着工业自动化程度的提高，生产流程中的许多环节，如产品搬运、加工、分装等工作被智能机器设备替代，人工视觉有时显然不能适应快节奏、连续不断的工业生产。为了解决这一问题，某些机器设备被赋予了人眼视觉的功能，这些智能视觉设备可以配合其他执行设备实现无人生产。

模拟工业流水线的视觉分拣工作站（见图 7-1）主要由工业机器人、机器视觉检测系统、双层料架、传送带、平面托盘以及分布在各重要位置的光电传感器等组成。

整个分拣工作站工作流程如图 7-2 所示。

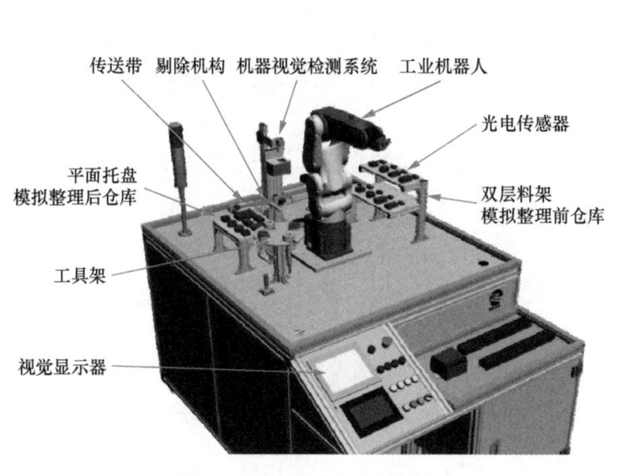

图 7-1　视觉分拣工作站

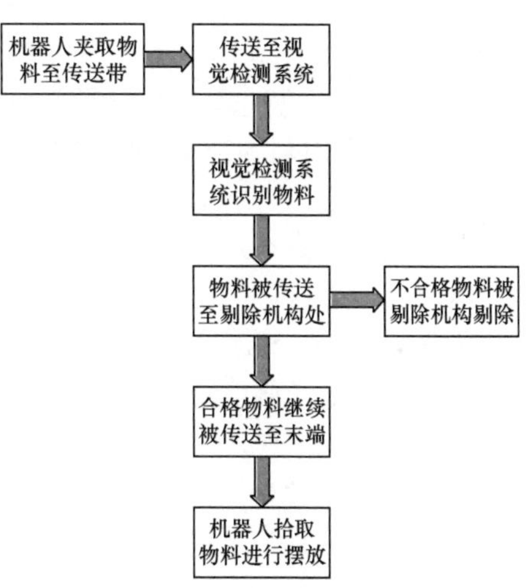

图 7-2　分拣工作站工作流程

【思考与练习】

1. 视觉分拣工作站的组成有哪些？
2. 叙述视觉分拣工作站的分拣流程。

任务二　机器视觉的认知

【任务描述】

我第一次接触视觉技术，感觉有点不知所措。经过和小李的讨论，我们决定先了解机器视觉技术的基础知识，然后再针对我们所用的设备，进行系统的学习。

【任务学习】

一、机器视觉概述

机器视觉是人工智能正在快速发展的一个分支。简单来说，机器视觉就是用机器代替人眼来做测量和判断。机器视觉是包括图像处理、机械工程、控制、电光源照明、光学成像、传感器、模拟与数字视频、计算机软硬件（图像增强和分析算法、图像采集卡、I/O 板等）的综合技术。

机器视觉系统通过图像摄取装置将摄取的目标转换成图像信号，传送给专用的图像处理系统，得到被摄取目标的形态信息，并将像素分布、亮度和颜色等信息转化为数字化信号，图像处理系统再对这些信号进行各种运算来抽取目标的特征，最后根据预设的阈值和其他条件输出结果，实现自动识别功能。

机器视觉除具有高度自动化、高效率、高精度和使用环境限制少等优势外，还具有以下特点。

（1）它属于非接触测量，故对于观测者和被观测者都不会产生任何损伤，从而提高系统的可靠性。

（2）它具有较宽的光谱响应范围，例如使用人眼看不见的红外测量，扩展了人眼视觉范围。

（3）人类难以长时间对同一对象进行观察，而机器视觉则可以长时间执行测量、分析和识别任务。

（4）它能够自动判断物体位置，并将位置信息通过一定的通信协议输出，此功能多用于全自动装配和生产。

（5）它能够自动测量产品的外观尺寸，如外形轮廓、孔径、高度、面积等。

（6）它具有缺陷检测功能，可以检测产品表面的一些信息。基本上需要人眼来判断的产品品质，都可以用视觉技术来判断。

随着人类生产和生活自动化程度的提高，机器视觉的应用也越来越广泛。从工业检测到智能安防，从人机交互到自动驾驶，从虚拟现实到人脸识别等领域，机器视觉都担当着重要的角色，如图 7-3 所示。

图 7-3　机器视觉在各领域的应用

二、机器视觉系统的分类及构成

典型的机器视觉系统按照组成结构的不同可分为 2 类：PC 式（或称板卡式）机器视觉系统和嵌入式机器视觉系统（也称“智能相机”或者“视觉传感器”）。

1. PC 式机器视觉系统

PC 式机器视觉系统尺寸较大，结构复杂，开发周期较长，但可达到理想的精度及速度，能实现较为复杂的系统功能。直到现在，PC 式低成本机器视觉系统仍然占据广阔的市场空间。

PC 式机器视觉系统由图像采集、图像处理和 I/O 通信 3 个核心模块组成，如图 7-4 所示。

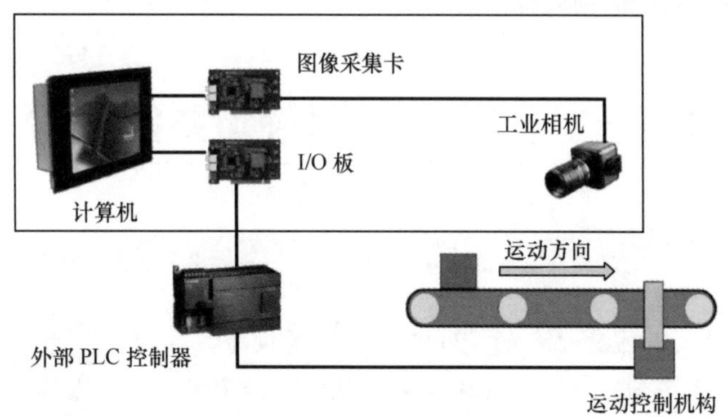

图 7-4　PC 式机器视觉系统

（1）图像采集模块

图像采集模块是由 CMOS 或 CCD 相机、光学镜头、光源等构成的。图像采集是一切图像处理的基础，图像的质量和稳定性直接影响图像处理的结果。

（2）图像处理模块

图像处理模块主要由图像采集卡、计算机、机器视觉软件构成。

图像采集卡是一块特殊的电路板，可获得数字化视频图像信息，并能存储和高速播放视频图像信息，提供与计算机相连的高速接口，并能连接不同的摄像头：黑白、彩色、模拟、数字等。图像采集卡将得到的模拟信号转变为数字信号，然后供计算机处理。

计算机是机器视觉系统的关键部件，其处理速度的快慢对机器视觉系统来讲至关重要。在生产线上，工业计算机的使用可以降低环境的振动和灰尘等对系统的影响。

机器视觉软件可用来执行程序、处理数据、判断正误等。其种类包括单一操作（如测量）和多功能的组合（如条码阅读、二维码识别、机器人导航等）等。

（3）I/O 通信模块

运用机器视觉系统的最终目的是要把图像中包含的信息传递给下位机，I/O 通信模块就是机器视觉系统和运动控制机构的桥梁。目前常用的几种通信方式有串口通信、TCP/IP 网口通信、I/O 板通信等。

2. 嵌入式机器视觉系统

嵌入式机器视觉是指一种通过视觉方法去理解周边环境的手段，嵌入式机器视觉涉及两种技术：嵌入式系统和计算机视觉。嵌入式机器视觉系统可以是任何基于微处理器的系统，它们完成特定的工作。图 7-5 所示的车载疲劳预警器就是典型的嵌入式机器视觉系统。

图 7-5　车载疲劳预警器

嵌入式机器视觉系统通常包括图像传感装置、存储器、嵌入式处理器、串口、数字 I/O 端口、以太网口等部分。其结果可通过自带的通信接口与控制环节中的上位机和下位机直接通信。同时它不用高级的语言编程，只需简单的菜单设定即可完成多数的视觉检测任务，为工厂级的快速应用提供了巨大便利。

【思考与练习】

1. 机器视觉系统工作的基本原理是什么？
2. PC 式机器视觉系统的构成有哪些？

任务三　欧姆龙机器视觉系统简介

【任务描述】

我们厂为机器人工作站配备的是欧姆龙的视觉设备，在前面对机器视觉认知的基础上加以研究和学习，就能轻松不少。

要想用好一种设备，必须对它的硬件和软件十分了解，于是我们从硬件着手开始学习欧姆龙机器视觉系统。

【任务学习】

欧姆龙（OMRON）作为全球知名的自动化设备生产商，旗下的智能视觉产品在工业检测领域处于前列，FZ/FH 系列视觉传感器具有快速、准确及易操作等特性。

微课

欧姆龙视觉系统介绍

图像处理中常用的基本概念有以下几个。

（1）处理项目

处理项目是图像处理检测的功能单位，可与其他处理项目自由组合建立完整的测量流程。

（2）场景

将处理项目进行适当组合并能进行符合要求的测量，从而形成一个完整的测量流程。这些处理项目的组合称为“场景”。

（3）处理单元

登录到场景中的处理项目称为处理单元或单元。

（4）测量流程

测量流程指测量处理的一系列过程，由组合处理项目所创建的场景构成。

微课

OMRON 视觉设备的硬件组成

一、欧姆龙机器视觉系统硬件的组成

欧姆龙机器视觉系统硬件主要由视觉控制器、显示器、工业相机等组成。视觉控制器提供了非常丰富的接口，可与 PC 和 PLC 等外部设备实现无缝连接，如图 7-6 所示。

工业相机是图像采集模块的核心设备，配合系统自带或者外部光源获取高质量的图像。视觉控制器内的整合图像处理模块和通信模块，可以实现图像的处理和信号的转换，从而将处理结果输出到显示器或者其他外部设备。视觉控制器的接口有下面几种。

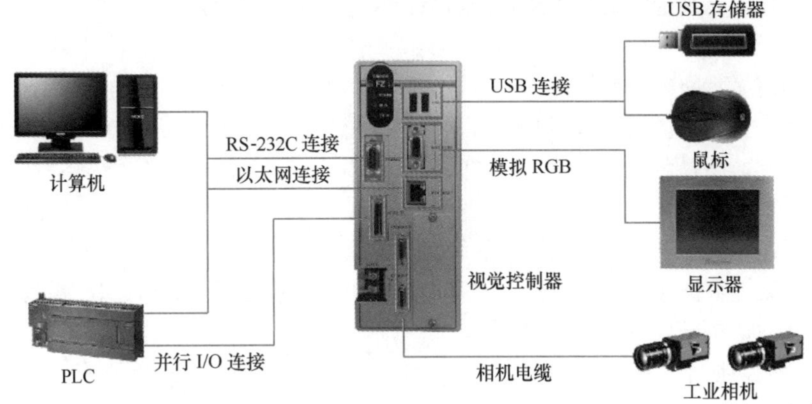

图 7-6　欧姆龙机器视觉系统的连接

（1）以太网接口：与外部 PC 或 PLC 通信。

（2）RS-232C 串行接口：与外部 PC 或 PLC 通信。

（3）并行 I/O 接口：与外部 PLC 或动作设备通信。

（4）USB 接口：连接鼠标等输入设备和外置存储器。

（5）RGB 接口：连接显示器。

（6）相机接口：连接相机，控制器型号不同，接口数量不同。

二、欧姆龙机器视觉系统软件的简介

1. 主界面

（1）布局 0 界面

布局 0 界面是调整界面（默认设置时），包括综合判定显示窗口、信息显示窗口、工具窗口、测量窗口、图像显示窗口、详细结果显示窗口和流程显示窗口，如图 7-7 所示。它是用于设定测量处理的界面，在该界面上可以指定是否执行目标测量处理，并在执行试测量后进行确认，但不输出测量结果，RUN 信号保持“OFF”。

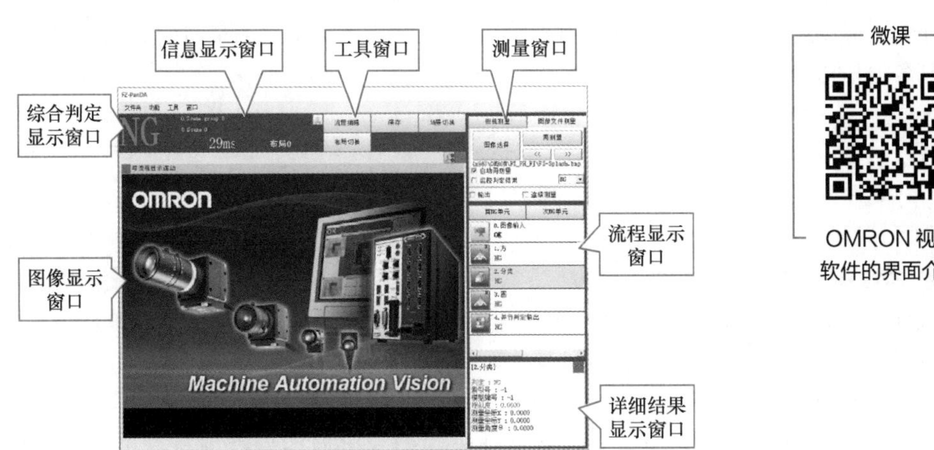

图 7-7　布局 0 界面

微课

OMRON 视觉软件的界面介绍

① 综合判定显示窗口

综合判定结果：显示场景的综合判定结果为“OK”还是“NG”。在一个测量流程中，如果任何一个处理单元判定结果为“NG”，则综合判定显示为“NG”。

② 信息显示窗口

布局：当前显示的布局编号。

处理时间：显示测量处理所用的时间。

场景组名称、场景名称：当前显示中的场景组编号、场景编号。

③ 工具窗口

流程编辑：启动用于设定测量流程的编辑界面。

保存：将设定数据保存到控制器的闪存中，变更任意设定后，请务必保存设定。

场景切换：切换场景组或场景。

布局切换：切换布局编号。

④ 测量窗口

相机测量：对相机图像进行试测量。单击“执行测量”可刷新“图像窗口”当前显示的相机界面。

图像文件测量：测量保存图像文件。

输出：要将调整界面中的试测量结果输出到外部时，勾选该选项。

连续测量：连续重复执行测量。

⑤ 图像显示窗口

单击处理单元名的左侧，可显示图像窗口的属性界面。在该界面中，可变更图像模式等的图像显示窗口中的显示内容。

单击图像显示窗口的右上方，将显示“追加图像窗口”“整列”按钮。

⑥ 详细结果显示窗口

将显示试测量结果。

⑦ 流程显示窗口

将显示测量处理的内容（测量流程中设定的内容）。单击各处理项目的图标，将显示处理项目的参数等要设定的属性界面。

（2）布局 1 界面

布局 1 界面是运行界面（默认设置时），如图 7-8 所示。正式测量时的界面，测量结果将输出到各通信接口，RUN 信号为“ON”。

注意

对于布局 2 界面～布局 8 界面，用户可根据自己的用途，设定后再使用。

2. 流程编辑界面

流程编辑界面是制作测量流程的界面，用于编辑场景，如图 7-9 所示。如果输入测量触发信号，将按测量流程从上往下执行处理单元。

（1）单元列表

列表显示构成流程的处理单元。通过在单元列表中追加处理项目，可以制作场景的流程。

（2）属性设置按钮

通过属性设置按钮将显示属性设置界面，可对属性进行详细设定。

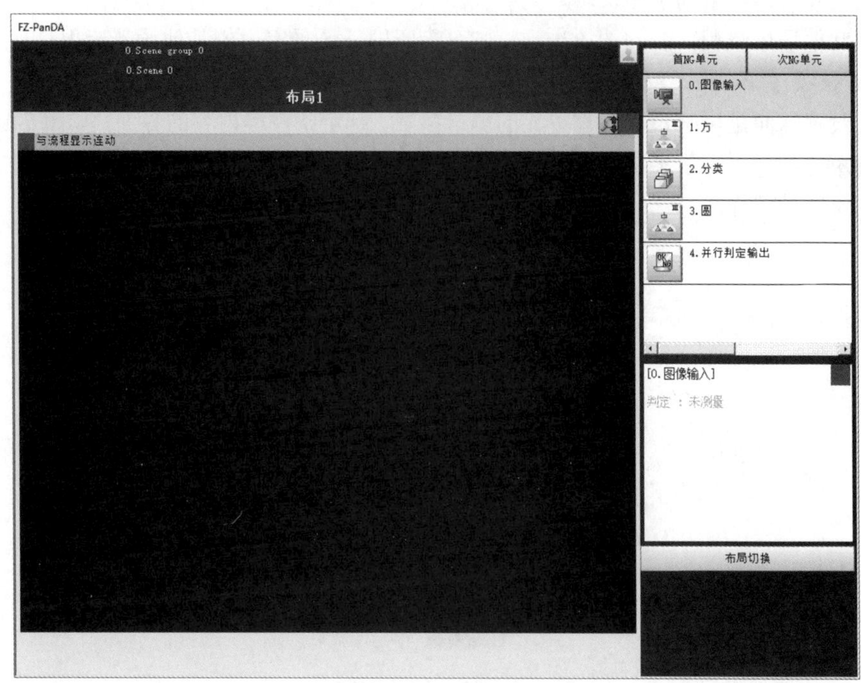

图 7-8　布局 1 界面

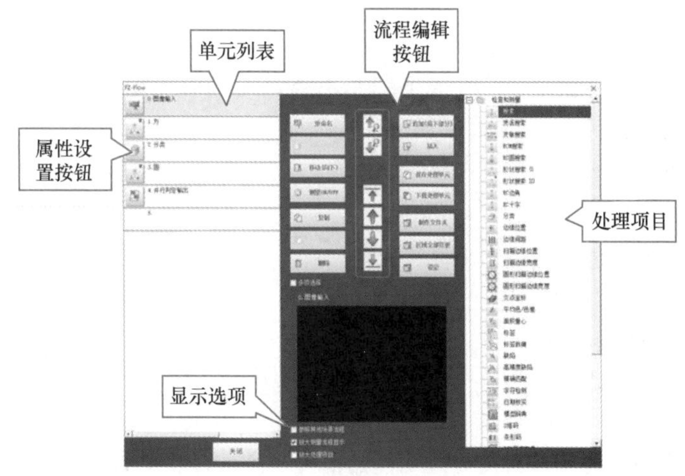

图 7-9　流程编辑界面

（3）流程编辑按钮

它可以对场景内的处理单元进行重新排列或删除。

（4）处理项目

这是用于选择追加到流程中的处理项目的区域，处理项目按类别以树形结构图显示。单击各项目的“+”，可显示下一层项目；单击各项目的“-”，则显示的下一层项目将被收起来。

（5）显示选项

放大测量流程显示：若勾选该选项，则以大图标显示“单元列表”的流程。

放大处理项目：若勾选该选项，则以大图标显示“处理项目”树形结构图。

参照其他场景流程：若勾选该选项，则可参照同一场景组内的其他场景流程。

3. 属性设置界面

属性设置界面是用于设定处理单元的测量参数、判定条件等内容的界面，如图 7-10 所示。单击处理单元编号前方的图标（如▣），或者选中处理单元，然后单击流程编辑中的“设定”按钮进入属性设定界面。

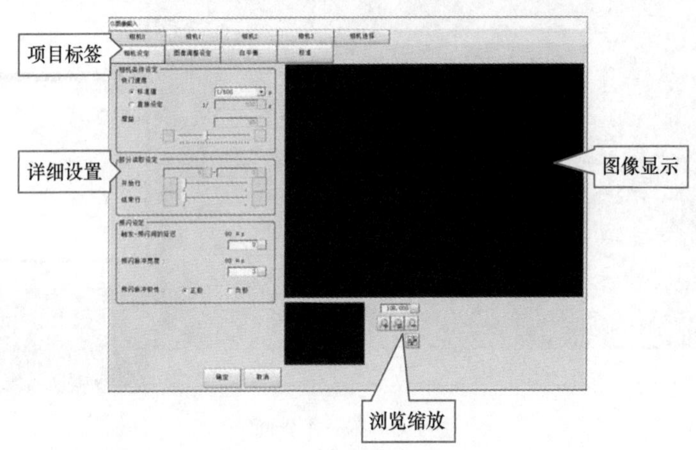

图 7-10　属性设置界面

（1）项目标签区域

这里显示处理单元的设定项目，可从左边的项目起依次进行设定。

（2）详细设置区域

这里设定详细项目。

（3）图像显示区域

这里显示相机的图像、图形、坐标等内容。

（4）浏览缩放区域

这里放大 / 缩小显示图像。

4. 典型处理项目的功能

（1）图像输入

图像输入是实现所有图像检测处理功能的前提，是进行视觉测量时系统执行的第 1 项且必须使用的处理单元。在图像输入前需要设定从相机读入图像的条件以及存储测量对象图像的条件。

（2）形状搜索

它主要用于工件轮廓信息的检测，将测量物的特征部分登录为图像模型，然后在输入图像中搜索与模型最相似的部分，并检测其位置。形状搜索可输出相似度、测量对象的位置及斜率。

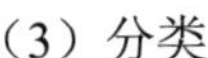

（3）分类

分类主要用于在有多品种产品流动的生产线等环境中检测工件的颜色、编号、角度等。

（4）并行判定输出

它可输出单元或场景的判定结果，以及对计算结果的判定结果，通过并行接口将判定结果输出到 PLC 或 PC 等外部设备，判定结果可在判定 0 ～判定 15 之间设定，并分别从输出信号 DO0 ～ DO15 输出。

【思考与练习】

1. 简述工具窗口有哪些功能。
2. 处理项目和处理单元有什么区别？

任务四　视觉分拣工作站编程

【任务描述】

现有 A、B、C 3 种形状不同的物料块。平放的投影形状 A 为正方形，B 为长方形，C 为圆形。3 个物料随机排序由传送带传送，在传送的过程中经过机器视觉系统的检测，到达传送装置的末端由机器人拾取后按种类摆放在不同的位置。

通过这次实训我们可以：①熟悉机器视觉系统各部分之间以及机器视觉系统与外部设备的连接；②熟悉图像处理的工作原理并掌握轮廓检测的方法；③掌握机器人工作站借助机器视觉系统实现产品分类的综合编程应用。

【任务学习】

一、机器视觉系统的设置

1. 准备

（1）将机器视觉系统各部分之间以及机器视觉系统与外部设备正确连接，确认后接通电源，启动视觉设备。

（2）确认主界面为布局 0。

（3）将标准物料块放置在合适的位置，单击“相机测量”按钮刷新相机获取图像，调整相机和照明光源并刷新图像直至获得一个最清晰的图像为止。

微课

OMRON 视觉软件的基本操作

2. 场景编辑

（1）在主界面上单击工具窗口中的“流程编辑”按钮进行场景的登录，在图 7-11 所示的窗口中选中处理项目列表中的“形状搜索Ⅲ”直接拖动至左侧场景中（图像输入默认已经登录到场景中）。

（2）将 A 物料放置在相机镜头下方，单击软件主界面的“执行测量”按钮刷新图像，单击“形状搜索Ⅲ”前方的图标，进入该处理单元的属性设置界面，如图 7-12 所示。

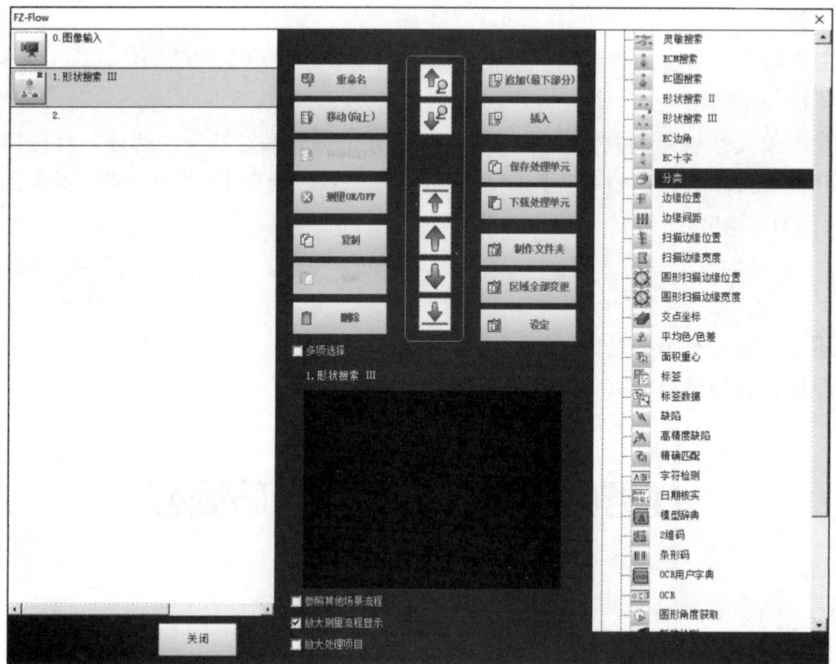

图 7-11　制作流程界面

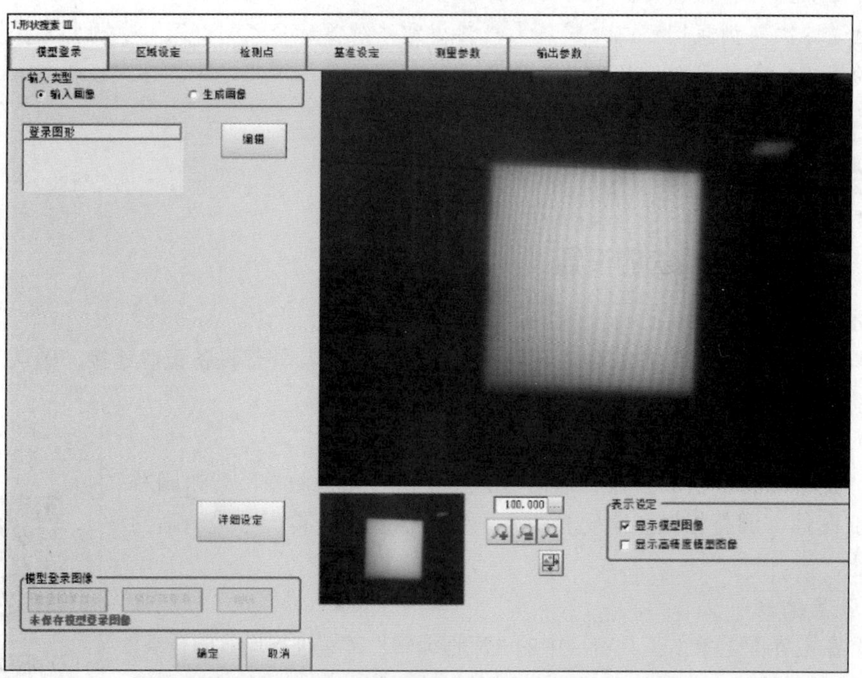

图 7-12　“形状搜索III”属性设置界面

① 模型登录：用输入图像的方式进行模型登录，如图 7-13 所示。

在模型登录时如果系统初始识别模型轮廓线干扰较多或者不完整，请在“详细设定”中调整“边缘抽取设定”，如图 7-14 所示。

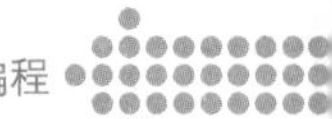

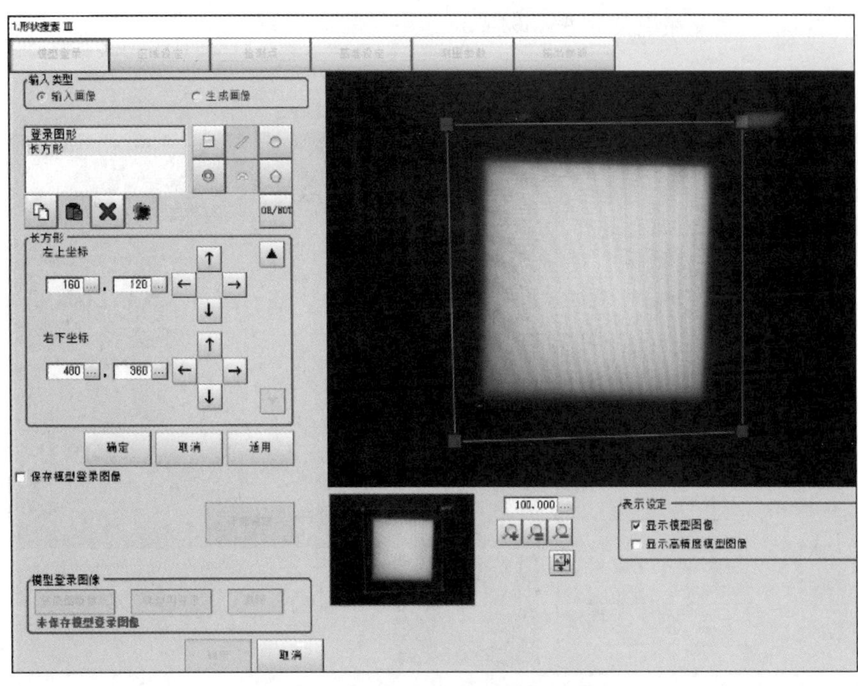

图 7-13　输入图像法进行模型登录

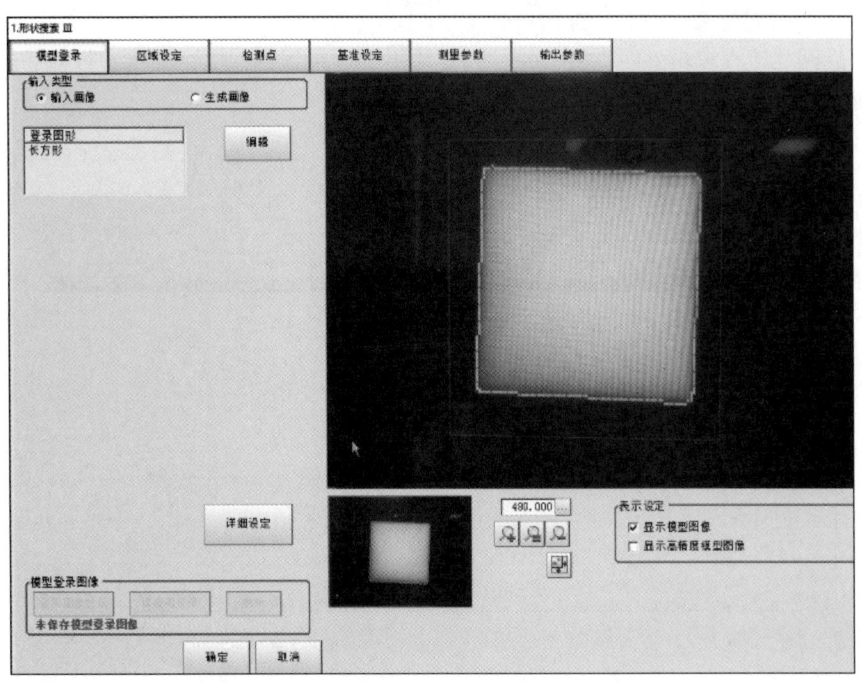

图 7-14　已登录的图形轮廓

② 测量参数：在图 7-15 中修改后续待测工件与登录模型的相似度，根据实际情况而定。

（3）返回流程编辑界面再追加两项“形状搜索III”。为了区分，可将第一个“形状搜索”重命名为“正方形”，新追加的“形状搜索”重命名为“长方形”和“圆形”，按照如上方法将 B 和 C 物料依次放置在镜头下进行设置。

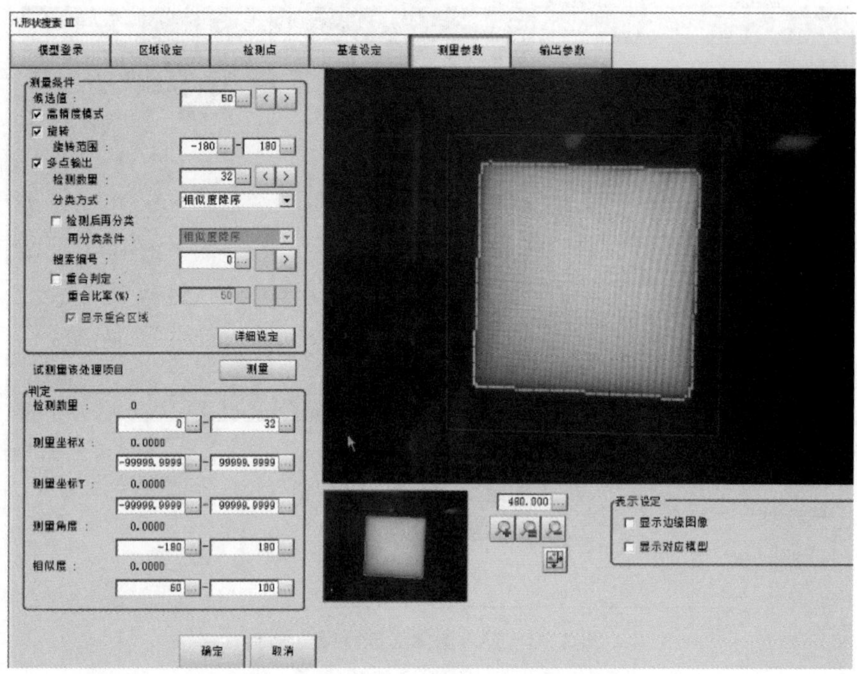

图 7-15　测量参数窗口

（4）返回“流程编辑界面”将“并行判定输出”登录到流程中，并将其打开后进行设定，如图 7-16 所示。

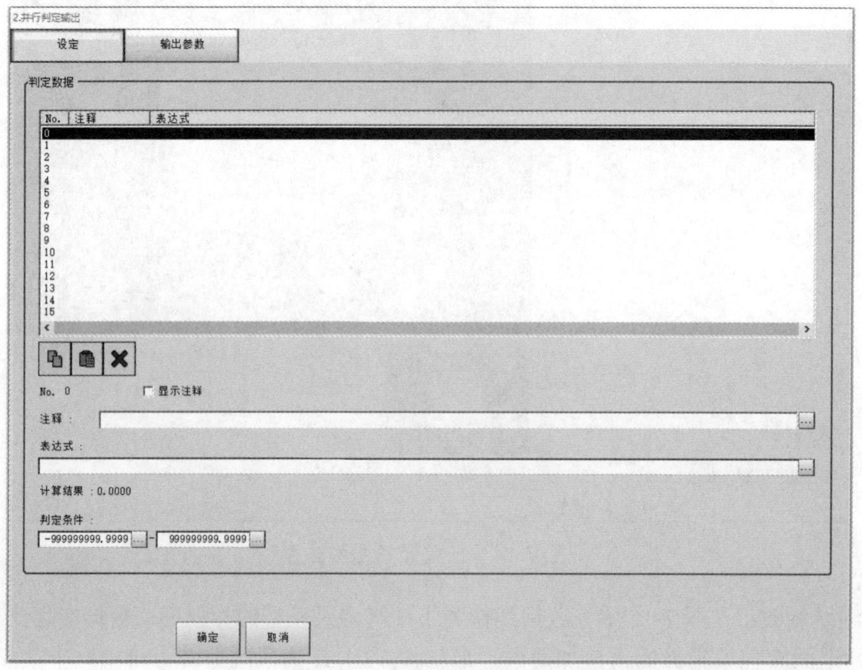

图 7-16　并行判定设置窗口

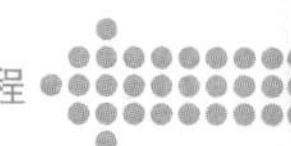

选中列表的“0”行（即输出信号地址DO0），单击“表达式”最右边的选择按钮，弹出图7-17所示的窗口，选择“正方形”后在新的窗口中选择“判定”选项，单击“确定”按钮。

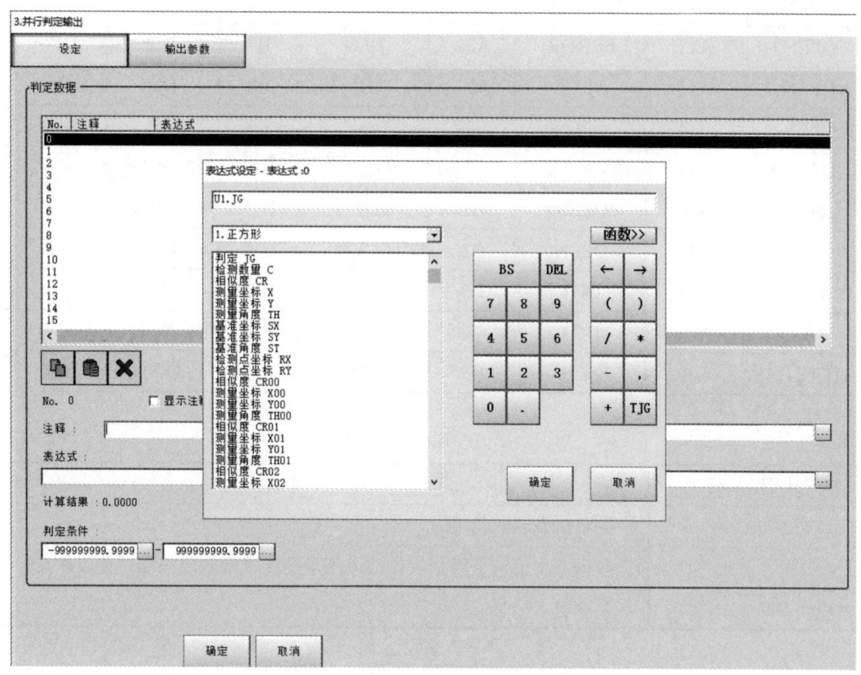

图7-17　表达式设定窗口

设定判定条件的范围“0-1”，如果不确定计算结果可先进行试测量，计算结果会显示在判定条件的上方，然后根据结果设定条件。根据上述步骤将“2”行（即DO2）指定给“长方形”，将“4”行指定给圆形，并在“输出参数”中修改输出极性为“使用本项目处理设定—OK时ON”。

表7-1所示表示输出设置完成后，各处理结果的输出地址。

表7-1　视觉输出信号

	DO0	DO2	DO4
正方形输出	ON		
长方形输出		ON	
圆形输出			ON

3. 测试（试测量）

（1）将任意一种物料块放置在检测区域内。

（2）单击主界面的“执行测量”按钮，观察各处理单元的判定结果是否符合预期，如果不符合，则应对处理单元内的参数做调整并重复测量。

4. 测量（运行）

将主界面切换至布局1，系统的运行将由外部装置触发。

表7-2～表7-4列举了视觉系统详细的I/O地址分配以及各信号的意义。

表 7-2　　并行 I/O 地址分配表

针脚	I/O地址	针脚	I/O地址	针脚	I/O地址	针脚	I/O地址	针脚	I/O地址
A1	（OPEN）	A11	STGOUT3	A21	DO7	B6	DI0	B16	READY0
A2	（OPEN）	A12	ERROR	A22	DO9	B7	DI2	B17	DO0
A3	（OPEN）	A13	（OPEN）	A23	DO11	B8	DI4	B18	DO2
A4	（OPEN）	A14	（OPEN）	A24	DO13	B9	DI6	B19	DO4
A5	（OPEN）	A15	（OPEN）	A25	（OPEN）	B10	STGOU0	B20	DO6
A6	DI1	A16	（OPEN）	B1	RESET	B11	STGOU2	B21	DO8
A7	DI3	A17	（OPEN）	B2	（OPEN）	B12	RUN	B22	DO10
A8	DI5	A18	DO1	B3	（OPEN）	B13	BUSY0	B23	DO12
A9	DI7	A19	DO3	B4	STEP0	B14	GATE0	B24	DO14
A10	STGOUT1	A20	DO5	B5	DSA0	B15	OR0	B25	DO15

表 7-3　　输入信号

信号代码	功能
STEP	测量触发输入信号
DSA	数据输出请求信号（仅在通过同步交换进行输出控制时使用）
DI0～DI7	命令输入信号

表 7-4　　输出信号

信号代码	功能
RUN	测量触发输入信号
BUSY	数据输出请求信号（仅在通过同步交换进行输出控制时使用）
OR	命令输入信号
DO0～DO7	数据输出信号
GATE	数据输出结束信号
READY	可多路输入信号
STGOUT	闪光灯触发输出信号

二、FOR/ENDFOR 指令的使用

FOR/ENDFOR 指令是一种循环指令，包括 FOR 指令和 ENDFOR 指令，如图 7-18 和图 7-19 所示。FOR 指令表示循环区间的开始；ENDFOR 指令表示循环区间的结束。

（1）计数器使用寄存器。

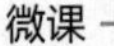

循环指令的添加与修改

（2）初始值使用常数、寄存器、自变量。常数可以指定 -32 767～32 766 的整数。

（3）目标值使用常数、寄存器、自变量。常数可以指定 -32 767～32 766 的整数。

（4）指定 TO 时，初始值在目标值以下；指定 DOWNTO 时，初始值在目标值以上。

通过用 FOR 指令和 ENDFOR 指令来包围程序中需要反复执行的区间，

就形成 FOR/ENDFOR 区间。根据由 FOR 指令指定的值，确定 FOR/ENDFOR 区间反复的次数。需要注意的是二者在同一程序中必须组合使用，出现的次数必须相同，如图 7-19 和图 7-20 所示。

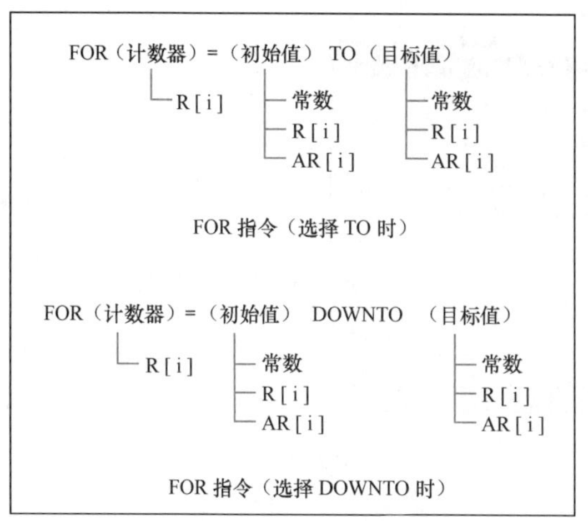

图 7-18　FOR 指令结构

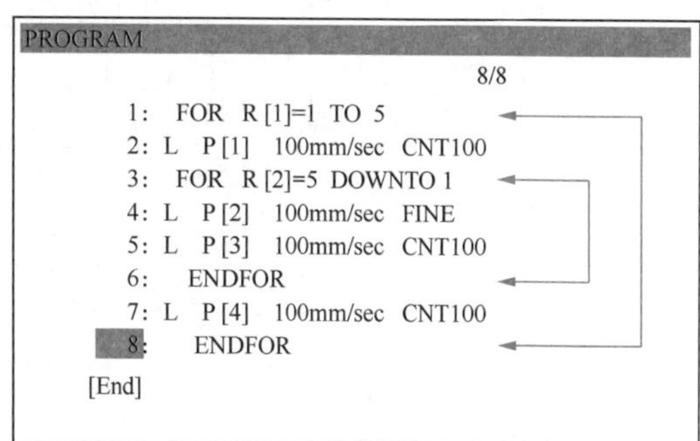

图 7-19　FOR/ENDFOR 指令二级嵌套

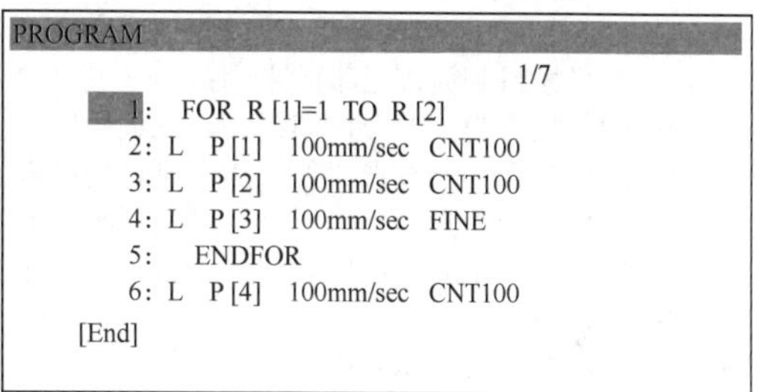

图 7-20　指令应用实例

对图 7-20 所示指令应用实例的解析如下所述。

（1）R[2]=3 的情形：由于使用了 TO，初始值在目标值以下，所以 FOR 指令的条件已满足。计数器在 1～3 的范围内变化，FOR/ENDFOR 区间的指令被执行 3 次。

（2）R[2]=1 的情形：由于使用了 TO，初始值在目标值以下，所以 FOR 指令的条件已满足。但是，由于计数器值与目标值相同，所以 ENDFOR 指令的条件尚未满足。结果，FOR/ENDFOR 区间的指令只执行 1 次。

（3）R[2]=0 的情形：由于使用了 TO，初始值大于目标值，所以 FOR 指令的条件尚未满足。光标移动到第 5 行 ENDFOR 指令的后续行即第 6 行，FOR/ENDFOR 区间的指令不予执行。

微课

分拣作业的示教编程

三、分拣工业机器人编程

机器人 I/O 通信信号如表 7-5 所示（实际连接可能有所不同）。

表 7-5　　机器人 I/O 通信信号

	DI[101]	DI[104]	DI[105]	DI[106]	DO[108]
工件到达传送末端	ON				
正方形接收		ON			
长方形接收			ON		
圆形接收				ON	
吸盘吸合					ON

1. 主程序

创建一个逻辑判断的程序作为主程序，命名为“FENJIAN”，如图 7-21 所示。

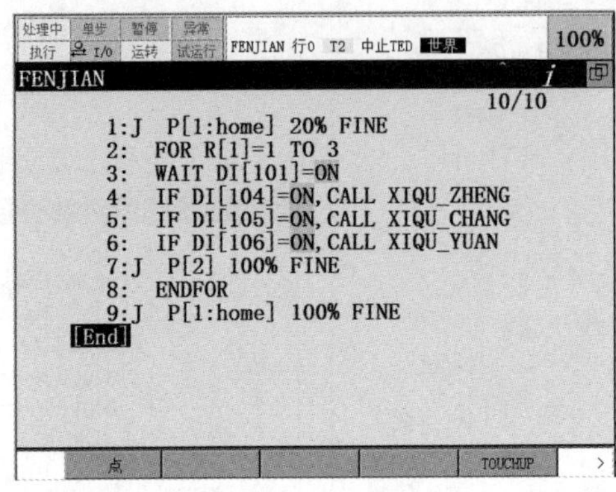

图 7-21 主程序

对主程序指令的解析如下：

1：机器人的“HOME”点位置；
2：FOR/ENDFOR 循环指令，2 ～ 8 行之间的指令循环执行 3 次；
3：等待物料到达传送带的末端；
4：判断是否为正方形，如果是，则调用吸取并摆放正方形的动作轨迹程序；
5：判断是否为长方形，如果是，则调用吸取并摆放长方形的动作轨迹程序；
6：判断是否为圆形，如果是，则调用吸取并摆放圆形的动作轨迹程序；
7：机器人每完成一次轨迹动作到达一个安全待命的位置；
8：结束循环；
9：机器人回到“HOME”点位置。

2. 子程序

图 7-22 所示为机器人拾取并摆放圆形的动作轨迹程序，即子程序。

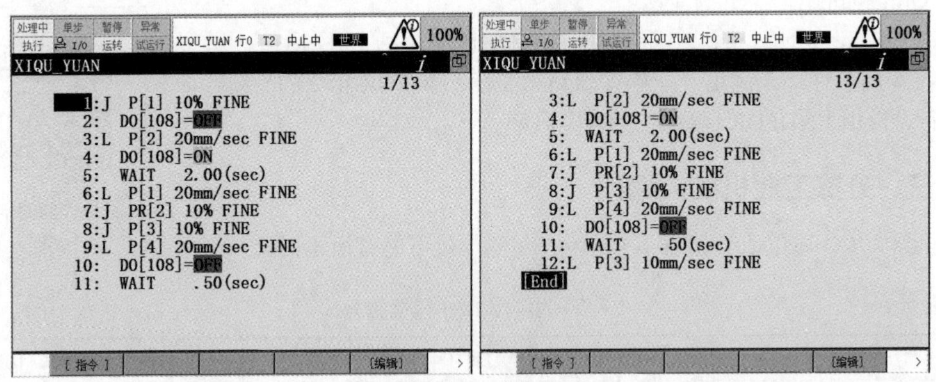

图 7-22 子程序

对子程序指令的解析如下：

1：吸盘移动至拾取接近点；
2：使吸盘处于打开状态；
3：缓慢到达拾取点；

4：吸盘吸合；
5：等待一段时间使吸盘完全吸住物料；
6：到达拾取逃离点（接近点）；
7：可用位置寄存器记录一个中间点，避免移动过程中的碰撞；
8：到达摆放位置的接近点；
9：到达位置摆放点；
10：打开吸盘；
11：待物料完全脱落；
12：到达摆放逃离点（接近点）。

同理，吸取和摆放正方形和长方形的程序与之相同，只是摆放点的位置不同。

【思考与练习】

1. FOR 指令与__________指令共同构成循环的区间。

2. 并行判定输出中的 0 ～ 15 代表什么？

任务五　机器人的自动运行

【任务描述】

“师傅，运行机器人时也不能总这么用手按着 TP 呀！”此时我手脚已经麻木了。

“先放开吧。”王工笑道：“你这种属于手动运行，机器人肯定会有自动方式的嘛。”

“师傅，您就别卖关子了，赶紧教教我吧！”

【任务学习】

机器人手动运行时需要有人操作 TP，这种运行方式适用于程序的试运行与测试阶段。在实际的工业生产中，必须采用自动运行的方式。

自动运行指的是外部设备通过信号或者信号组来选择与启动程序的一种功能，在日常应用中主要有 RSR 和 PNS 两种，如表 7-6 所示。

表 7-6　机器人自动运行方式

自动运行方式	程序选择信号	程序数
RSR	UI[9]～UI[16]	8
PNS	UI[9]～UI[16]	255（1～255）

一、自动运行的执行条件

通过外围设备输入信号来启动程序时，需要将机器人置于遥控状态。遥控状态是指如下所述的遥控条件成立时的状态。

（1）TP 处于禁用状态（关闭 TP 有效开关）。

（2）程序运行方式处于连续运行状态（非单步），如图 7-23 所示。

（3）控制柜模式开关置于“AUTO”自动模式，如图 7-24 所示。

处理中	单步	暂停	异常
执行	I/O	运转	试运行

图 7-23　连续运行状态

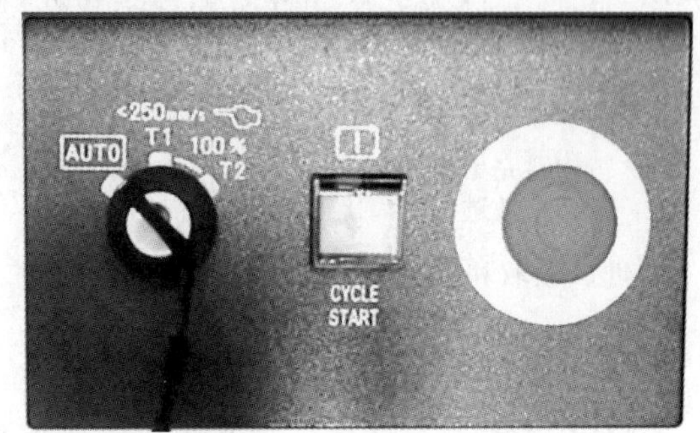

图 7-24　控制柜模式开关状态

（4）“专用外部信号”为“启用”，图 7-25 所示。

（5）“远程 / 本地设置”为“远程”，如图 7-26 所示。

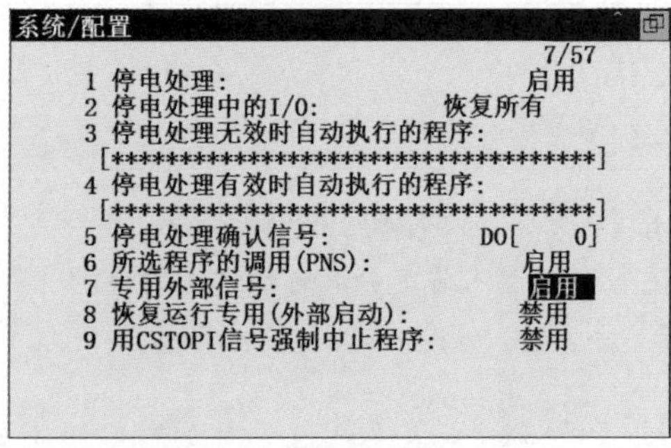

```
系统/配置
                                      7/57
 1 停电处理:                          启用
 2 停电处理中的I/O:            恢复所有
 3 停电处理无效时自动执行的程序:
  [************************************]
 4 停电处理有效时自动执行的程序:
  [************************************]
 5 停电处理确认信号:           DO[     0]
 6 所选程序的调用(PNS):               启用
 7 专用外部信号:                      启用
 8 恢复运行专用(外部启动):            禁用
 9 用CSTOPI信号强制中止程序:          禁用
```

图 7-25　系统 / 配置界面专用外部信号

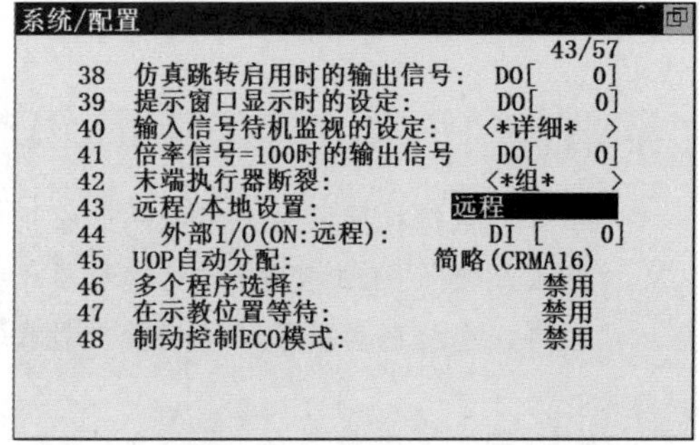

```
系统/配置
                                          43/57
 38 仿真跳转启用时的输出信号:     DO[      0]
 39 提示窗口显示时的设定:         DO[      0]
 40 输入信号待机监视的设定:      <*详细*    >
 41 倍率信号=100时的输出信号      DO[      0]
 42 末端执行器断裂:              <*组*      >
 43 远程/本地设置:               远程
 44   外部I/O(ON:远程):          DI [      0]
 45 UOP自动分配:                 简略(CRMA16)
 46 多个程序选择:                       禁用
 47 在示教位置等待:                     禁用
 48 制动控制ECO模式:                    禁用
```

图 7-26　系统 / 配置界面远程 / 本地设置

（6）UI[1] ～ UI[3]、UI[8] 始终为“ON”，如图 7-27 所示。

（7）系统变量 $RMT_MASTER=0，如图 7-28 所示。

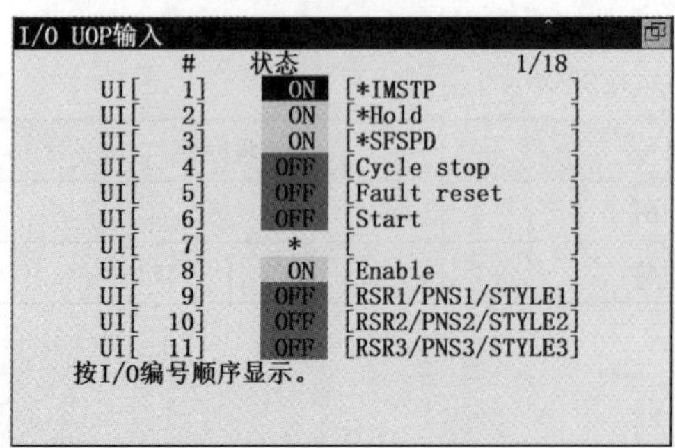

```
I/O UOP输入
       #    状态                      1/18
  UI[   1]   ON   [*IMSTP              ]
  UI[   2]   ON   [*Hold               ]
  UI[   3]   ON   [*SFSPD              ]
  UI[   4]   OFF  [Cycle stop          ]
  UI[   5]   OFF  [Fault reset         ]
  UI[   6]   OFF  [Start               ]
  UI[   7]   *    [                    ]
  UI[   8]   ON   [Enable              ]
  UI[   9]   OFF  [RSR1/PNS1/STYLE1]
  UI[  10]   OFF  [RSR2/PNS2/STYLE2]
  UI[  11]   OFF  [RSR3/PNS3/STYLE3]
按I/O编号顺序显示。
```

图 7-27　UOP 输入界面

```
系统变量
                                   525/737
 522 $RGSPD_PREXE      FALSE
 523 $RGTDB_PREXE      FALSE
 524 $RGTRM_PREXE      FALSE
 525 $RMT_MASTER       0
 526 $ROBOT_ISOLC      [4] of INTEGER
 527 $ROBOT_NAME       *uninit*
 528 $ROB_ORD_NUM      [8] of STRING[5]
 529 $RPC_TIMEOUT      120
 530 $RS232_CFG        [4] of RS232_CFG_T
 531 $RS232_NPORT      3
 532 $RSCH_LOG         RSCH_T
```

图 7-28　系统变量设置界面

$RMT_MASTER 的设定为：

0——外围设备；

1——CRT/KB；

2——主计算机（默认值）；

3——无遥控装置。

程序的自动运行——RSR 启动

二、RSR 自动运行方式

RSR 自动运行是通过外部输入信号启动 RSR 程序（程序名称必须为 RSR+4 位数字），从而启动机器人执行程序的一种运行方式。RSR 自动运行方式的特点是只能设定 8 个外部启动程序。

1. 外部信号与程序名称的对应关系

外部信号用来启动目标程序，其地址与程序的号码之间存在着一定的运算关系。如图 7-29 所示，UI[9] ~ UI[16] 分别对应着 RSR1 ~ RSR8 这 8 个启动信号。

如图 7-30 所示，每个启动信号可设置任意数字为记录号。但是为了方便后续的计算和记忆，建议设置成与启动信号后方相同的数字。最下方的基数也可以自由设定，为方便计算，建议设置为 0。

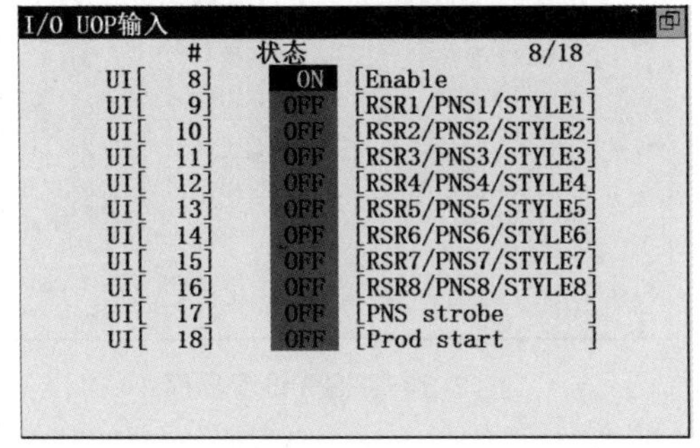

图 7-29　物理信号与启动信号的对应关系

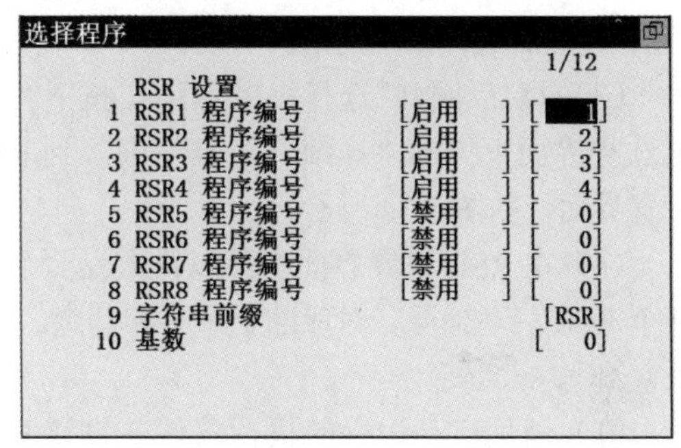

图 7-30　启动信号与记录号的对应关系

如图 7-31 所示，假设将每个启动信号的记录号设置为与本身相同的数字，基数设置为 0，创建一个名称为“RSR0003”的程序。

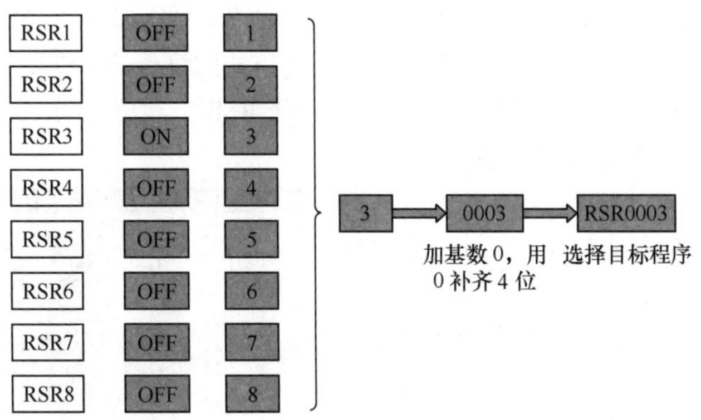

图 7-31　启动信号与目标程序的对应关系

将 UI[11] 置“ON”，触发 RSR3 启动信号，其记录号 3 与基数 0 相加并用 0 补齐 4 位，得到程序号码 0003，在程序中搜索“RSR0003”程序并启动执行。

2. 设置步骤

（1）如图 7-32 所示，按下“MENU”（菜单）键，显示菜单界面，选择“6 设置”/“选择程序”，出现“选择程序”界面，如图 7-33 所示。

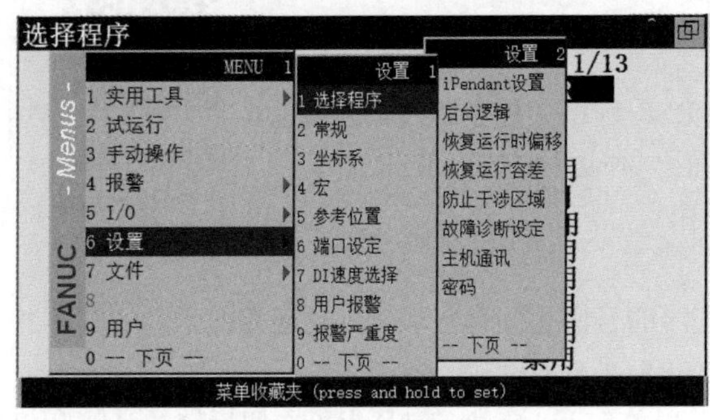

图 7-32　选择程序菜单界面

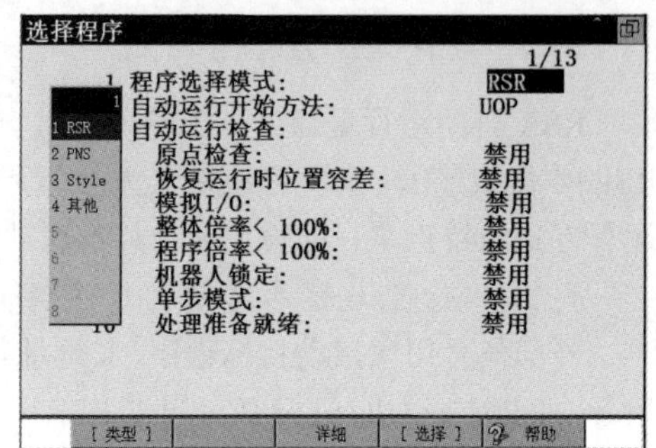

图 7-33　“选择程序”界面

（2）在“选择程序”界面中，按下“F4”键选择界面下方的“选择”菜单，选择“1 RSR”，然后进行系统的重新启动。

（3）重启后回到“选择程序”界面，按下“F3”键选择界面下方的“详细”菜单，进入到 RSR 设置界面，如图 7-34 所示。

（4）在 RSR 设置界面中可以设置是否启用某个 RSR 启动信号、对应的记录号和基数。

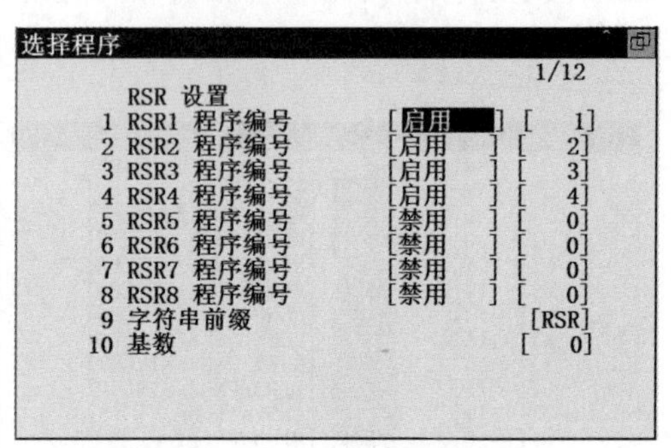

图 7-34　RSR 设置界面

3. 启动运行

（1）满足自动运行的执行条件并设置 RSR 运行。

（2）将目标程序对应的 UI 输入信号置于“ON”，机器人便可以启动运行。

三、PNS 自动运行方式

PNS 自动运行是通过外部输入信号启动 PNS 程序（程序名称必须为 PNS+4 位数字），从而启动机器人执行程序的一种运行方式。PNS 自动运行方式的特点是可以设置多达 255 个外部启动程序，但是其启动信号与目标程序的对应关系相对于 RSR 方式更复杂，实际操作也有些烦琐。

1. 外部信号与程序名称的对应关系

外部信号用来启动目标程序，其地址与程序的号码之间存在着比较复杂的运算关系。如图 7-35 所示，UI[9] ～ UI[16] 分别对应着 PNS1 ～ PNS8 这 8 个启动信号。这 8 个开关量构成了 8 位的二进制数。

程序的自动运行——PNS 启动

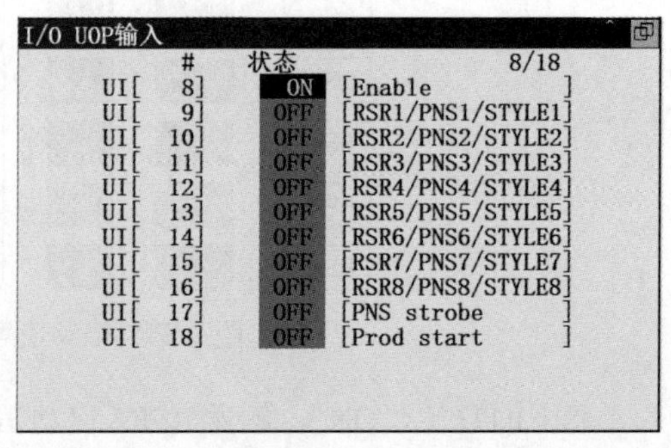

图 7-35　物理信号与启动信号的对应关系

如图 7-36 所示，假设将基数设置为 0，创建一个名称为“PNS0003”的程序。

将 UI[9] 和 UI[10] 同时置于“ON”，触发 PNS1 和 PNS2 启动信号，8 个信号的状态共同组成了二进制数 00000011，得到十进制数 3，与基数 0 相加并用 0 补齐 4 位，得到程序号码 0003，在程序中搜索“PNS0003”程序并启动执行。

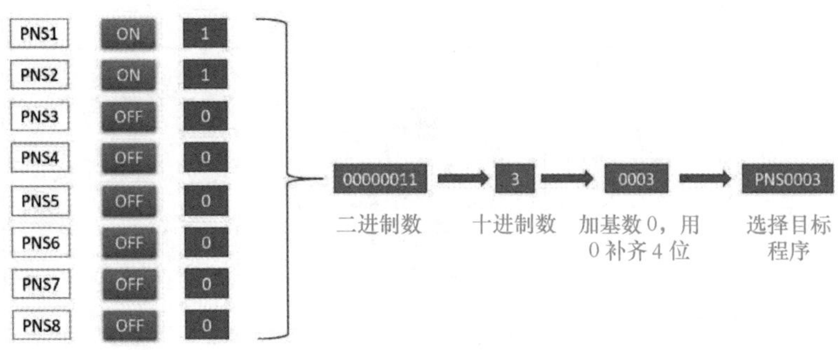

图 7-36　启动信号与目标程序的对应关系

2. 设置步骤

（1）在“选择程序”界面中，如图 7-37 所示，按下“F4”键选择界面下方的“选择”菜单，选择“2PNS”，并进行系统的重新启动。重启后，在该界面按下“F3”键选择界面下方的“详细”菜单，进入 PNS 设置界面，如图 7-38 所示。

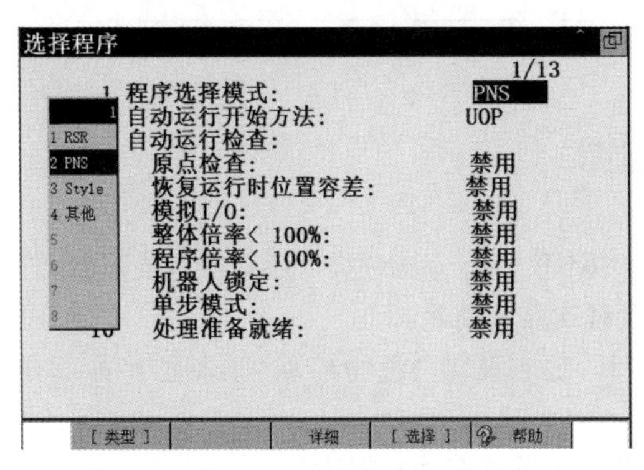

图 7-37　“选择程序”界面

选择程序
1/3
PNS 设置
1 字符串前缀 [PNS]
2 基数 [0]
3 确认信号脉冲宽度(msec) [400]

图 7-38　PNS 设置界面

（2）在 PNS 设置画面下设置基数，为了方便后续的计算，建议将数字设置为 0。

3. 启动运行

（1）满足自动运行的执行条件并设置 PNS 运行。

（2）目标程序的程序号码换算成二进制数，将为 1 的位对应的 UI 输入信号全部置“ON”。

（3）UI[17] 脉冲信号，确认程序选择。

（4）UI[18] 脉冲信号，启动机器人目标程序。

【思考与练习】

1. 系统变量 $RMT_MASTER=2，代表什么？

2. PNS 启动方式中，如果同时按下 UI[9]、UI[10]、UI[11] 启动了 1 个程序，程序基数为

100，那么这个程序的名称是什么？

【项目总结】

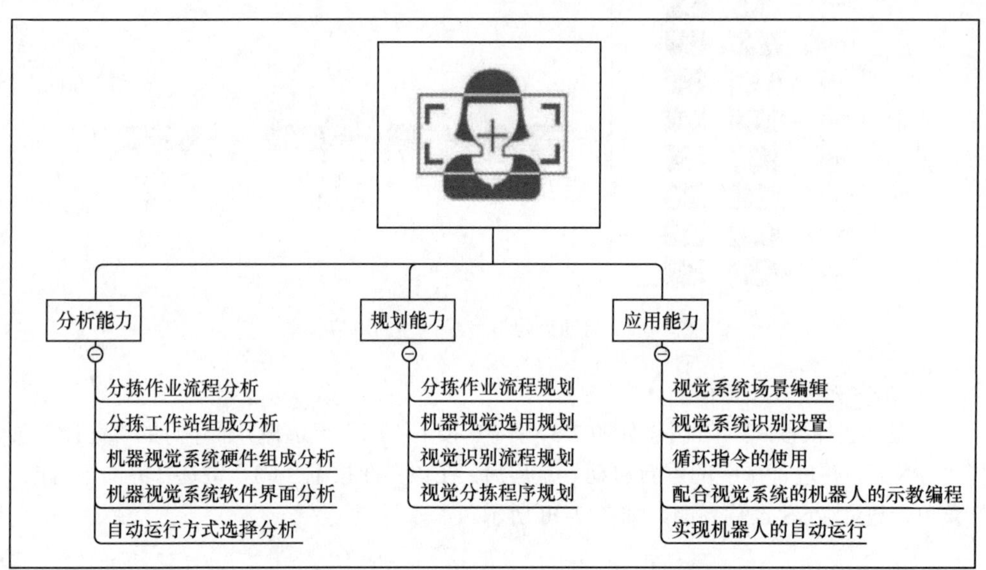

【拓展训练】

【视觉分拣与缺陷检测】在真实的分拣流水线中不仅要有分拣分类，还必须有缺陷检测。而上述项目只完成了物料的形状分拣，并没有涉及残次品的剔除。

任务要求：在带分拣的物料中加入白色的物料，要求设置白色物料为不合格的产品，在经过传送带时，被剔除汽缸剔除。

考核方式：每组 4 ～ 6 人，完成机器视觉系统的设置并编写机器人的控制程序，然后现场运行（可仿真）控制程序。

将拓展训练情况填入表 7-7 中。

表 7-7　　拓展训练评估表

项目名称： 视觉分拣与缺陷检测	项目承接人姓名：	日期：
项目要求	评分标准	得分情况
视觉系统的设置（20分）	1. 形状检测的设置（10分） 2. 颜色检测的设置（10分）	
熟悉工作站通信（20分）	1. 机器人的输出与输入（10分） 2. 视觉的输出与输入（10分）	

续表

机器人编程（20分）	1. 主程序（10分） 2. 子程序（10分）	
自动运行方式的设置（20分）	1. 自动运行条件（10分） 2. 选择一种自动运行方式（10分）	
运行演示（20分）	1. 自动运行的实现（10分） 2. 运行结果（10分）	
评价人	**评价说明**	**备注**
个人		
老师		

项目八
激光切割工作站离线编程

【项目引入】

“大家看，这是我厂准备生产的一批零件的样本，准备用激光切割工艺直接从整块钢板上进行切割加工。”

我：“师傅，这没有问题，我们掌握机器人的程度足以应对。”

师傅皱了皱眉，“可是这次情况比较特殊，我们订购的这批机器人和切割设备还没有到货，但是厂方让我们先拿出一个方案来。”

“师傅，或许我们可以用离线编程试一试。”小李不知从哪儿冒出一句。

“唉，这或许是个好办法，可是你们还没多少经验，况且是在没有实体机器人的情况下。”师傅有些担心。

我：“放心吧，师傅，万事开头难，只要我们认真学习，以后就能轻车熟路了。”

【知识图谱】

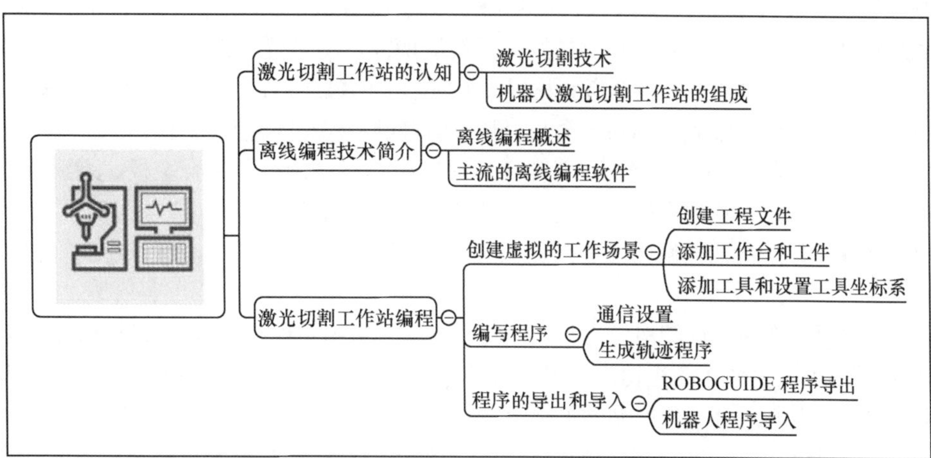

任务一　激光切割工作站的认知

【任务描述】

针对本项目，我和小李必须好好做一做功课。首先我们查阅资料，了解什么是激光切割技术以及该技术具备的优势。只有了解了该技术的方方面面，才能清楚地知道其工艺的要求，这对我们进行机器人程序的编写有很大的帮助。

【任务学习】

一、激光切割技术

激光切割是利用聚焦镜将激光束聚焦在材料表面使材料熔化，同时用与激光束同轴的压缩气体吹走被熔化的材料，并使光束和材料沿一定轨迹做相对运动，从而形成一定形状的切缝的技术。激光切割应用于金属和非金属材料的加工中，可大幅度减少加工时间，降低加工成本，提高工件质量。典型应用如汽车车门钣金件的切割、汽车底盘拖曳臂和扭力梁的切割等，如图 8-1 所示。

图 8-1　激光切割现场

激光切割技术具有以下优点。

（1）精度高：激光切割的定位精度为 0.05mm，重复定位精度为 0.02mm。

激光切割工作站的认知

（2）切缝窄：激光束聚焦成很小的光点，使焦点处达到很高的功率密度，材料很快被加热至汽化程度，蒸发形成孔洞。光束与材料做相对线性移动，使孔洞连续形成宽度很窄的切缝，切口宽度一般为 0.10 ～ 0.20 mm。

（3）切割面光滑：切割面无毛刺，切口表面粗糙度一般控制在 *Ra*12.5 μm。

（4）速度快：切割速度可达 10 m/min，最大定位速度可达 70 m/min。

（5）切割质量好：无接触切割，切边受热影响很小，工件基本没有热变形，完全避免材料冲剪时形成的塌边，切缝一般不需要二次加工。

（6）不损伤工件：激光切割头不会与材料表面接触，保证不划伤工件。

（7）不受被切材料硬度的影响：激光可以对钢板、不锈钢板、铝合金板、硬质合金板等不同板材进行加工，不管什么样的硬度，都可以进行无变形切割。

（8）不受工件外形的影响：激光加工柔性好，可以加工任意图形，可以切割管材及其他异型材。

（9）可以对非金属，如塑料、木材、PVC、皮革、纺织品和有机玻璃等进行切割加工。

（10）节约模具投资：激光切割加工不需模具，没有模具消耗，从而节省了加工费用，降低了生产成本，尤其适合大件产品的加工。

（11）节省材料：采用计算机编程可以对不同外形的产品进行整张板材套裁，最大限度地提高材料的利用率。

（12）缩短了新产品制造周期：对于新产品试制、数量小、结构不确定、随时会改动的情况，激光切割机大大缩短了新产品制造周期。

二、机器人激光切割工作站的组成

激光切割作为金属加工的重要方法，已广泛应用于先进制造领域。近年来，智能化、自动化和信息化技术的快速发展，促进了机器人技术和激光技术的结合。目前，机器人激光切割方式普遍直接将激光切割头安装在 6 自由度工业机器人 J6 轴法兰盘上，通过机器人运动姿态的变化，实现对工件外围轮廓和定位孔的切割。

典型的激光切割工作站由工业机器人、激光器、激光切割头和其他外围辅助设备构成，如果要实现更为复杂的曲面切割，工作站中还可能包括切割变位机。图 8-2 所示的车架切割加工生产线中就应用了激光切割。

图 8-2　车架切割加工生产线

大功率激光器是激光切割设备的关键组件之一，是激光切割的核心，用于产生切割用的激光源。常用的激光器有下面几种。

1. 固体激光器

这类激光器又称为 Nd:YAG 激光器，Nd 是一种化学元素，YAG 代表钇铝石榴石，晶体结构与红宝石相似。固体激光器的波长为 1.06 μm，它的优点是产生的光束可以通过光纤传送，适用于柔性制造系统和远程加工。

2. 气体激光器

这类激光器又称为 CO_2 激光器，分子气体作工作介质，产生平均波长为 10.6 μm 的红外激光，可以连续工作并输出很高的功率，标准激光功率在 2 ～ 5 kW。

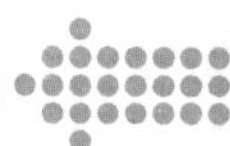

3. 光纤激光器

这类激光器的应用范围非常广，包括激光空间远距通信、激光光纤通信、汽车制造、军事国防安全、医疗器械仪器设备、大型基础设施建设等。

【思考与练习】

1. 激光切割技术的原理是什么？
2. 机器人激光切割工作站由哪些部分组成？

任务二　离线编程技术简介

【任务描述】

了解离线编程的基本概念和技术特点，对我们选择编程方式有很大的帮助。同时，通过比较不同软件，选择一款合适的离线编程软件也是十分重要的。

【任务学习】

一、离线编程概述

工业机器人离线编程技术

在工业应用领域，机器人还不能自主地进行各种工作，需要工程师事先编写任务程序，机器人再按照程序逐步执行任务。目前常用的编程方式有 2 种：一种是现场编程，另一种是离线编程。离线编程是将现实的机器人工作场景通过虚拟的 3D 模型在软件中仿真，通过软件的操作生成机器人任务程序，在软件中生成的机器人程序可导入到真实机器人中运行。机器人的离线编程技术直接关系到机器人执行任务的运动轨迹、运行速度、运作的精确度，对于生产制造起着关键作用。因此，机器人离线编程成为一项备受关注的课题。

机器人离线编程技术在很多领域已经取代现场编程技术，这与其有诸多优势不无关系。

（1）机器人离线编程技术将工程师从嘈杂的工作现场解放，让其可以在安全舒适的环境中编程，极大地改善了工作体验。

（2）对于现场编程，不管是手动引导机器人末端执行机构进行动作，还是通过 TP 进行示教，都对工作人员的体力带来负担。

（3）由于机器人的 TP 形态各异，操作方式也不相同，要熟练掌握一个品牌的机器人现场编程需要花费大量的时间，而当再去操作另一品牌的机器人时，可能又需要从头再学一遍。

（4）在操作过程中，因为无法进行轨迹优化，仅能凭经验来执行，这可能导致机器人的位姿动作出现奇异点，降低机器人零件的寿命。而且动作的精度、准确度等都靠人眼来识别，使得待加工产品的质量无法保证。

（5）离线编程不占用机器人的工作时间，还能提前做好准备工作，当任务切换时，需要的时间较少，减少对企业制造资源的浪费。因此，站在企业的角度，机器人离线编程也具有不可忽视的优势。

二、主流的离线编程软件

1. RobotMaster

RobotMaster 产自加拿大，由上海傲卡自动化公司代理，是目前较为流行的离线编程软件，支持市场上绝大多数机器人品牌。

2. RobotWorks

RobotWorks 是产自以色列的机器人离线编程仿真软件，与 RobotMaster 类似，是基于 SolidWorks 做的二次开发。

3. ROBCAD

ROBCAD 是西门子公司旗下的软件，软件较庞大，价格也是同类软件中较高的。软件支持离线点焊，支持多台机器人仿真，支持非机器人运动机构仿真，具有精确的节拍仿真。ROBCAD 主要应用于产品生命周期中的概念设计和结构设计 2 个前期阶段。

4. DELMIA

DELMIA 是达索公司旗下的 CAM 软件。DELMIA 有 6 个模块，其中，Robotics 解决方案涵盖汽车领域的发动机、总装和白车身（Body-in-White），航空领域的机身装配、维修维护，以及一般制造业的制造工艺。

5. RobotStudio

RobotStudio 是瑞士 ABB 公司提供的软件，RobotStudio 支持机器人的整个生命周期，使用图形化编程、编辑和调试机器人系统来创建机器人的运行程序，并模拟优化现有的机器人程序。

6. ROBOGUIDE

ROBOGUIDE 是一款 FANUC 自带的支持机器人系统布局设计和动作模拟仿真的软件，可以进行系统方案的布局设计、机器人目标可达性的分析和系统的节拍估算，还能够自动生成机器人的离线程序，进行机器人故障的诊断和程序的优化等。

【思考与练习】

1. 离线编程的优势有哪些？
2. 目前主流的离线编程软件有哪些？

任务三　激光切割工作站编程

【任务描述】

我们采用 ROBOGUIDE 对工业机器人进行离线编程。首先应该仿照真实的工作站在软件中进行场景的搭建，包括机器人模型、工具模型、工件模型等；其次是对仿真的系统组件进行设置，包括运动轴和通信的设置；然后是在虚拟场景下进行机器人轨迹的生成以及其他指令的编写，并验证程序的可行性；最后将导出的程序导入到真实的机器人中运行。

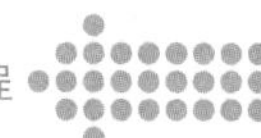

【任务学习】

一、创建虚拟的工作场景

1. 创建工程文件

在 ROBOGUIDE 中选取添加与实际机器人相同型号的仿真模型和控制系统。新建工程文件的过程可参考附录 A，完成后的效果如图 8-3 所示。

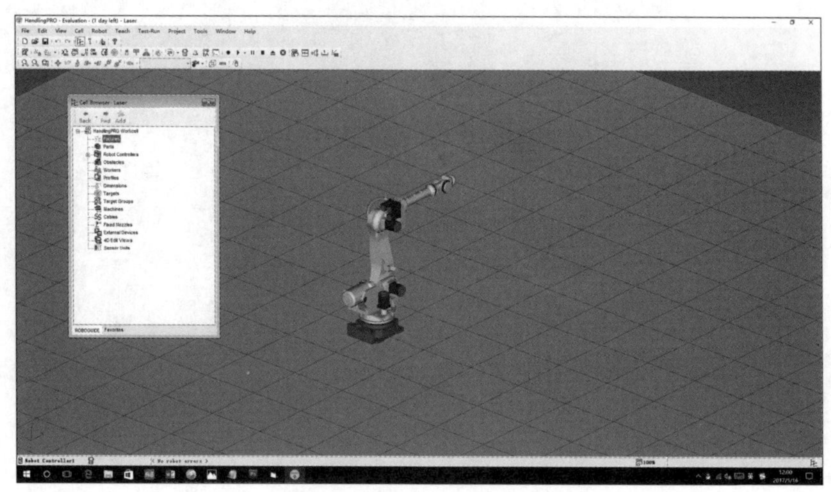

图 8-3　机器人仿真文件

2. 添加工作台和工件

（1）添加一个工装台的模型作为后续工件的载体

在“Cell Browser”窗口中，鼠标右键单击“Fixture”，执行“Add Fixture”/“CAD Library”菜单命令，在结构树中找到“Table”并选择一个桌子的模型，单击“OK”按钮，如图 8-4 所示。

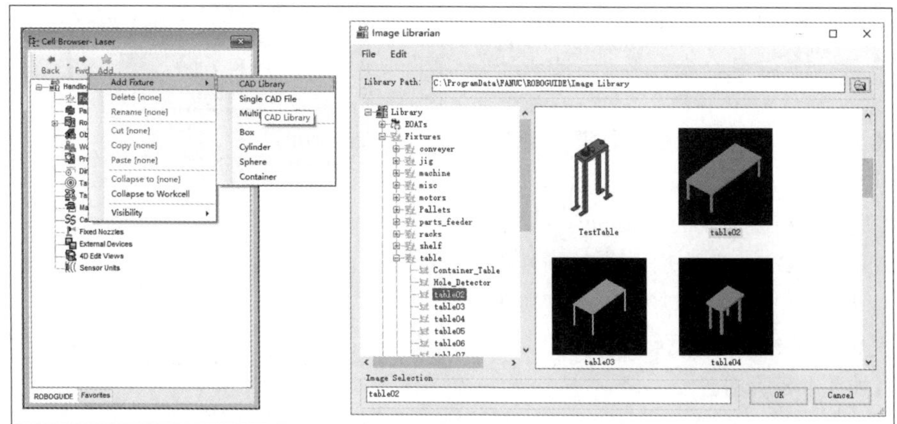

图 8-4　添加工作台模型

“Fixture 1”窗口为工作台模型的属性设置窗口。“General”选项卡下的“Location”表示工作台当前的坐标值，直接输入数值可调整位置与姿态，或者直接用鼠标拖动工作台底部的高亮坐标系改变其位置。“Scale”表示的是工作台的尺寸倍率。设置完毕后的效果如图 8-5 所示。

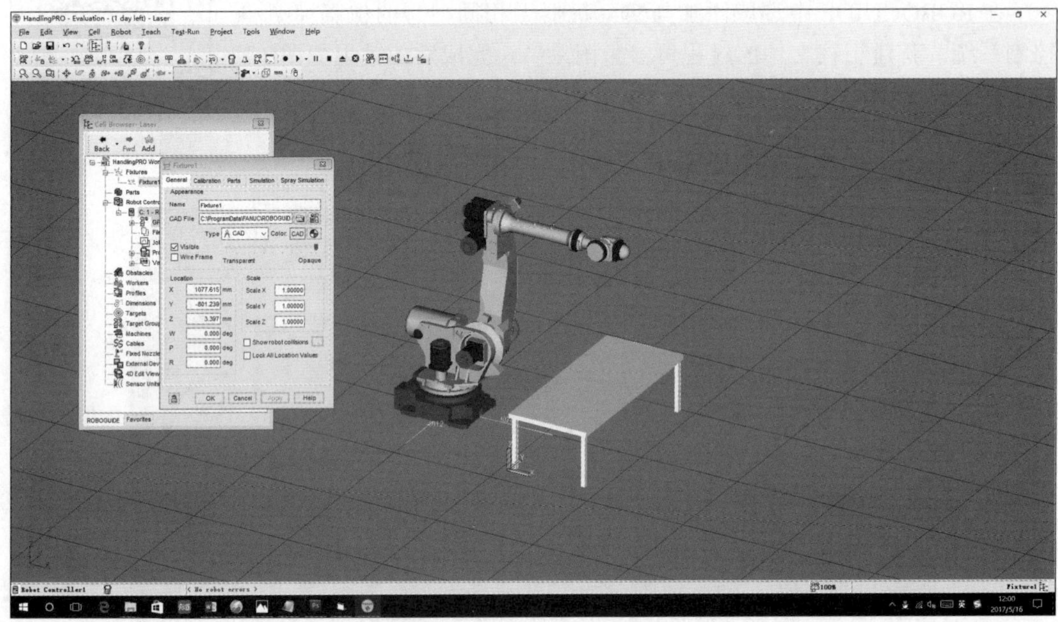

图 8-5　设置工作台状态完毕后的效果

（2）添加工件

在其他的三维软件中按照实际工件的形状和尺寸制作工件模型，完成后再导入到 ROBOGUIDE 中。

在“Cell Browser”窗口中，鼠标右键单击“Part”，执行“Add Part”/“Single CAD File”菜单命令导入工件模型，如图 8-6 所示。

如图 8-7 所示，双击工作台模型弹出“Fixture”窗口，选择“Parts”选项卡，勾选“Part 1”，单击右下角的“Apply”按钮，勾选“Edit Part Offset”选项，此时工件的坐标值可调，修改坐标值大小或者直接用鼠标拖曳调整工件在工作台上的位置，调整完毕后如图 8-8 所示。

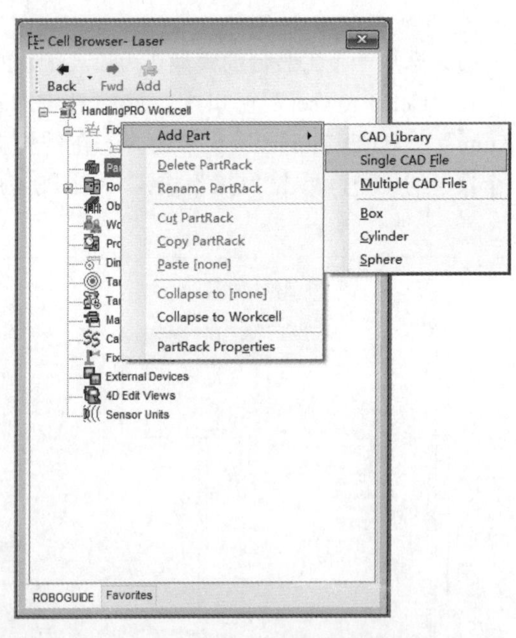

图 8-6　添加工件模型步骤

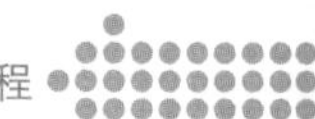

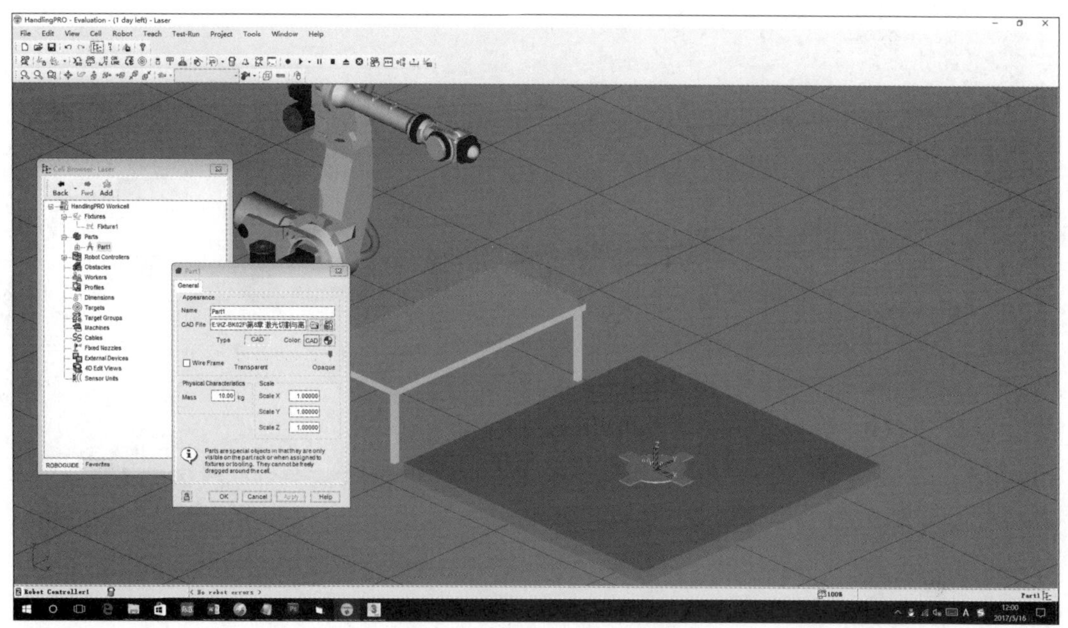

图 8-7　工件被导入到软件中

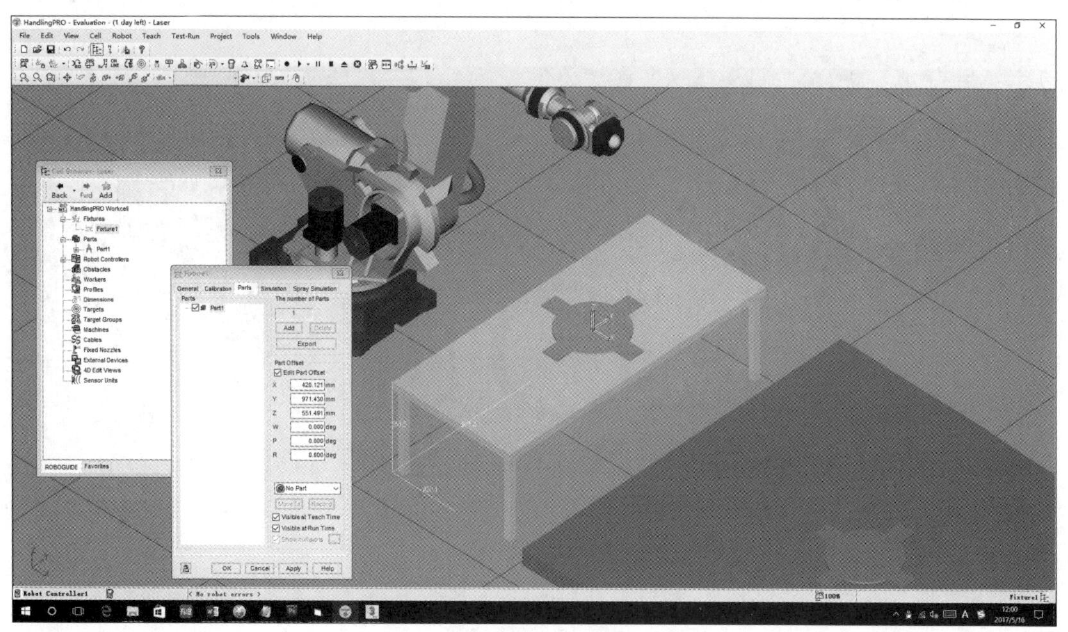

图 8-8　工作台附加工件完成

3. 添加工具和设置工具坐标系

按照图 8-9 所示的步骤，为机器人添加一个切割工具。默认状态下切割头的位置和大小可能与机器人的连接法兰不匹配，此时需要双击切割头模型，在工具属性设置窗口的“General”选项卡中调节切割头的大小及位置，调节后的效果如图 8-10 所示。

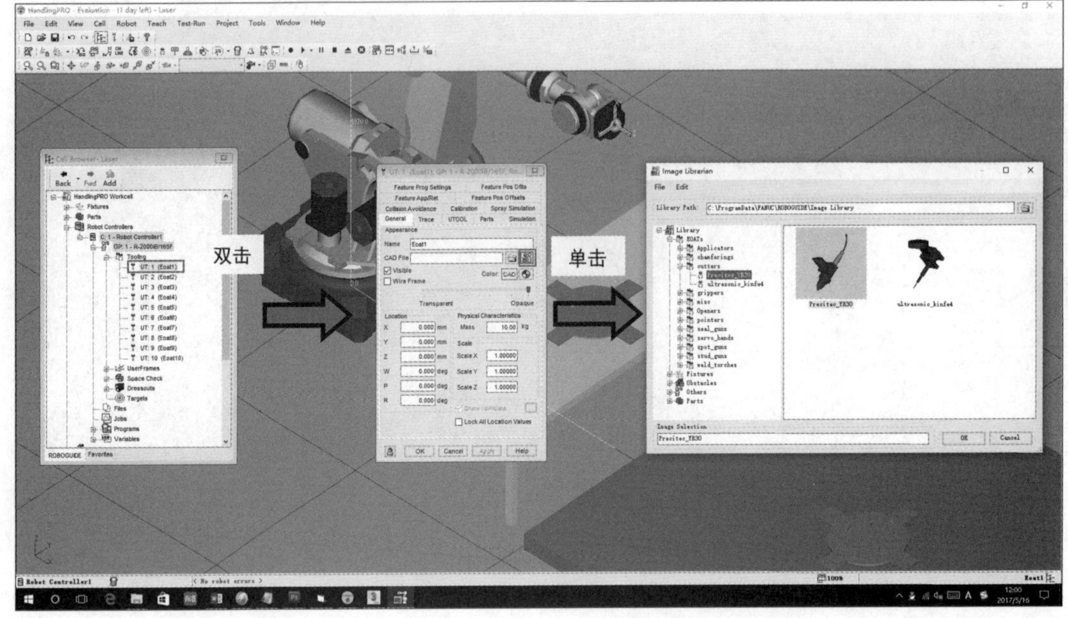

图 8-9　添加切割工具

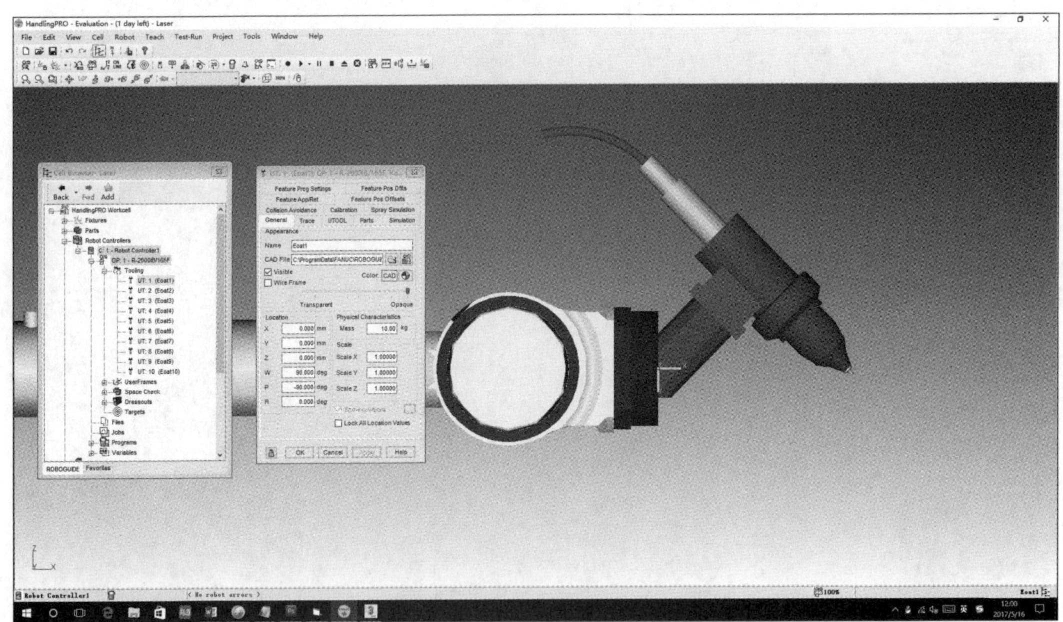

图 8-10　调整工具

工具位置调整好后不要关闭该窗口，选择“UTOOL”选项卡，勾选“Edit UTOOL”选项，此时直接用鼠标拖动机器人的工具坐标系原点（绿色圆点）至切割头的尖端，旋转坐标系方向使 Z 轴与切割头的工作方向相同，如图 8-11 所示。位置调整完毕后，单击“Use Current Triad Location”按钮应用新的工具坐标系。

按照实际机器人设置用户坐标系的方法设置一个新的用户坐标系，坐标系的原点以工件的某个角点为基准。

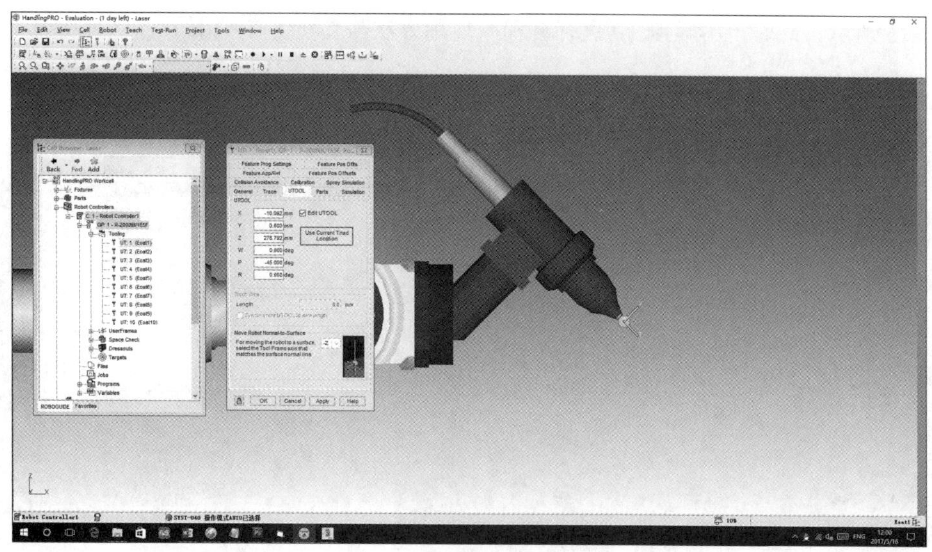

图 8-11　设置工具坐标系

创建完成的虚拟工作场景如图 8-12 所示。

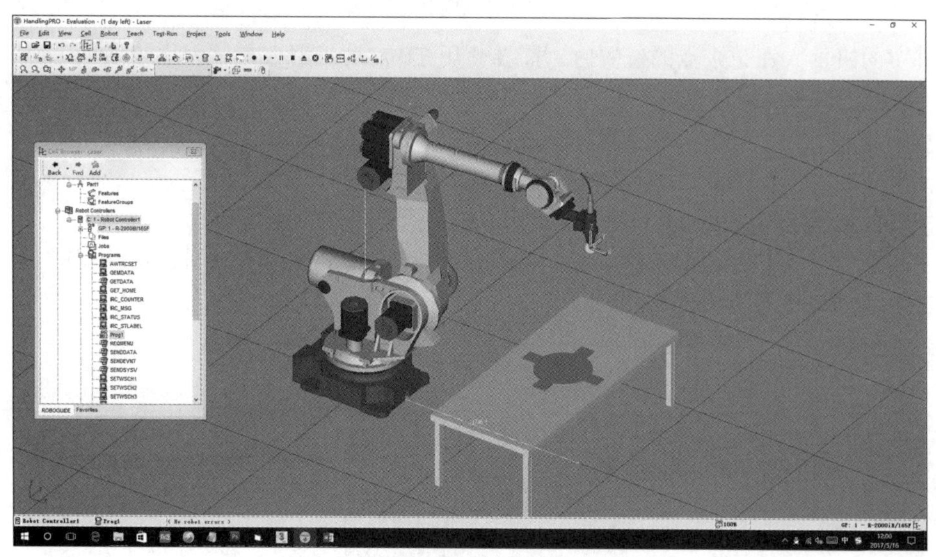

图 8-12　准备就绪的切割工作站

二、编写程序

1. 通信设置

工业机器人通过数字 I/O 信号来控制激光器的激光及压缩气体的打开与关闭。设置 DO[11]=ON 时，激光打开，DO[11]=OFF 时，激光关闭；DO[12]=ON 时，压缩气体打开；DO[12]=OFF 时，压缩气体关闭。

2. 生成轨迹程序

执行“Robot”/“Teach Pendant”菜单命令，启动虚拟 TP，并将其有效开关置于“ON”位置，如图 8-13 所示。此时可用虚拟 TP 进行编程，使用方法与真实的 TP 相同。

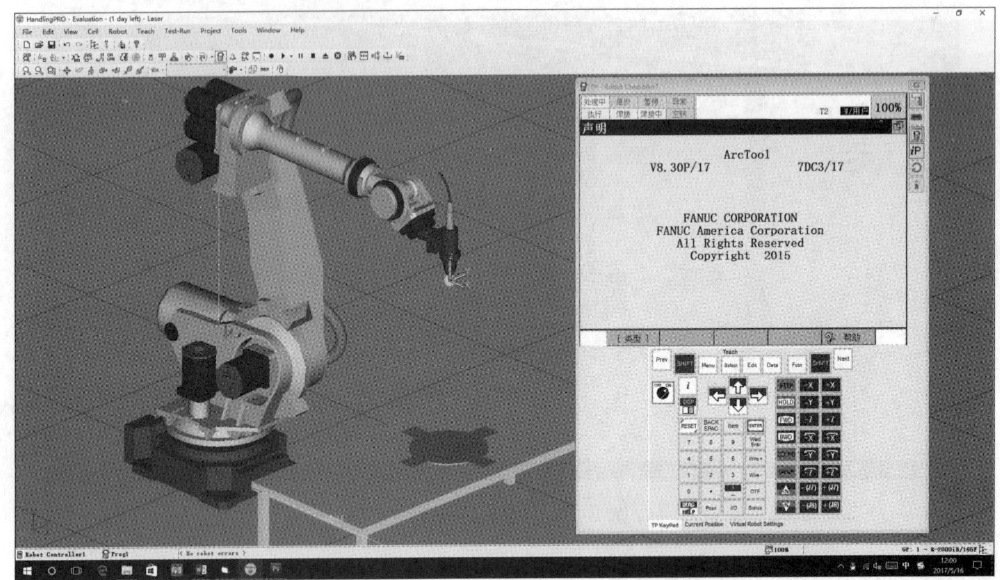

图 8-13　虚拟 TP

真实的机器人在记录点的位置时，需要使用 TP 点动机器人，过程比较烦琐。而在软件当中有快捷的方式可以让机器人直接到达理想的位置。

按组合键“Ctrl+Alt”并单击鼠标左键可拾取工件边缘线上的点。

按组合键“Ctrl+Shift”并单击鼠标左键可拾取工件表面上的点。

按组合键“Ctrl+Shift+Alt”并单击鼠标左键可拾取工件的顶点。

图 8-14 所示为快速拾取工件顶点，按组合键“Ctrl+Shift+Alt”并单击鼠标左键后，机器人 TCP 瞬间移动到拾取的位置。

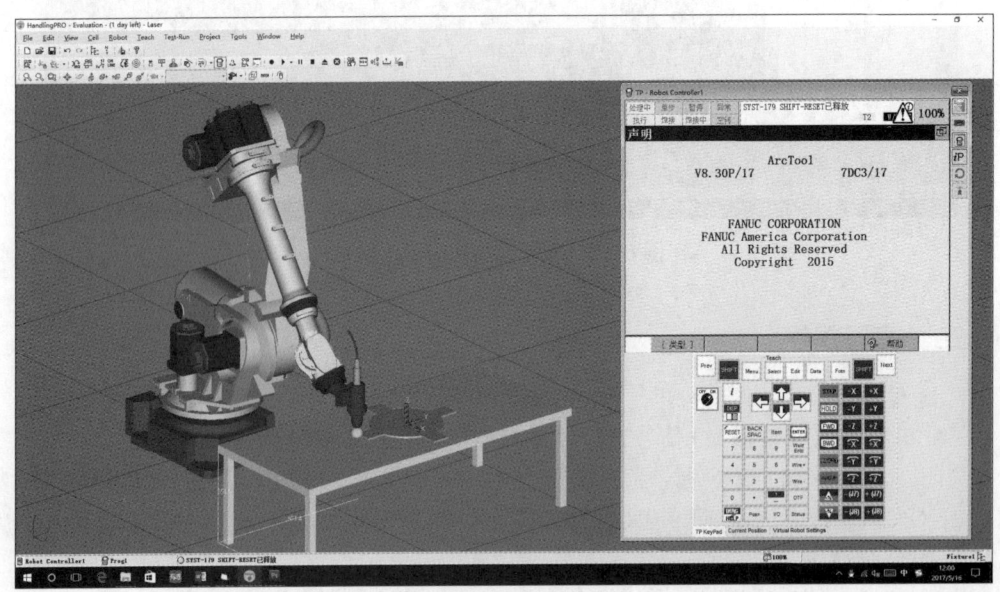

图 8-14　快速拾取点

激光切割完整的程序如下：

```
1:J P[1] 20% FINE                    机器人 TCP 位于“HOME”位置
2:J P[2] 20% FINE                    TCP 到达切割接近点
3:L P[3] 100mm/sec FINE              TCP 到达切割起始点
4:DO[12]=ON                          压缩气体打开
5:WAIT      .50(sec)                 等待 0.5s
6:DO[11]=ON                          激光打开
7:WAIT      .50(sec)
8:L P[4] 100mm/sec FINE              第一条圆弧轨迹的开始点
9:C P[5]                             圆弧指令，中间点
: P[6] 100mm/sec FINE                圆弧的末端点
10:L P[7] 100mm/sec FINE
11:L P[8] 100mm/sec FINE
12:L P[9] 100mm/sec FINE
13:C P[10]
: P[11] 100mm/sec FINE
14:L P[12] 100mm/sec FINE
15:L P[13] 100mm/sec FINE
16:L P[14] 100mm/sec FINE
17:C P[15]
: P[16] 100mm/sec FINE
18:L P[17] 100mm/sec FINE
19:L P[18] 100mm/sec FINE
20:L P[19] 100mm/sec FINE
21:C P[20]
: P[21] 100mm/sec FINE
22:L P[22] 100mm/sec FINE
23:L P[23] 100mm/sec FINE
24:DO[11]=OFF                        激光关闭
25:WAIT      .50(sec)
26:DO[12]=OFF                        压缩气体关闭
27:WAIT      .50(sec)
28:J P[1] 20% FINE
```

三、程序的导出和导入

1. ROBOGUIDE 程序导出

执行“Teach”/“Save All TP Programs”/“Binary”菜单命令，如图 8-15 所示。选择程序导出的目录，单击“OK”按钮确定。

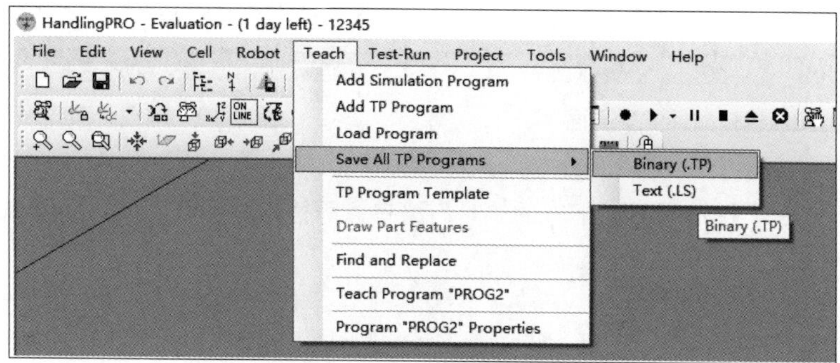

图 8-15　程序导出界面

2. 机器人程序导入

（1）按下“MENU”键，在菜单界面中选择“文件”，如图 8-16 所示。

（2）在文件界面中按下“F5”键选择界面下方的“工具”菜单，单击“切换设备”选择要加载的程序的存储设备，如图 8-17 所示。

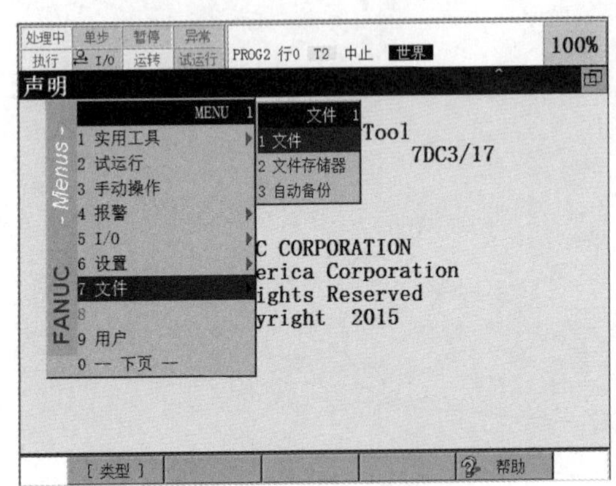

图 8-16 程序导入菜单界面

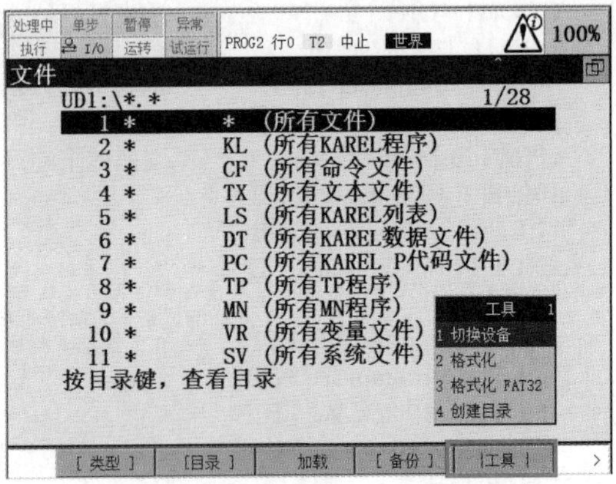

图 8-17 选择程序存储设备界面

（3）按下“F2”键选择界面下方的“目录”菜单，选择要加载的文件的类型，这里选择“*.TP”程序文件，如图 8-18 所示。

（4）选择要加载的程序名称，按下“F3”键选择界面下方的“加载”菜单，如图 8-19 所示。

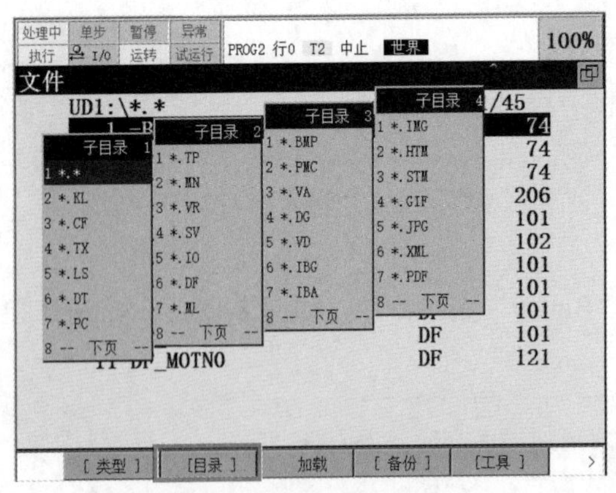

图 8-18 选择文件类型界面

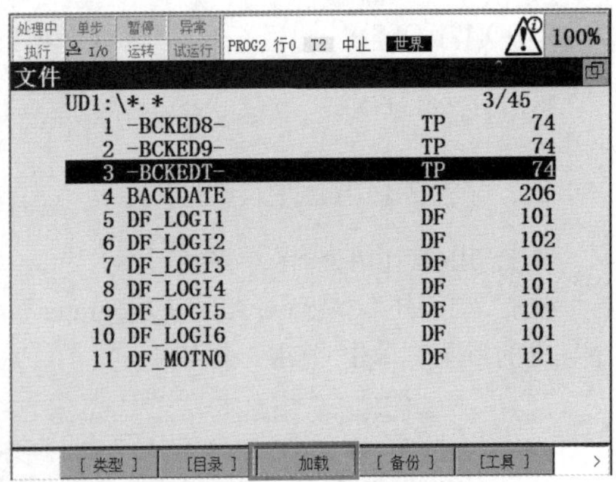

图 8-19 加载程序界面

（5）按下“F4”键选择界面下方的“是”菜单，等待程序加载完成，如图 8-20 所示。

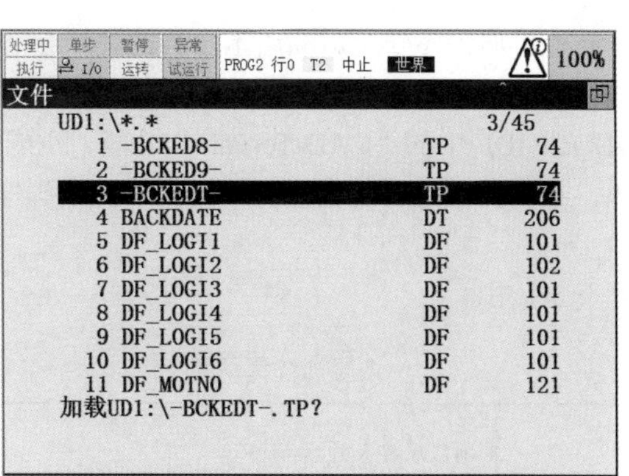

图 8-20　等待程序加载完成界面

【思考与练习】

1. 虚拟场景中 PART 模型、FIXTURE 模型分别模拟现实中的什么？
2. 虚拟场景中如何设置机器人的工具坐标系？

【项目总结】

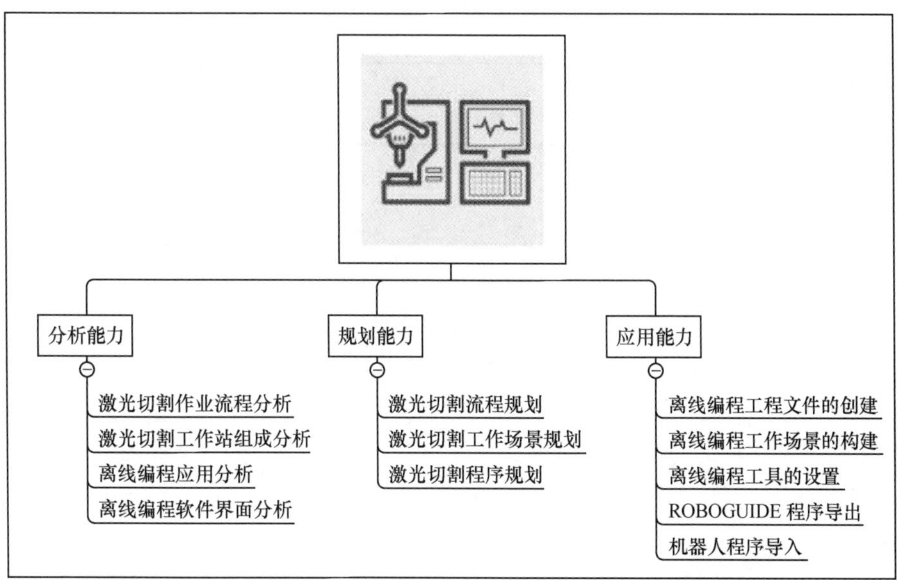

【拓展训练】

【CAD-Tp-Path 绘制轨迹】在 ROBOGUIDE 中进行离线编程除了用虚拟 TP 以外，还可以直接绘制出加工的轨迹，轨迹再向程序转化。利用本项目的案例对 ROBOGUIDE 软件做一次探索，通过挖掘离线编程软件的功能，提升自己思考和钻研的能力。

任务要求：采用 ROBOGUIDE 中的“CAD-To-Path”功能，生成轨迹程序。

考核方式：每组 2 人，在软件中进行仿真，并将得到的离线程序下载到真实的机器人中运行。

将拓展训练情况填入表 8-1 中。

表 8-1　　拓展训练评估表

项目名称： CAD-To-Path绘制轨迹	项目承接人姓名：	日期：
项目要求	**评分标准**	**得分情况**
建立仿真工作站（30分）	1. 工程文件的创建（10分） 2. 模型的搭建（20分）	
绘制轨迹功能的简单应用（30分）	1. 轨迹的绘制（10分） 2. 程序转化（20分）	
程序验证与仿真运行（20分）	程序验证与仿真运行（20分）	
程序的导出与导入（20分）	1. 程序导出（10分） 2. 程序导入（10分）	
评价人	**评价说明**	**备注**
个人		
老师		

附录 A ROBOGUIDE 离线编程软件的认知

1. 软件概述

ROBOGUIDE 是 FANUC 机器人公司提供的一款离线编程工具，它围绕一个离线的三维世界进行模拟，在这个三维世界中模拟现实中的机器人和周边设备的布局，并通过其中的离线程序进一步模拟机器人的运动轨迹。通过这样的模拟可以验证方案的可行性，同时获得准确的周期时间。ROBOGUIDE 软件包括搬运、弧焊、喷涂等模块。ROBOGUIDE 的仿真环境界面是传统的 Windows 界面，由菜单栏、工具栏、状态栏等组成。

2. 软件的安装

（1）打开 ROBOGUIDE 软件安装光盘，双击文件夹下的 Setup.exe，首先会弹出附图 A-1 所示的安装对话框。

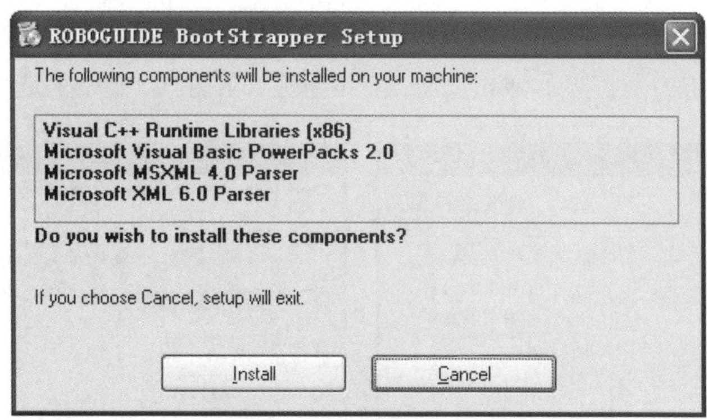

附图 A-1　确认安装对话框

（2）单击“Install”按钮进入附图 A-2 所示的欢迎安装对话框。

（3）单击“Next”按钮进入附图 A-3 所示的证书条款对话框。

（4）单击“Yes”按钮进入附图 A-4 所示的选择安装路径对话框。

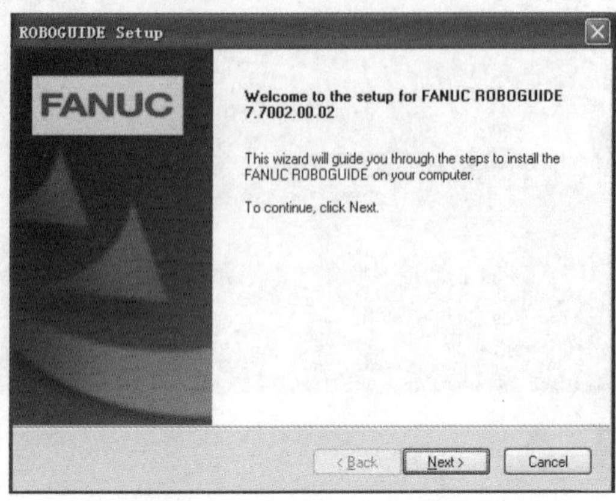

附图 A-2　欢迎安装对话框

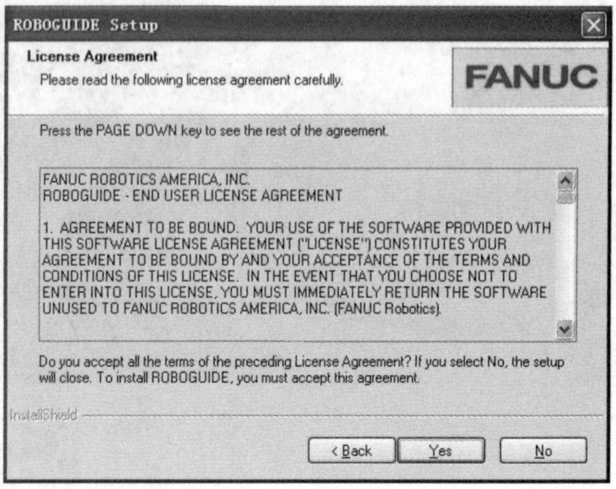

附图 A-3　证书条款对话框

（5）单击“Browse”按钮选取安装路径，再单击“Next”按钮，进入附图 A-5 所示的选择安装模块对话框。

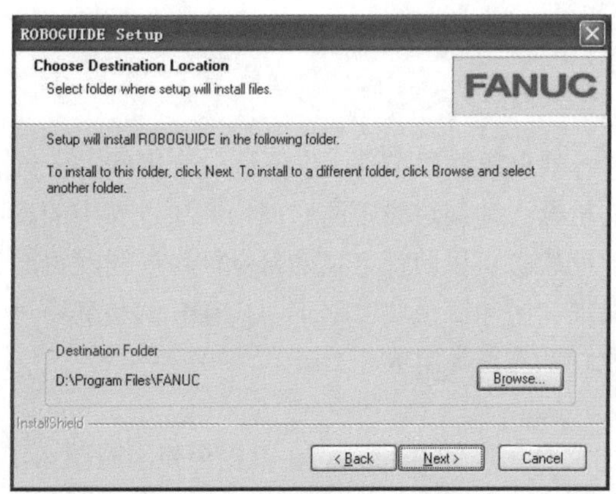

附图 A-4　选择安装路径对话框

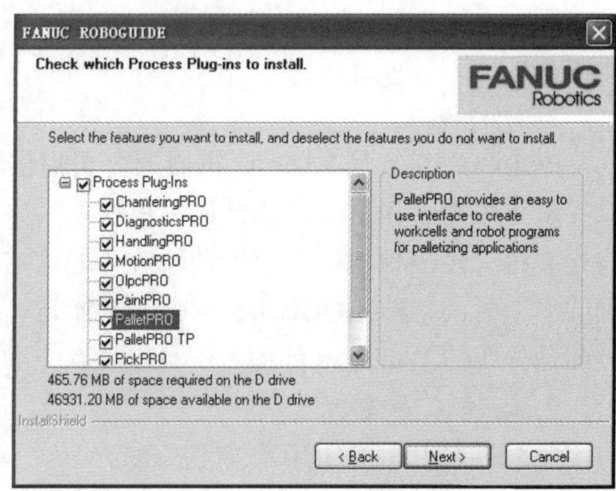

附图 A-5　选择安装模块对话框

（6）选择需要的工艺后，单击“Next”按钮进入附图 A-6 所示的检查安装模块对话框。

（7）选择需要的应用程序后，单击“Next”按钮进入附图 A-7 所示的选择其他应用对话框。

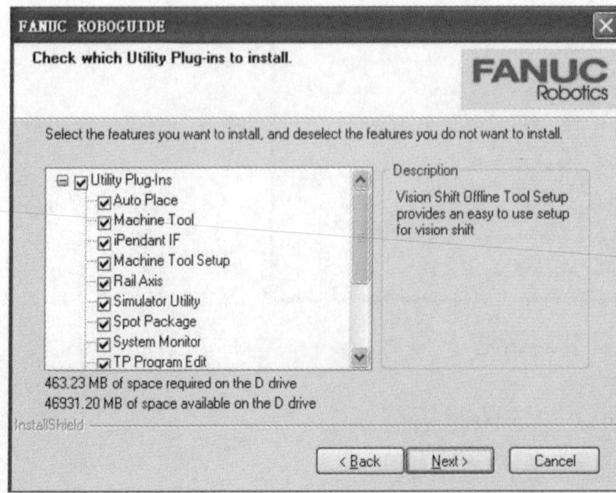

附图 A-6　检查安装模块对话框

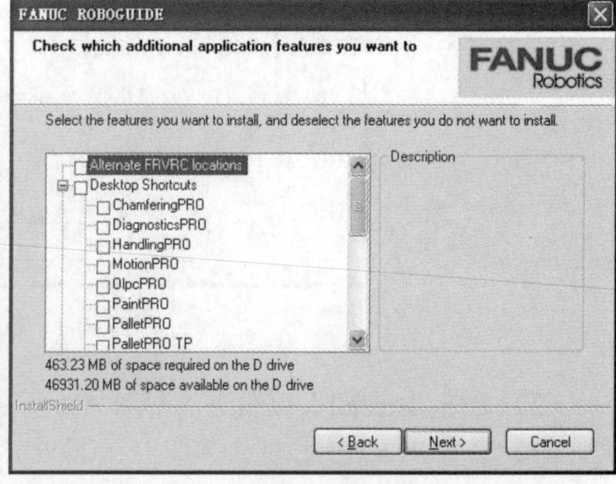

附图 A-7　选择其他应用对话框

（8）选择一些其他的应用后，单击“Next”按钮进入附图 A-8 所示的选择机器人版本对话框。

（9）选择机器人软件版本后，单击“Next”按钮进入附图 A-9 所示的确认选项对话框。

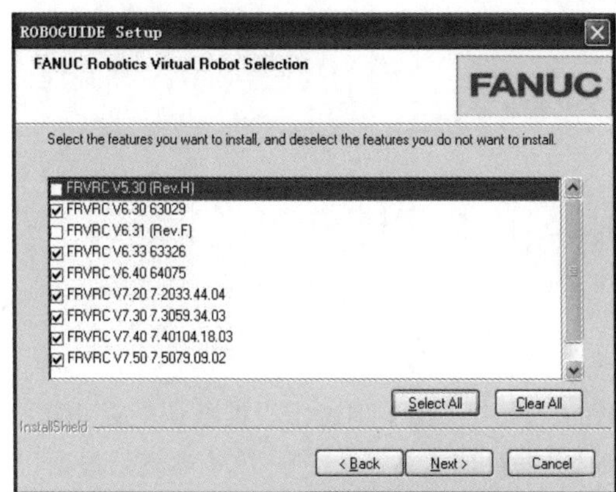

附图 A-8　选择机器人版本对话框

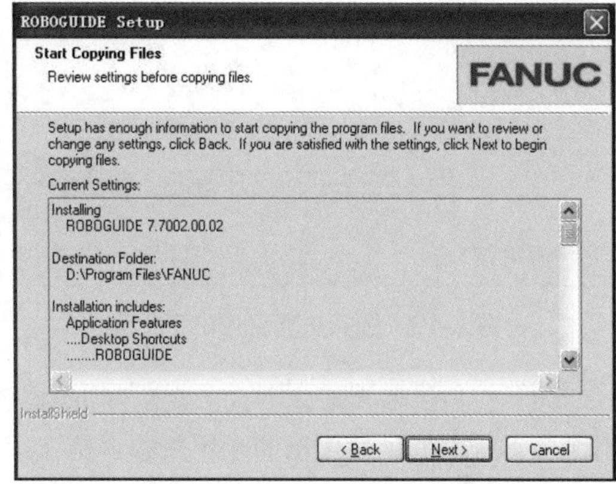

附图 A-9　确认选项对话框

（10）这里列举出了之前的选择项，确认无误后单击“Next”按钮进入安装过程。安装结束后弹出附图 A-10 所示的安装完成对话框。

（11）单击“Finish”按钮退出对话框并重启计算机，ROBOGUIDE 软件就可以正常使用了。

3. 软件的基本运用

（1）打开 ROBOGUIDE 后，单击工具栏上的新建按钮，或执行“File”/“New Cell”菜单命令，如附图 A-11 所示。

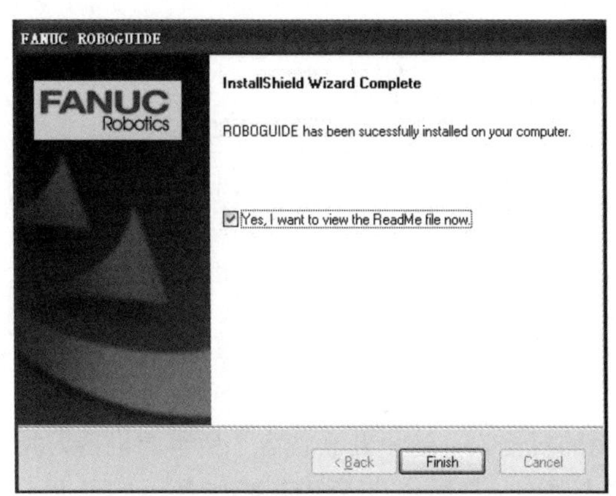

附图 A-10　安装完成对话框

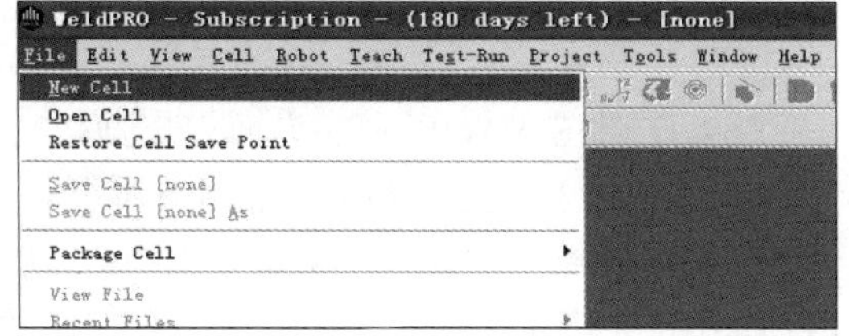

附图 A-11　新建单元界面

（2）在出现的附图 A-12 所示的界面中选择需要仿真的工作类型（焊接、搬运等），确定后单击“Next”按钮进入下一个步骤。

（3）如附图 A-13 所示，为仿真命名，即在“Name”中输入仿真文件的名称，这里也可以用默认的命名。命名完成后单击“Next”按钮进入下一个选择步骤。

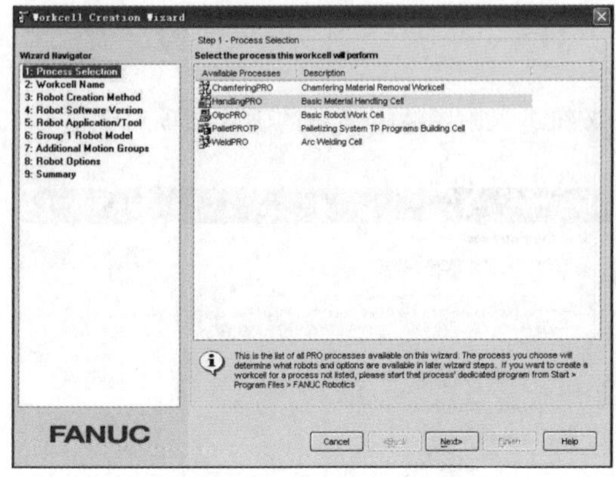

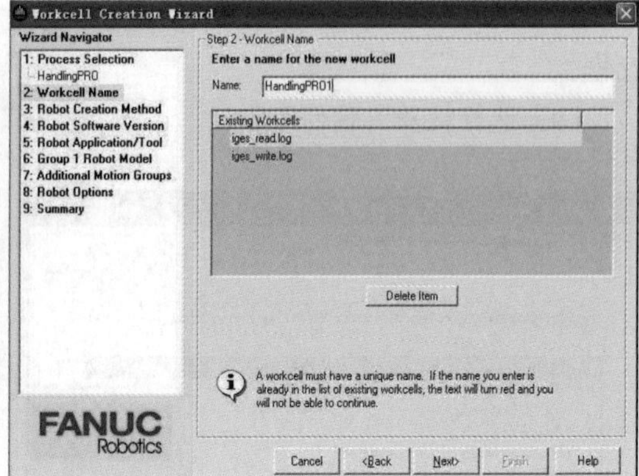

附图 A-12　选择仿真工作类型界面

附图 A-13　确定仿真文件

（4）选择机器人新建方式。在附图 A-14 所示的界面中，第 1 项表示根据默认配置新建；第 2 项表示根据上次使用的配置新建；第 3 项表示根据机器人备份新建；第 4 项表示根据已有机器人的拷贝新建。

通常都选用第 1 项，创建一个新的机器人，然后单击“Next”进入下一个界面。

（5）在附图 A-15 所示的界面中选择一个安装在机器人上的软件版本，这里选择最高版本，单击“Next”按钮进入下一个界面。

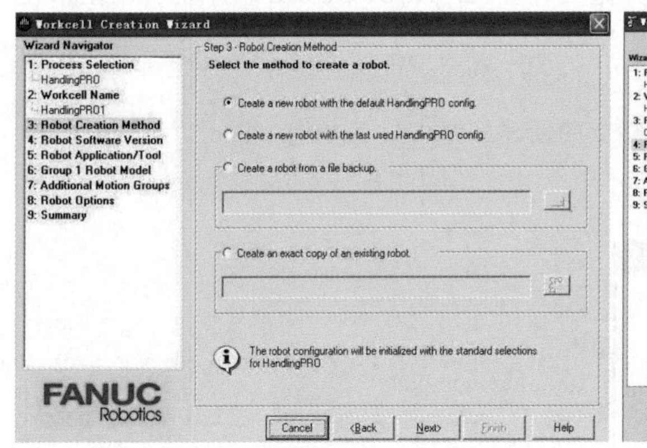

附图 A-14　机器人新建方式界面

附图 A-15　机器人软件版本选择界面

（6）在附图 A-16 所示的界面中根据仿真的需要选择合适的软件系统工具，然后单击“Next”按钮进入附图 A-17 所示的选择界面。

（7）在附图 A-17 所示的界面中选择仿真所用的机器人，这里几乎包含了所有的机器人类型，如果选型错误，可以在创建之后再更改。单击“Next”按钮进入附图 A-18 所示的界面。

（8）在附图 A-18 所示的界面中还可以继续添加额外的机器人（也可在建立 Workcell 之后添加），以及添加 Group 2 ～ Group 7 的设备，如变位机等。然后单击“Next”按钮进入附图 A-19 所示的界面。

（9）在附图 A-19 所示的界面中可以选择各类其他软件，并将它们用于仿真。这里包括许多常用的附加软件，如 2D 或 3D 视觉应用和附加轴等，同时还可以切换到“Languages”选项卡里设置语言环境，默认的是英语，还可选择中文、日语等。单击“Next”按钮进入附图 A-20

所示的界面。

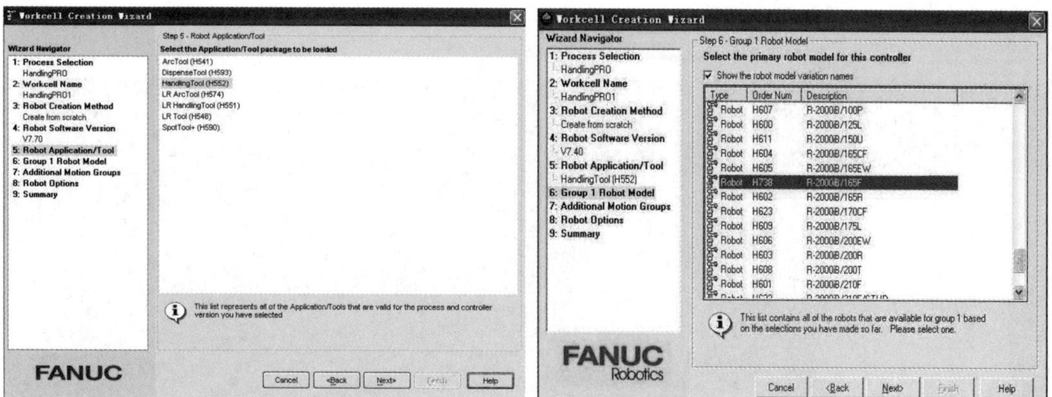

附图 A-16　机器人软件系统工具选择界面

附图 A-17　机器人型号选择界面

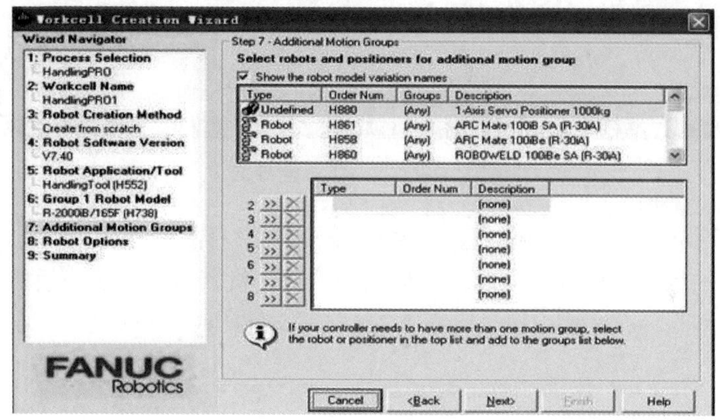

附图 A-18　添加其他额外的机器人及组的设备的界面

（10）附图 A-20 所示的界面中列出了之前所有选择的内容，是一个总的目录。如果确定无误，就单击“Finish”按钮完成工作环境的设置；如果需要修改可以单击“Back”按钮退回之前的步骤去做进一步修改。这里单击“Finish”按钮进入仿真环境。

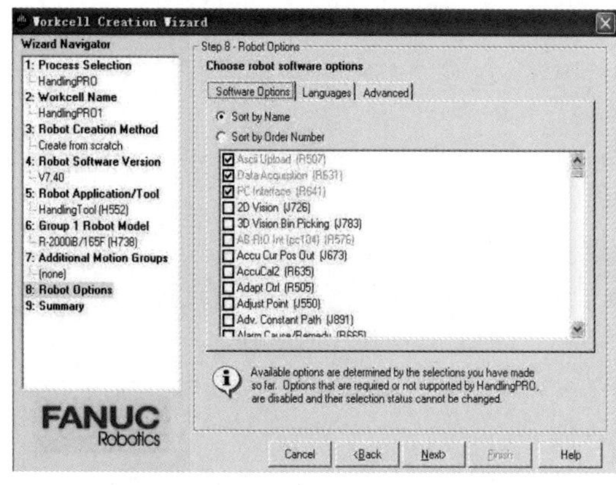

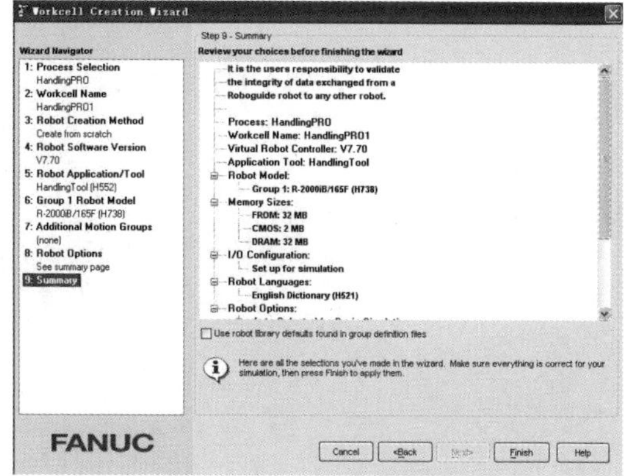

附图 A-19　附加软件选择界面

附图 A-20　设置总览界面

（11）Workcell 建立完成后，会进入附图 A-21 所示的工作环境。

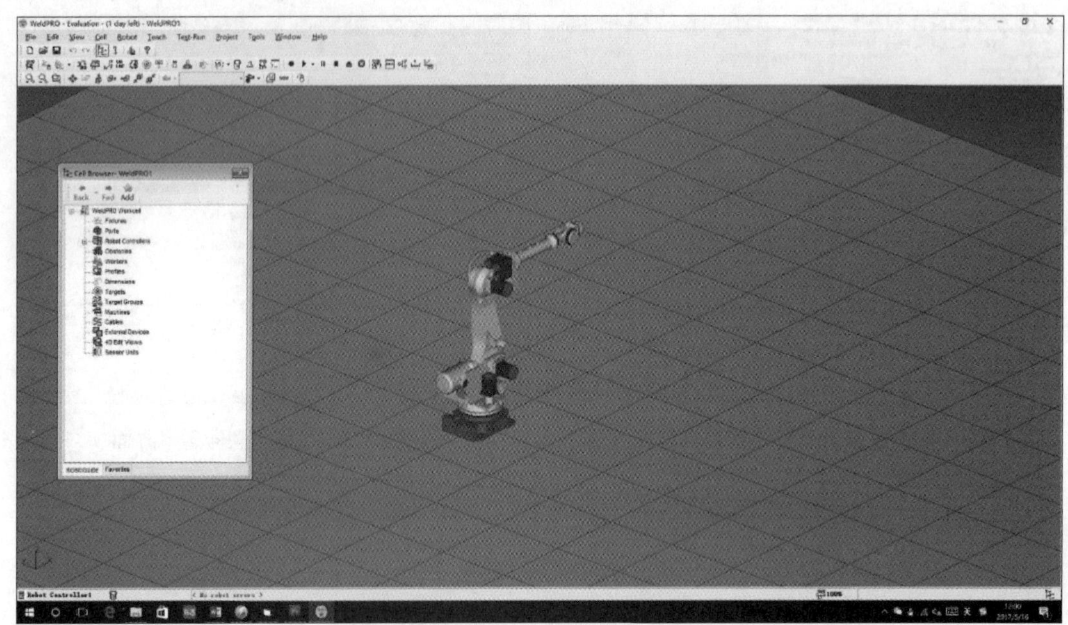

附图 A-21　工作环境界面

附图 A-21 所示的工作界面的中心为创建 Workcell 时选择的机器人，机器人模型的原点（单击机器人后出现的绿色坐标系）为此工作环境的原点。机器人下方的底板默认是 20m×20m 的范围，每个小格尺寸是 1m×1m。执行“Cell”/“WorkCell Properties”菜单命令可修改底板参数。

附录 B 零点标定

零点标定需要将机器人的机械信息与位置信息同步，以定义机器人的物理位置。零点标定过程就是读取已知的机械参考点的串行脉冲编码器信号的过程。

机器人出厂时已经进行过零点标定，所以在日常操作中并不需要进行零点标定。但是对于下列情况，则需要进行零点标定。

（1）由于控制装置的 CMOS 备用电池的电量耗尽，初始开机引起的寄存器被擦除等而导致零点标定数据丢失时。

（2）因机构脉冲计数备用电池的电量耗尽、脉冲编码器的更换等而导致脉冲计数丢失时。

（3）机构受到碰撞而造成脉冲编码器和轴角度偏移时。

1. 全轴零点标定

全轴零点标定时，需要将 6 轴同时点动到零度位置，这时由于是靠肉眼观察零度刻度线，故误差相对大一点。

前提：系统变量 $MASTER_ENB 应等于 1 或等于 2。

步骤：

（1）按下“MENU”（菜单）键，显示出菜单界面。

（2）按下“0 — 下页—”，选择“6 系统”。

（3）按下“F1”键选择界面下方的“类型”菜单，显示出切换的菜单界面。

（4）选择“零点标定 / 校准”出现位置校准界面，如附图 B-1 所示。

（5）在点动方式下将机器人移动到 0° 位置姿态（表示零度位置的标记对应的位置）。如有必要，断开制动器控制。

（6）选择“2 全轴零点位置标定”，按下“F4”键选择界面下方的“是”菜单，如附图 B-2 所示。

（7）选择“6 更新零点标定结果”，按下“F4”键选择界面下方的“是”菜单，如附图 B-3 所示。

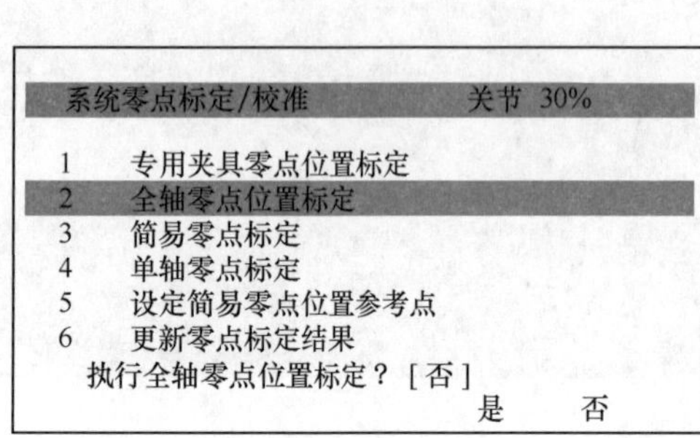

附图 B-1　位置校准界面

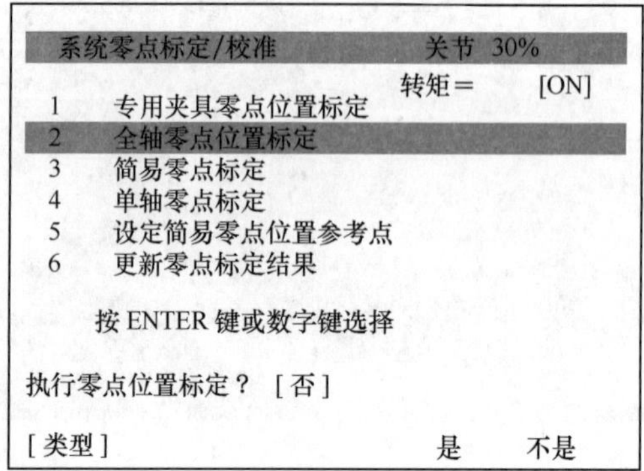

附图 B-2　全轴零点位置标定界面

（8）在位置校准结束后，按下“F5”键选择界面下方的“完成”菜单，如附图 B-4 所示。

系统零点标定/校准　关节 30%
转矩 =　[ON]
1　专用夹具零点位置标定
2　全轴零点位置标定
3　简易零点标定
4　单轴零点标定
5　设定简易零点位置参考点
6　更新零点标定结果
按 ENTER 键或数字键选择
更新零点标定结果？[不是]
[类型]　是　不是

附图 B-3　更新零点标定结果界面

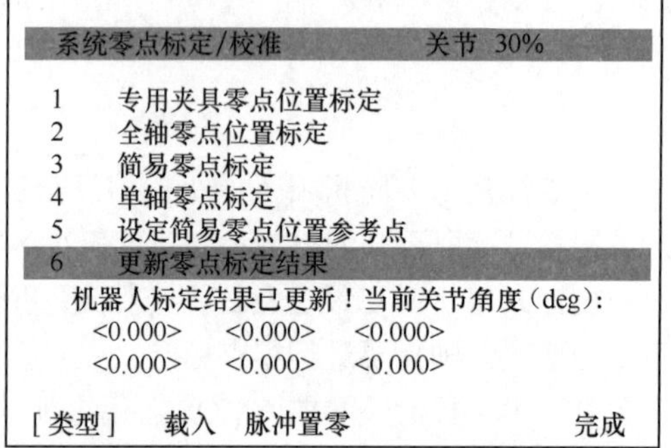

附图 B-4　位置校准完成界面

确认机器人的零点是否正确恢复的方法如下。

① 机器人能够以非关节（JOINT）坐标系点动，说明设备存在零点。

② 机器人能够正确执行设备中原来的程序，说明零点已经正确恢复。

2. 单轴零点标定

单轴零点标定是对每个轴进行的零点标定，可以在用户设定的任意位置进行。由于脉冲编码器的电池电压下降，或更换脉冲编码器而导致某一特定轴的零点标定数据丢失时，需要进行单轴零点标定。

前提：系统变量 $MASTER_ENBL 等于 1。

步骤：

（1）通过“MENU”（菜单）选择“6 系统”。

（2）在切换菜单界面上选择“零点标定 / 校准”，出现位置校准界面，如附图 B-5 所示。

（3）选择“4 单轴零点标定”，出现单轴零点标定界面，如附图 B-6 所示。

（4）对于希望进行单轴零点标定的轴，将“SEL”（选择）设定为“1”。可以为每个轴单独指定“SEL”（选择），也可以为多个轴同时指定“SEL”（选择），如附图 B-7 所示。

（5）通过点动操作移动机器人到零点标定位置。如有必要，断开制动器控制。

（6）输入零点标定位置的轴数据，如附图 B-8 所示。

系统零点标定/校准　　关节 30%

1　专用夹具零点位置标定
2　全轴零点位置标定
3　简易零点标定
4　单轴零点标定
5　设定简易零点位置参考点
6　更新零点标定结果

按 ENTER 键或数字键选择

[类型]　载入　脉冲置零　完成

附图 B-5　位置校准界面

单轴零点标定　　关节 30%

1/9

	实际位置	（零度点位置）	（SEL）	（ST）
J1	25.255	（ 0.000 ）	（0）	[2]
J2	25.550	（ 0.000 ）	（0）	[2]
J3	-50.000	（ 0.000 ）	（0）	[2]
J4	12.500	（ 0.000 ）	（0）	[2]
J5	31.250	（ 0.000 ）	（0）	[0]
J6	43.382	（ 0.000 ）	（0）	[0]
E1	0.000	（ 0.000 ）	（0）	[2]
E2	0.000	（ 0.000 ）	（0）	[2]
E3	0.000	（ 0.000 ）	（0）	[2]

组　执行

附图 B-6　单轴零点标定界面

单轴零点标定　　关节 30%

5/9

J5	31.250	（ 0.000 ）	（1）	[0]
J6	43.382	（ 0.000 ）	（1）	[0]

组　执行

附图 B-7　确定零点标定轴界面

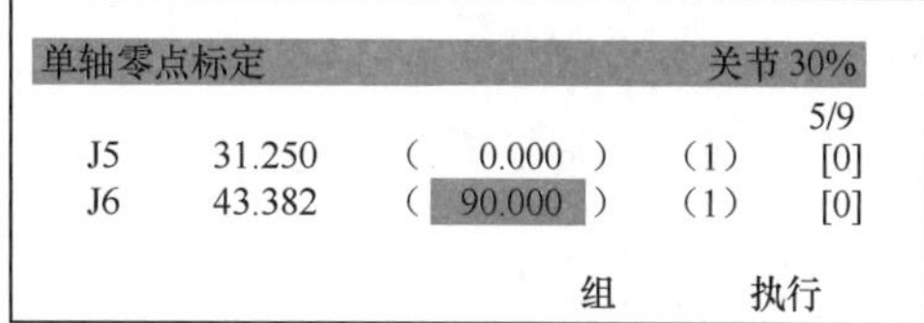

附图 B-8　设定零点标定位置的轴数据

（7）按下“F5”键选择界面下方的“执行”菜单，执行零点标定。由此，“选择”被重新设定为“0”，“状态”变为“2”（或 1），如附图 B-9 所示。

（8）等单轴零点标定结束后，按下“PREV”（返回）键返回到原先的界面，如附图 B-10 所示。

单轴零点标定　　关节 30%

1/9

	实际位置	（零度点位置）	（SEL）	[ST]
J1	25.255	（ 0.000 ）	（0）	[2]
J2	25.550	（ 0.000 ）	（0）	[2]
J3	-50.000	（ 0.000 ）	（0）	[2]
J4	12.500	（ 0.000 ）	（0）	[2]
J5	0.000	（ 0.000 ）	（0）	[2]
J6	90.000	（ 90.000 ）	（0）	[2]
E1	0.000	（ 0.000 ）	（0）	[2]
E2	0.000	（ 0.000 ）	（0）	[2]
E3	0.000	（ 0.000 ）	（0）	[2]

组　执行

附图 B-9　执行零点标定后的数据

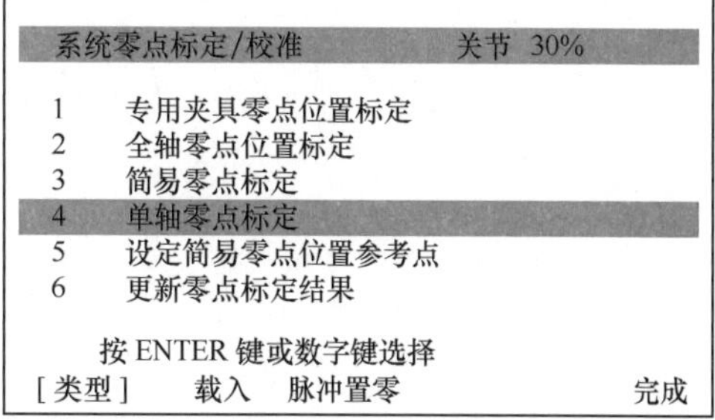

附图 B-10　单轴零点标定后的返回界面

（9）选择“6 更新零点标定结果”，按下“F4”键选择界面下方的“是”菜单，进行位置校准。

（10）在位置校准结束后，按下“F5”键选择界面下方的“完成”菜单即可。